国家卫生健康委员会"十四五"规划教材
全国中等卫生职业教育"十四五"规划教材

供药剂、制药技术应用专业用

微生物基础

第2版

主 编 华 莉

副主编 李 冲

编 者（按姓氏笔画排序）

于慧颖（黑龙江护理高等专科学校）

王 燕（云南省普洱卫生学校）

朱光洁（文山州卫生学校）

任 奕（辽宁医药化工职业技术学院）

华 莉（云南省临沧卫生学校）

李 冲（昆明卫生职业学院）

李锦霞（广东省新兴中药学校）

胥忠菊（云南省临沧卫生学校）

徐苏炜（珠海市卫生学校）

人民卫生出版社
·北 京·

版权所有，侵权必究！

图书在版编目（CIP）数据

微生物基础 / 华莉主编 . —2 版 . —北京：人民
卫生出版社，2022.8（2025.11 重印）
ISBN 978-7-117-33372-6

Ⅰ.①微… Ⅱ.①华… Ⅲ.①微生物学 Ⅳ.①Q93

中国版本图书馆 CIP 数据核字（2022）第 126846 号

人卫智网	www.ipmph.com	医学教育、学术、考试、健康，购书智慧智能综合服务平台
人卫官网	www.pmph.com	人卫官方资讯发布平台

微生物基础
Weishengwu Jichu
第 2 版

主　　编：华　莉
出版发行：人民卫生出版社（中继线 010-59780011）
地　　址：北京市朝阳区潘家园南里 19 号
邮　　编：100021
E - mail：pmph @ pmph.com
购书热线：010-59787592　010-59787584　010-65264830
印　　刷：河北新华第一印刷有限责任公司
经　　销：新华书店
开　　本：850 × 1168　1/16　印张：17.5
字　　数：332 千字
版　　次：2015 年 6 月第 1 版　2022 年 8 月第 2 版
印　　次：2025 年 11 月第 7 次印刷
标准书号：ISBN 978-7-117-33372-6
定　　价：52.00 元

打击盗版举报电话：010-59787491　E-mail：WQ @ pmph.com
质量问题联系电话：010-59787234　E-mail：zhiliang @ pmph.com
数字融合服务电话：4001118166　E-mail：zengzhi @ pmph.com

出版说明

为全面贯彻党的十九大和全国职业教育大会会议精神，落实《国家职业教育改革实施方案》《国务院办公厅关于加快医学教育创新发展的指导意见》等文件精神，更好地服务于现代卫生职业教育快速发展，满足卫生事业改革发展对医药卫生职业人才的需求，人民卫生出版社在全国卫生职业教育教学指导委员会的指导下，经过广泛的调研论证，全面启动了全国中等卫生职业教育药剂、制药技术应用专业第二轮规划教材的修订工作。

本轮教材围绕人才培养目标，遵循卫生职业教育教学规律，符合中等职业学校学生的认知特点，实现知识、能力和正确价值观培养的有机结合，体现中等卫生职业教育教学改革的先进理念，适应专业建设、课程建设、教学模式与方法改革创新等方面的需要，激发学生的学习兴趣和创新潜能。

本轮教材具有以下特点：

1. 坚持传承与创新，强化教材先进性　教材修订继续坚持"三基""五性""三特定"原则，基本知识与理论以"必需、够用"为度，强调基本技能的培养；同时适应中等卫生职业教育的需要，吸收行业发展的新知识、新技术、新方法，反映学科的新进展，对接职业标准和岗位要求，丰富实践教学内容，保证教材的先进性。

2. 坚持立德树人，突出课程思政　本套教材按照《习近平新时代中国特色社会主义思想进课程教材指南》要求，坚持立德树人、德技并修、育训结合，坚持正确价值导向，突出体现卫生职业教育领域课程思政的实践成果，培养学生的劳模精神、劳动精神、工匠精神，将中华优秀传统文化、革命文化、社会主义先进文化有机融入教材，发挥教材启智增慧的作用，引导学生刻苦学习、全面发展。

3. 依据教学标准，强调教学实用性　本套教材依据专业教学标准，以人才培养目标为导向，以职业技能培养为根本，设置了"学习目标""情境导入""知识链接""案例分析""思考题"等模块，更加符合中等职业学校学生的学习习惯，有利于学生建立对工作岗位的认识，体现中等卫生职业教育的特色，将专业精神、职业精神和工匠精神融入教材内容，充分体现教材的实用性。

4. 坚持理论与实践相结合，推进纸数融合建设 本套教材融传授知识、培养能力、提高素质为一体，重视培养学生的创新、获取信息及终身学习的能力，突出教材的实践性。在修订完善纸质教材内容的同时，同步建设了多样化的数字化教学资源，通过在纸质教材中添加二维码的方式，"无缝隙"地链接视频、微课、图片、PPT、自测题及文档等富媒体资源，激发学生的学习热情，满足学生自主性的学习要求。

众多教学经验丰富的专家教授以严谨负责的态度参与了本套教材的修订工作，各参编院校对编写工作的顺利开展给予了大力支持，在此对相关单位与各位编者表示诚挚的感谢！教材出版后，各位教师、学生在使用过程中，如发现问题请反馈给我们（renweiyaoxue@163.com），以便及时更正和修订完善。

人民卫生出版社

2022年4月

前 言

本教材为全国中等卫生职业教育"十四五"规划教材，主要供全国中等卫生职业教育药剂、制药技术应用专业的师生使用。

为编写出适应药剂、制药技术应用专业建设和课程建设需要的教材，编写团队群策群力，坚持以习近平新时代中国特色社会主义思想为指导，全面贯彻党的教育方针、出版方针和卫生健康工作方针，以培养面向医药商业、药品生产企业和医疗机构，从事药品采购、储存、销售、药物制剂生产岗位的高素质劳动者与技能型人才为中心任务，坚持立德树人、德技并修、育训结合的职业教育新理念，培养学生的劳动精神、工匠精神，引导学生刻苦学习、全面发展。

在编写过程中，本着坚持"三基、五性、三特定"的基本原则，紧扣中等职业学校专业教学标准，结合中等职业学校学生认知特点，以"必需，够用"为度，强调基本技能的培养；以职业标准和岗位胜任力为导向，紧扣药士考试大纲，积极探索岗课证融合；突出课程思政，强化中职医药学生职业素养教育；借助二维码的形式共享教材配套的数字资源，实现纸数资源融合，以便于教与学，推动信息技术与专业教育深度融合。

本次修订坚持适用性、整体性、科学性和思想性等原则，在上版教材的基础上将框架结构进行调整和优化。一是将上版第八章微生物的遗传变异重新归类到细菌的遗传变异，在第六章病毒中增加了病毒的遗传变异相关内容；二是在"必需，够用"的基础上，降低免疫学理论学习难度，将上版第十一章到第十四章免疫学部分合并；三是接轨执业证书考核，根据药士考试大纲和当今世界传染病防控形势，增加了部分微生物种类，如冠状病毒、猪带绦虫等；四是体现新知识、新理论，根据《中华人民共和国药典》（2020年版）相关规定，对教材中涉及药学的部分内容进行了修改。全书共12章，分微生物学概论、微生物与药物、医学免疫学、寄生虫学四篇，书中设有"案例分析""课堂问答""知识链接""情境导入"等特色栏目和6个实训技能项目，将课程思政优秀案例以特色栏目形式与专业知识学习相结合，提升学生的专业素养和医学人文精神。

本教材的编者团队由来自全国四个省八个职业院校的9名一线教师组成。其中微生物学概论部分由李冲、任奕、朱光洁、胥忠菊完成，微生物与药物部分由于慧颖、李锦霞完成，医学免疫学部分由王燕、徐苏炜完成，寄生虫学部分由华莉完成，所有编者参与交叉审稿。

　　本教材的编写凝聚着全体编者的心血，是编写团队共同努力的结果，在编写过程中得到了编者所在院校的大力支持，在此一并表示衷心的感谢！

　　书稿虽经编者反复审阅，但鉴于水平有限，错漏、不妥之处在所难免，恳请各位专家、读者批评指正，以期再版时加以完善，不胜感激。

华　莉

2022 年 3 月

目 录

第二篇

微生物与药物

第四篇
寄生虫学

第一篇

微生物学概论

第一章
微生物与微生物学

学习目标

- 掌握　微生物的概念、微生物的种类与特点。
- 熟悉　微生物与人类的关系，病原微生物、微生物学、医学微生物学的概念。
- 了解　微生物学的发展史及微生物与药学的关系。
- 培养　学生具有良好的人文精神和正确的职业价值观，珍爱生命，维护健康。

情境导入

情境描述：

　　患者，女，20岁，3天前觉得咽部干痒，之后打喷嚏、鼻塞、流涕，开始为清水样鼻涕，今天鼻涕变黄色黏稠，伴有咽痛、咳嗽，大量黄色脓性痰，体温39℃。查体：咽部充血，扁桃体充血、肿大，有黄色点状渗出物，颌下淋巴结肿大，有压痛。血常规检查：白细胞数为12.0×10^9/L，中性粒细胞数为80%。诊断是急性上呼吸道感染，本病例开始由病毒感染引起后合并细菌感染。

学前导语：

　　感染性疾病的病因中，细菌、病毒感染最为常见，它们均属于微生物。那么，什么是微生物？除了细菌和病毒，还有哪些种类？

　　本章将带领大家认识人类的朋友和敌人——微生物。

第一节 微生物概述

一、微生物的概念

微生物是存在于自然界中的一大群形体微小、结构简单、肉眼不能直接看见，必须借助光学显微镜或电子显微镜放大数百倍、数千倍，甚至数万倍后才能观察到的微小生物。微生物具有个体微小、结构简单、种类繁多、分布广泛、繁殖迅速、容易变异等特点。

二、微生物的分类

微生物种类繁多，超过数十万种。根据微生物大小、结构、化学组成的不同，可分为以下三大类型。

1. 非细胞型微生物　最小的一类微生物。无典型的细胞结构，缺乏产生能量的酶系统，必须在活细胞内才能生长繁殖；由单一核酸（DNA或RNA）和蛋白质组成。病毒属于此类微生物。

2. 原核细胞型微生物　具备细胞结构，但细胞核无核膜和核仁，仅有核质DNA团块结构（原始核），细胞器不完整，只有核糖体。该类微生物包括细菌、支原体、衣原体、立克次体、螺旋体和放线菌等。

3. 真核细胞型微生物　细胞器完整，细胞核分化程度高，有核膜和核仁。真菌属于此类微生物。

三、微生物与人类的关系

自然界中的绝大多数微生物对人类和动植物是有益的，而且有些还是必需的。自然界的物质循环依靠微生物的代谢活动而进行；人类已在工业（食品发酵、纺织、石油、化工、冶金、污水处理等）、农业（微生物饲料）、医药等许多方面充分利用微生物为人类谋福利；在当今生命科学领域微生物作为研究材料或模型已被广泛应用，例如，应用大肠埃希菌、酵母菌等作为基因载体来生产多种生物制剂，如乙型肝炎疫苗、胰岛素、干扰素等。

但是，少数微生物具有致病性，能引起人类和动植物疾病，这些微生物称为病原微生物。如肺炎链球菌可引起大叶性肺炎，乙型肝炎病毒可引起乙型肝炎等。

第二节　微生物学

一、微生物学和医学微生物学的概念

微生物学是生物学的一个分支，是研究微生物的生物学性状（形态结构、生命活动及其规律、遗传与变异等），以及微生物与人类、动植物、自然界之间相互关系的一门学科。

医学微生物学主要研究与医学有关的病原微生物的生物学特性、致病机制、特异性检测方法，机体的抗感染免疫以及相关感染性疾病的防治措施等，以控制和消灭感染性疾病，达到保障和提高人类健康水平的目的。

二、医学微生物学的发展简史

人类与微生物的关系源远流长，且从未间断。医学微生物学的发展过程大致可分为三个时期。

（一）经验微生物学时期（1650年以前）

古代人类虽未观察到具体的微生物，但早已将微生物知识用于工农业生产和疾病防治之中。我国春秋战国时期就有利用微生物分解有机物质进行沤粪积肥的记载；北宋末年有肺痨由小虫引起之说；明朝隆庆年间（1567—1572年）人痘预防天花已经被广泛使用。

（二）实验微生物学时期（1650—1950年）

荷兰人列文虎克于1676年创造第一台显微镜后，发现了微生物的存在。19世纪60年代，法国科学家巴斯德为防止酒类变质，创用了至今仍沿用于酒类和牛奶的巴氏消毒法。1892年，俄国学者伊凡诺夫斯基发现了烟草花叶病毒，这是人类发现的第一种病毒，随后许多对人类、动物和植物致病的病毒相继被发现。

（三）现代微生物学时期（1950年至今）

进入20世纪中期，随着细胞生物学、分子生物学、分子遗传学及其他基础学科的不断发展，计算机、生物学等领域各种新技术的建立和改进，极大地推动了医学微生物学的发展。类病毒（viroid）、拟病毒（virusoid）、朊粒（prion）等逐渐被认识，许多新的病原微生物也逐渐被发现，例如幽门螺杆菌、人类免疫缺陷病毒、轮状病毒、SARS冠状病毒等。目前，人类对病原微生物基因组研究取得重要进展，微生物学研究和诊断技术不断进步，多种免疫技术和分子生物学技术已被广泛应用。我国在基因

工程疫苗、干扰素、抗生素、菌体制剂、白细胞介素、胰岛素、生长激素等生物制品的生产应用技术方面已步入世界先进行列。

🔗 知识链接

微生物学与传染病防治

人类在医学微生物学和传染病防控领域已取得巨大成就，但还没有完全控制和消灭传染病。由病原微生物引起的感染性疾病特别是多种传染病仍是对人类健康威胁非常大的一类疾病，不少传染病仍然缺乏有效的防治措施：很多病毒性疾病尚缺乏有效的药物治疗；大量广谱抗菌药物的滥用使许多菌株发生变异，导致耐药性的产生；某些微生物的快速变异给疫苗设计和传染病治疗造成很大障碍。

三、微生物学与药学的关系

1. **药品污染** 由于微生物广泛存在于自然界，对药品造成污染而引起药品变质，导致药效下降，影响治疗效果，甚至产生毒性产物而引起毒副作用。

2. **药品生产** 利用微生物制备多种抗生素，如青霉素、链霉素；应用基因工程技术与发酵技术已成功开发和生产多种药品，如人工胰岛素、干扰素、生长激素等。

3. **药品质量控制** 药物制剂分为规定无菌制剂和非规定无菌制剂，前者不得检出活菌，后者限制含有细菌的种类与数量。因此，针对微生物的特性，一方面在制药的各个环节采取有效措施防止微生物污染或抑杀微生物，另一方面提高微生物的检验技术和水平，确保药品质量。

4. **药物研究** 针对微生物的特性研制更有效的抗微生物药物，提高感染性疾病的治疗效果；利用微生物繁殖速度较快、容易变异的特点，通过基因工程技术改良创建新的菌种进行新药的研发、筛选，以及改进药品生产工艺，提高药品的质量和产量。

随着社会的发展及更多先进技术在微生物学方面的应用，人们将更加了解微生物，更加充分地利用和开发微生物资源，在传染病防治，特别是病毒性疾病、抗耐药菌株防治，以及在抗肿瘤等领域发挥更大作用。

章末小结

1. 微生物的特点包括个体微小、结构简单、繁殖迅速、容易变异、种类繁多、分布广泛等。绝大多数微生物对人类有益，少数能引起人和动植物疾病的微生物称为病原微生物。

2. 微生物的种类繁多，可分为三型（非细胞型微生物、原核细胞型微生物、真核细胞型微生物）、八大类（病毒、细菌、衣原体、立克次体、支原体、螺旋体、放线菌、真菌）。

3. 微生物学与药学关系密切，微生物在药物研究与生产、药品质量控制等方面有广泛的应用。

思考题

一、 单项选择题

1. 首次观察到微生物的科学家是（   ）

   A. 列文虎克   B. 巴斯德   C. 李斯特

   D. 科赫   E. 佛罗里

2. 属于非细胞型微生物的是（   ）

   A. 细菌   B. 病毒   C. 真菌

   D. 螺旋体   E. 支原体

3. 属于真核细胞型微生物的是（   ）

   A. 细菌   B. 病毒   C. 真菌

   D. 放线菌   E. 衣原体

4. 下列不属于原核细胞型微生物的是（   ）

   A. 细菌   B. 支原体   C. 衣原体

   D. 放线菌   E. 真菌

二、 多项选择题

1. 指出下列各组微生物中，属于原核细胞型微生物的是（   ）

   A. 细菌与真菌   B. 支原体与衣原体   C. 立克次体与螺旋体

   D. 病毒与细菌   E. 细菌与放线菌

2. 微生物的特点有（   ）

A. 个体微小   B. 种类繁多   C. 分布广泛

D. 繁殖缓慢   E. 容易变异

三、 简述题

1. 什么是微生物？微生物有哪些特点？
2. 简述微生物的种类。

（李　冲）

第二章

细 菌

第二章
数字内容

学习目标

- 掌握　细菌的形态结构、生长繁殖和致病性；葡萄球菌、链球菌、结核分枝杆菌的生物学性状与致病性。
- 熟悉　细菌的新陈代谢、遗传变异；沙门菌、铜绿假单胞菌、破伤风梭菌的致病性，大肠埃希菌的卫生学检查。
- 了解　细菌革兰氏染色的方法，其他常见细菌的致病性与防治原则。
- 培养　学生具有严谨的工作作风，良好的职业道德；树立生物安全意识和环境保护意识。

情境导入

情境描述：

患者，女，26岁，因近两三年反复感染、发热入院治疗，此次，医师找到了其病因为双肾结石。但因为反复使用抗菌药物，该患者遭遇了"超级细菌"——对绝大多数抗菌药物产生了耐药性。随之而来的是脓毒血症导致全身多器官衰竭，并一度心搏骤停。

学前导语：

"超级细菌"严重威胁人类的健康，这类细菌几乎让全球所有抗菌药物失效，人们几乎无药可用。为何小小的细菌会有如此大的威力呢？人们该如何防止细菌的危害，又该如何利用细菌呢？

本章带领大家认识数量最多的微生物——细菌。

细菌是一类具有细胞壁的单细胞原核型微生物，以无性二分裂的方式繁殖，个体微小，结构简单，只有核质或拟核，无核膜和核仁。

第一节　细菌的形态与结构

一、细菌的大小与形态

（一）细菌的大小

细菌个体微小，通常以微米（μm）作为测量单位，需用显微镜放大数百倍、数千倍才能观察到。不同种类的细菌大小不一，多数球菌的直径约为1μm，中等大小的杆菌长为2~3μm，宽为0.3~0.5μm。

（二）细菌的基本形态

细菌的基本形态可分为三类：球形、杆形和螺旋形（图2-1）。

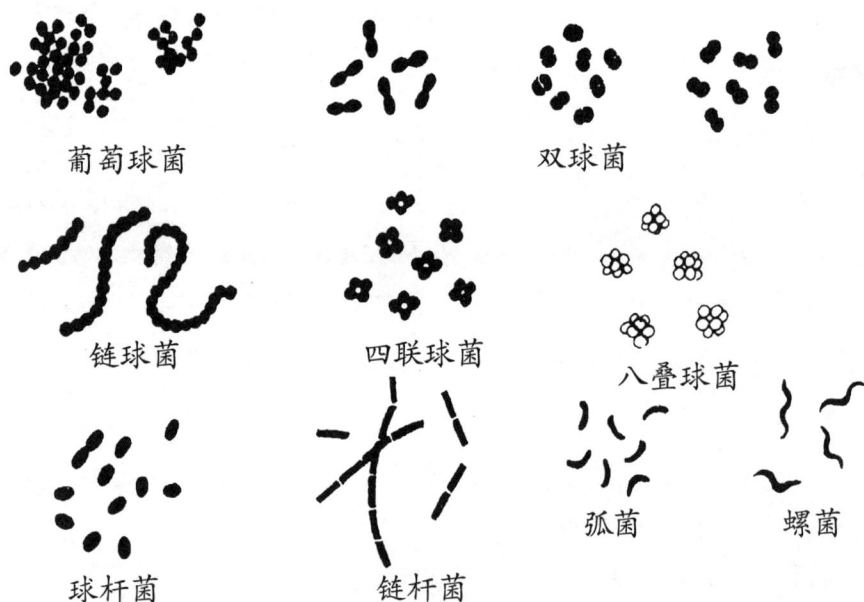

图2-1　细菌的基本形态

1. 球形　菌体呈球形或近似球形，根据其分裂方向和排列方式不同可分为双球菌、链球菌、葡萄球菌、四联球菌和八叠球菌等。

2. 杆形　菌体呈杆状，常见的有杆菌、小杆菌、球杆菌、棒状杆菌、分枝杆菌、梭形杆菌、链杆菌等。

3. 螺形　菌体呈弯曲状，可分为弧菌和螺菌。弧菌只有一个弯曲，呈弧形或逗点状，如霍乱弧菌；螺菌的菌体较长，有多个弯曲，如小螺菌。

二、细菌的结构

细菌的结构包括基本结构和特殊结构（图2-2）。

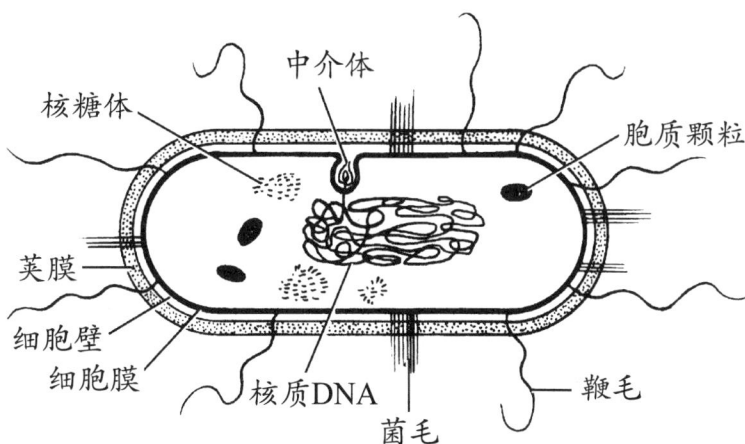

图2-2　细菌的基本结构和特殊结构模式图

🔍 **案例分析** --

案例

同学A和同学B来到医院看病，从药房取药后，拆开药品说明书仔细看，发现各自的药品适应证不同，一个适用于革兰氏阳性菌，一个适用于革兰氏阴性菌。若他们不小心用了对方的抗菌药物会出现什么情况？

分析

因为革兰氏阳性菌与革兰氏阴性菌的细胞壁结构不同，适用于革兰氏阳性菌的药物只能用于治疗由革兰氏阳性菌引起的疾病，而适用于革兰氏阴性菌的药物只能用于治疗由革兰氏阴性菌引起的疾病。如果同学A和同学B不小心用了对方的抗菌药物，不但没有疗效，还会延误治疗，因此在用药时一定要遵守医嘱。同时，药师在工作中也要认真核查，准确发药。

（一）细菌的基本结构

细菌的基本结构是指所有细菌都具有的结构，包括细胞壁、细胞膜、细胞质和类核。

1. 细胞壁　包被于细胞膜外层的坚韧而有弹性的结构。主要功能有：①维持细菌固有形态，保持菌体完整；②保护细菌抵抗低渗环境，起到屏障作用；③与细胞膜共同完成细菌内外的物质交换；④具有免疫原性。

细菌细胞壁的主要成分是肽聚糖，又称黏肽，为原核生物所特有，但不同种类原核生物细胞壁的肽聚糖结构和含量各不相同（见图2-3）。

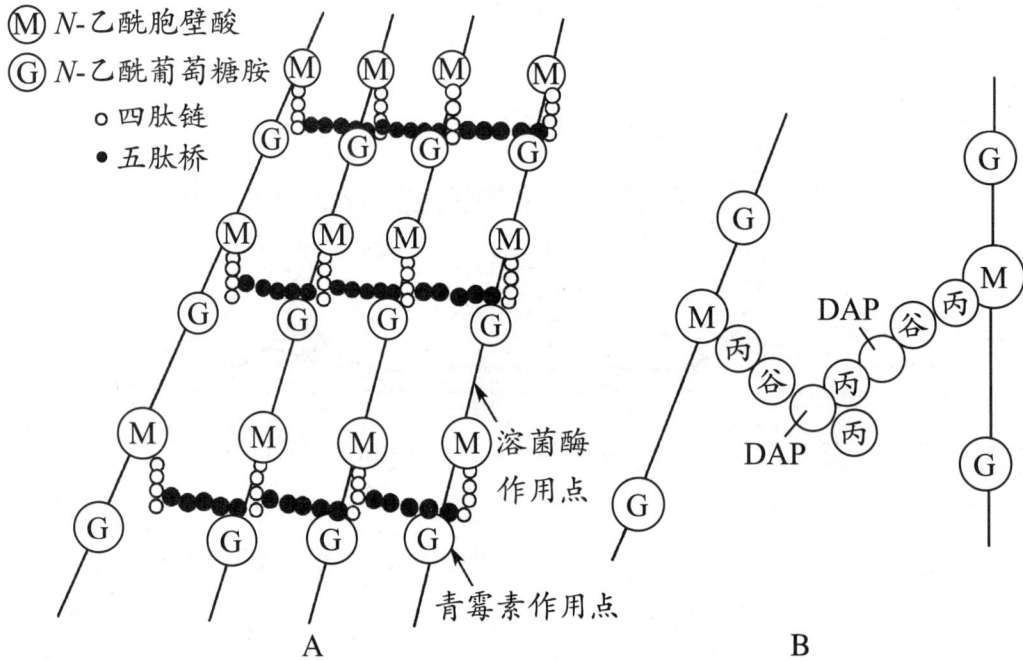

图2-3　革兰氏阳性菌和革兰氏阴性菌细胞壁肽聚糖结构的比较

A. 金黄色葡萄球菌（G⁺菌）细胞壁肽聚糖结构图；

B. 大肠埃希菌（G⁻菌）细胞壁肽聚糖结构图

细菌经革兰氏染色可分为两大类，即革兰氏阳性菌（G⁺菌）和革兰氏阴性菌（G⁻菌）。两类细菌细胞壁的结构和化学组成都有明显差异（见表2-1，图2-4）。

（1）革兰氏阳性菌细胞壁：由肽聚糖和磷壁酸组成。肽聚糖占革兰氏阳性菌细胞壁干重的50%～80%，主要由N-乙酰葡萄糖胺和N-乙酰胞壁酸交替间隔排列，经β-1,4糖苷键相连构成聚糖骨架，并由氨基酸组成的四肽侧链与五肽桥交叉连接构成机械强度较大的三维立体结构；磷壁酸穿插于肽聚糖层中，为革兰氏阳性菌所特有，是革兰氏阳性菌的主要表面抗原，并与细菌的致病性有关。

（2）革兰氏阴性菌细胞壁：由肽聚糖和外膜组成。肽聚糖含量少，占革兰氏阴性菌细胞壁干重的10%～20%，由聚糖骨架和四肽侧链构成结构疏松的二维平面结构。外膜由脂多糖、脂质双层和脂蛋白组成。脂多糖是革兰氏阴性菌的内毒素，与细菌的致病性有关。

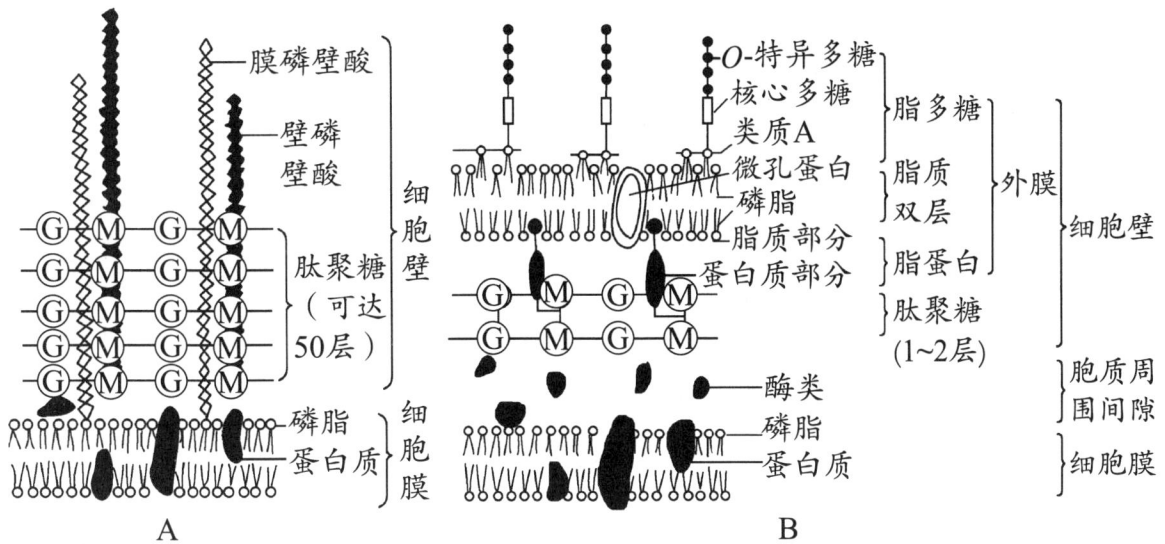

图2-4 革兰氏阳性菌和革兰氏阴性菌细胞壁结构的比较

A. 革兰氏阳性菌细胞壁结构；B. 革兰氏阴性菌细胞壁结构

青霉素可抑制肽聚糖中五肽桥与四肽侧链的连接，溶菌酶可溶解破坏肽聚糖中的β-1,4糖苷键，导致肽聚糖结构崩解。进而在低渗环境下，细菌由于失去了细胞壁的保护作用，水分渗入细胞内，使菌体膨胀裂解，所以青霉素和溶菌酶对革兰氏阳性菌有杀菌作用。由于革兰氏阴性菌细胞壁中含肽聚糖少，且有外膜层的保护作用，因此，革兰氏阴性菌对青霉素和溶菌酶的杀菌作用不敏感。

表2-1 革兰氏阳性菌与革兰氏阴性菌细胞壁结构比较

细胞壁	革兰氏阳性菌	革兰氏阴性菌
强度	较坚韧	较疏松
厚度	厚，20~80nm	薄，10~15nm
肽聚糖层数	多，可达50层	少，1~3层
肽聚糖含量	多，占细胞壁干重的50%~80%	少，占细胞壁干重的10%~20%
磷壁酸	有	无
外膜	无	有

🔗 知识链接

L型细菌

L型细菌是部分或丧失细胞壁的缺陷型细菌，可连续繁殖，也可恢复为正常细胞，在高渗环境中仍可存活。L型细菌因失去细胞壁，形态呈多型性，有球状、杆状和丝状等；一般生长缓慢，2~7天后方可形成中间厚四周薄的"油煎蛋"小菌落。某些L型细菌仍有致病能力，在临床上可引起慢性感染，如尿路感染、骨髓炎、心内膜炎等疾病，但常规细菌学检查结果为阴性。因此，临床上使用某些作用于细胞壁的抗菌药物前，遇有症状明显而标本常规培养为阴性时，应考虑L型细菌感染的可能性。

2. 细胞膜　细胞膜是位于细胞壁内侧，紧包在细胞质外的一层薄而富有弹性的半渗透性生物膜。细胞膜向细胞质内陷折叠形成中介体，扩大了细胞膜的表面积。主要功能有：①细胞内外物质的运输；②参与细胞的代谢与呼吸；③是合成细菌细胞壁及壁外各种附属结构的场所。

3. 细胞质　为细胞膜所包裹的无色透明胶状物，是细菌新陈代谢的重要场所。细胞质内含有以下几种重要结构。

（1）质粒：是细菌染色体以外的遗传物质，为环状闭合的双股DNA。质粒可携带某些遗传信息，控制细菌的某些遗传性状，可以传递或丢失。

（2）核糖体：又称核糖核蛋白体，是细菌合成蛋白质的场所。有些抗生素如链霉素、氯霉素、林可霉素和红霉素等可与细菌核糖体结合，干扰细菌蛋白质的合成，从而杀灭或抑制细菌生长，由于人类的核糖体与细菌不同，故上述抗生素对人体细胞无此作用。

（3）胞质颗粒：细菌细胞质中含有多种颗粒，多数为营养贮藏物，包括多糖、脂质和磷酸盐等。常见的有异染颗粒，主要成分是RNA和多偏磷酸盐，嗜碱性强，经染色后颜色不同于菌体其他部位。以白喉棒状杆菌多常见，对可作为细菌的鉴别依据。

4. 类核　是细菌遗传物质主要集中的部位，也是细菌存活所必需的。细菌为原核细胞型微生物，无完整的细胞核，其遗传物质是由裸露的双股DNA反复回旋卷曲盘绕而成的染色体，无核膜包绕，故又称拟核。

（二）细菌的特殊结构

细菌的特殊结构是某些细菌在一定条件下所特有的结构，不是所有细菌都具有，因此通过观察细菌的特殊结构可以鉴别细菌。细菌的特殊结构包括鞭毛、菌毛、荚膜和芽孢。除菌毛外，其他3种特殊结构经特殊染色后在光学显微镜下可以看到。

1. 鞭毛　是在某些细菌菌体上附有的细长呈波状弯曲的丝状物。鞭毛是细菌的运动器官。按照鞭毛的数目及排列，可将细菌分为单鞭毛菌、双鞭毛菌、丛鞭毛菌和周鞭毛菌四类（图2-5）。

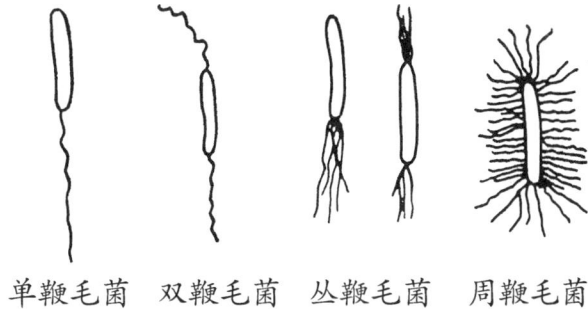

单鞭毛菌　　双鞭毛菌　　丛鞭毛菌　　周鞭毛菌

图2-5　细菌的鞭毛

2. 菌毛　是许多革兰氏阴性菌和少数革兰氏阳性菌菌体上比鞭毛更细、短、直、硬和多的丝状物，需借助电子显微镜才能看到。菌毛可分为普通菌毛和性菌毛两种。普通菌毛数目多，可达数百根，遍布整个菌体，具有黏附易感细胞的能力，便于细菌生长繁殖，故与细菌的致病性有关。性菌毛数目少，每个细菌仅有1~4根，比普通菌毛长而粗，为中空的管状；有性菌毛的细菌，通过性菌毛与另一个细菌接触，可传递质粒携带的遗传物质，如耐药基因。

3. 荚膜　细菌细胞壁外包围一层较厚的黏液性胶冻样物质，厚度在0.2μm以上，普通光学显微镜可见，与四周有明显界限，称为荚膜；厚度在0.2μm以下，必须用电子显微镜或免疫学方法证实其存在，称为微荚膜。荚膜和微荚膜的功能：①具有抵抗吞噬细胞的吞噬和消化作用，因而与细菌的致病能力有关；②可保护细菌免受体内杀菌物质如溶菌酶、补体、抗体和抗菌药物等对细菌的损伤；③能储存水分使细菌具有抗干燥作用（图2-6）。

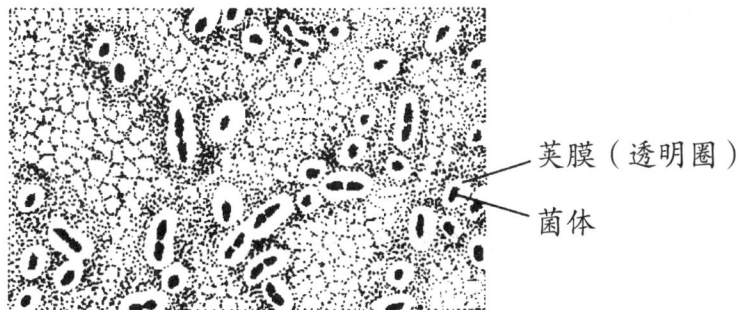

荚膜（透明圈）

菌体

图2-6　细菌的荚膜

4. 芽孢　某些细菌在一定条件下，细胞质脱水浓缩，在菌体内形成有多层膜包裹的圆形或椭圆形小体，称为芽孢。芽孢是细菌的休眠状态，各种细菌形成的芽孢大小、形态及在菌体中的位置不同，可用于帮助鉴别细菌。芽孢对热、干燥、化学消毒剂等理化因素抵抗力强。这与其结构和成分有关，芽孢含水量少，并有多层厚而致密的膜结构，化学物品不易渗入，芽孢内还含有大量耐热的吡啶二羧酸物质。例如，有些细菌的芽孢在自然界中可存活20~30年，可耐100℃沸水数小时，用一般方法不易将其杀死，杀灭芽孢最可靠的方法是高压蒸汽灭菌法。由于芽孢的抵抗力强，故在医疗实践中以杀灭芽孢作为灭菌标准（图2-7）。

图2-7　细菌的芽孢

三、细菌的形态学检查法

显微镜下观察细菌可采用不染色标本检查法和染色标本检查法。

（一）不染色标本检查法

细菌标本不经染色直接在显微镜下观察，可看到生活状态下的细菌轮廓和细菌运动情况，常用的方法有：

1. 压滴法　将菌悬液滴在载玻片上，用盖玻片盖在其上，放在显微镜下观察。

2. 悬滴法　将菌悬液倒置于盖玻片下面，盖玻片置于凹玻片凹孔上，放在显微镜下观察。

（二）染色标本检查法

细菌染色法有单染法、复染法。常用的复染法有：

1. 革兰氏染色法　①滴加结晶紫染色液初染1分钟后细流水冲洗；②加复方碘溶液（又称鲁氏碘液）媒染1分钟后水冲洗；③再用95%乙醇脱色约30秒后细流水冲洗；④加稀释苯酚复红液（或番红染色液）复染1分钟后水冲洗，镜检。染色结果紫色为革兰氏阳性菌，红色为革兰氏阴性菌。

🔗 知识链接 ....

革兰氏染色的意义

（1）鉴别细菌：它将所有的细菌分成革兰氏阳性菌和革兰氏阴性菌两大类，便于初步识别细菌。

（2）选择用药：革兰氏阳性菌和革兰氏阴性菌对抗菌药物的敏感性不同，临床上可根据致病菌的革兰氏染色结果，选择有效药物进行治疗。

（3）致病特点：大多数革兰氏阳性菌主要以外毒素致病，大多数革兰氏阴性菌主要以内毒素致病。

2. 抗酸染色法　用于抗酸杆菌的染色方法。抗酸染色的步骤：①苯酚复红染液加温染色；②用3%盐酸乙醇脱色；③用亚甲蓝染色液复染。结果：结核分枝杆菌等抗酸菌被染成红色；非抗酸菌则被染成蓝色。常用于结核分枝杆菌的检查。

3. 特殊染色法　包括鞭毛染色法、芽孢染色法和荚膜染色法等。

第二节　细菌的生理

一、细菌的生长繁殖

（一）细菌生长繁殖的条件

1. 营养物质　为细菌新陈代谢及生长繁殖提供必要的原料和能量。主要包括水、碳源、氮源、无机盐等，个别细菌还需要生长因子。

（1）水：是细菌细胞的重要组成成分，又是良好的溶媒。细菌对物质的吸收、渗透、分泌、排泄，都要以水为媒介。

（2）碳源：指含有碳元素的营养物质，为能量的主要来源，包括无机碳源和有机碳源。致病菌主要从有机碳源如糖类获得碳源。

（3）氮源：指含有氮元素的营养物质，主要作为菌体成分的原料。多数细菌可以利用有机氮化物，病原性微生物主要从氨基酸、蛋白胨等有机氮化物中获得氮源。

（4）无机盐：是为细菌生长提供所需的各种元素，如磷、硫、钾、钠、镁、钙、铁等。各类无机盐的功能：①构成有机化合物，成为菌体的成分；②作为酶的组成部分，维持酶的活性；③参与能量的储存和转化；④调节菌体内外的渗透压并维持酸碱平衡。

（5）生长因子：是能够刺激细菌生长或为生长所必需的，但自身不能合成，且需求量很少的物质，包括维生素、氨基酸、嘌呤、嘧啶等。它们主要被细菌用作某些辅酶和辅基的成分或提供细菌不能合成的氨基酸等。

2. 酸碱度　多数致病菌生长繁殖的最适pH为7.2~7.6，个别细菌如霍乱弧菌最适pH为8.4~9.2，结核分枝杆菌最适pH则为6.5~6.8。

3. 温度　多数致病菌生长繁殖的最适温度为37℃。

4. 气体　细菌生长繁殖需要的气体主要是氧气和二氧化碳。不同细菌对氧气的需求不同，据此可将细菌分为四类：①专性需氧菌，必须在有氧的环境中才能生长，如结核分枝杆菌；②专性厌氧菌，必须在无氧的环境中才能生长，如破伤风梭菌；③兼性厌氧菌，不论在有氧或无氧的环境中都能生长，但在有氧时生长较好，大多数致病菌都属于此类，如葡萄球菌；④微需氧菌，在低氧压（5%~6%）状态下生长最好，若氧压大于10%，对其生长则有抑制作用，如空肠弯曲菌。一般环境中的二氧化碳即可满足多数细菌生长的需要，但某些细菌如脑膜炎奈瑟菌在初次分离培养时，必须供给5%~10%的二氧化碳才能生长。

（二）细菌的繁殖方式和速度

1. 繁殖方式　细菌以简单的二分裂法进行无性繁殖，即1个分裂为2个，2个再分裂为4个，如此连续分裂。

2. 繁殖速度　在适宜的生长繁殖条件下，细菌的繁殖速度是相当快的，多数细菌为20~30分钟繁殖一代，个别细菌如结核分枝杆菌为18~20小时繁殖一代。

（三）细菌的生长曲线

将一定数量的细菌接种于液体培养基中，连续定时取样检测活菌数，发现由于营养物质的消耗和代谢产物的堆积，经过一段时间后，细菌的繁殖速度会逐渐减慢，甚至死亡。以培养时间为横坐标、培养基中活菌数的对数为纵坐标，绘制出的生长曲线，分迟缓期、对数期、稳定期、衰亡期（图2-8）。

1. 迟缓期　细菌进入新环境后的适应阶段，表现为菌体增大，代谢活跃，分裂迟缓，为下一生长期做准备，一般为第1—4小时。

2. 对数期　细菌快速生长繁殖，生长曲线呈直线上升，活菌数以稳定的几何级数增长。此期细菌的形态、染色特性、生理活性等均比较典型，对外界环境因素（如抗菌药物）的作用比较敏感，为第8—18小时。

3. 稳定期　由于培养基中营养物质的消耗和有害代谢产物的积累，细菌繁

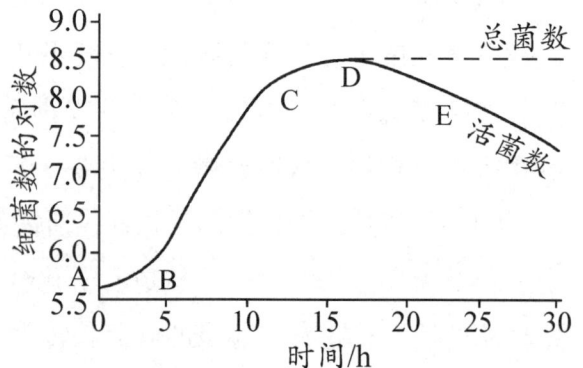

A~B. 迟缓期；B~C. 对数期；
C~D. 稳定期；D~E. 衰亡期。

图2-8　细菌的生长曲线

殖速度减慢，死菌数量增加，细菌出现了形态与生理状况等改变。此期细菌产生大量的代谢产物，如外毒素、抗生素等，芽孢也在此期形成。

4. 衰亡期　培养基中营养物质消耗殆尽，细菌繁殖速度小于死亡速度。此期细菌变形、肿胀，出现多形状的衰退型，甚至菌体自溶。

❓ 课堂问答 ——————————————————————

1. 细菌生长繁殖需要的条件与人体环境有什么关系？

2. 在适宜条件下，如果细菌每20分钟繁殖一代，请计算1个细菌经过10小时繁殖后数量为多少？为什么感染性疾病要尽早诊治？

3. 生长曲线中若要观察细菌典型形态应在哪一时期？细菌的代谢产物之————抗生素在哪一时期中产生？

二、细菌的新陈代谢

（一）细菌新陈代谢的概念

细菌的新陈代谢包括分解代谢和合成代谢。分解代谢是将复杂的营养物质降解为简单的化合物；合成代谢则是将简单的小分子化合物合成为复杂的菌体成分，以保证细菌的生长繁殖。细菌的一些合成代谢产物与医学有着密切的关系。

（二）细菌的分解代谢产物及意义

不同的细菌所具有的酶不完全相同，对营养物质的分解能力不同，所产生的代谢产物也不相同，通过生化试验的方法检测这些代谢产物，以鉴别细菌的种类，称为细菌的生化反应。

1. 糖发酵试验　利用细菌对各种糖的分解能力及代谢产物的不同，可鉴别细菌。如大肠埃希菌能分解葡萄糖和乳糖，产酸产气；伤寒沙门菌能分解葡萄糖，不能分解乳糖，只产酸不产气。

2. 吲哚试验　有些细菌具有色氨酸酶，能分解色氨酸产生吲哚，吲哚与指示剂对二甲氨基苯甲醛结合，可产生红色的玫瑰吲哚。如大肠埃希菌有色氨酸酶，吲哚试验阳性；产气肠杆菌无色氨酸酶，吲哚试验阴性。

3. 硫化氢试验　有些细菌能分解含硫氨基酸，产生硫化氢，硫化氢与培养基中的醋酸铅或硫酸亚铁结合生成黑色的硫酸铅或硫化亚铁。如沙门杆菌、变形杆菌能分解含硫氨基酸，硫化氢试验阳性。

（三）细菌的合成代谢产物及意义

1. 致热原　是许多革兰氏阴性菌和少数革兰氏阳性菌产生的一种与致病性相关的物质，将其注入人体或动物体内可引起发热反应。革兰氏阴性菌的致热原即为细胞壁的脂多糖（内毒素）。致热原耐高温，不被高压蒸汽灭菌法所破坏；致热原可用吸附剂吸附或石棉滤板过滤除去，但除去致热原最好的方法是蒸馏法。在制备生物制品或注射液的过程中，要用无致热原的蒸馏水配制，严格无菌操作，防止被致热原污染。

2. 毒素及侵袭性酶　细菌可产生内、外毒素和侵袭性酶，与细菌的致病性密切相关。毒素是致病菌在代谢过程中合成，对机体有毒害作用的物质，包括内毒素和外毒素两类；侵袭性酶是某些细菌在代谢过程中产生的具有促进细菌扩散，损伤机体组织的侵袭性物质。如金黄色葡萄球菌产生的血浆凝固酶等。

3. 色素　某些细菌可产生不同的色素，可用于鉴别细菌。细菌的色素分为两类：一类为水溶性的，能弥散到培养基或周围组织，如铜绿假单胞菌产生的绿色色素使培养基或伤口脓汁呈绿色；另一类为脂溶性的，不溶于水，只在菌体中，使菌落显色而培养基颜色不变，如金黄色葡萄球菌产生的金黄色色素。

4. 抗生素　是由某些放线菌、真菌和少数细菌产生的能抑制或杀灭其他微生物或肿瘤细胞的物质，如放线菌产生的链霉素，真菌产生的青霉素及少数细菌产生的多黏菌素和杆菌肽等。临床广泛应用于感染性疾病和肿瘤的治疗。

5. 细菌素　是某些细菌菌株产生的一类仅对同种近缘菌株具有抗菌作用的蛋白质类抗菌物质。与抗生素相比，其抗菌作用范围较窄，现多用于细菌分型和流行病学调查。

> ? **课堂问答** ——————————————
>
> 微生物的哪些合成代谢产物可被用于临床治疗？细菌产生的与致病性有关的代谢产物有哪些？

6. 维生素　细菌能合成一些维生素，除供自身需要外，还能分泌至周围环境中。如大肠埃希菌合成的维生素B族和维生素K，可被人体吸收利用。

三、细菌的人工培养

（一）培养基

培养基是由人工配制、适合微生物生长繁殖或代谢物产生的混合营养基质。培养基的分类：

1. 按用途分类　分为基础培养基、营养培养基、鉴别培养基、选择培养基和厌氧培养基等。①基础培养基：按一般微生物生长繁殖所需要的基本营养物质配制的培养基。②营养培养基：在基础培养基中可加入葡萄糖、血液、生长因子等特殊成分，供营养要求较高和需要特殊因子的细菌生长。③鉴别培养基：以鉴别细菌为目的而配制的培养基。④选择培养基：用于促进或抑制一定类型的微生物生长而设计的培养基。⑤厌氧培养基：专供厌氧菌分离、培养和鉴定的培养基。

2. 按物理性状分类　分为：①液体培养基，不加凝固剂而保持液态的培养基，主要用于实验室和生产实践中的大规模生产微生物；②半固体培养基，只加入少量凝固剂而维持一定形状，主要用于观察微生物的动力；③固体培养基，加入琼脂等凝固剂，用于菌种的分离鉴定、菌种保藏和微生物的大规模生产。

（二）细菌在培养基中的生长现象

将细菌接种到培养基中，一般在37℃下培养18~24小时可出现肉眼可见的生长现象（图2-9）。

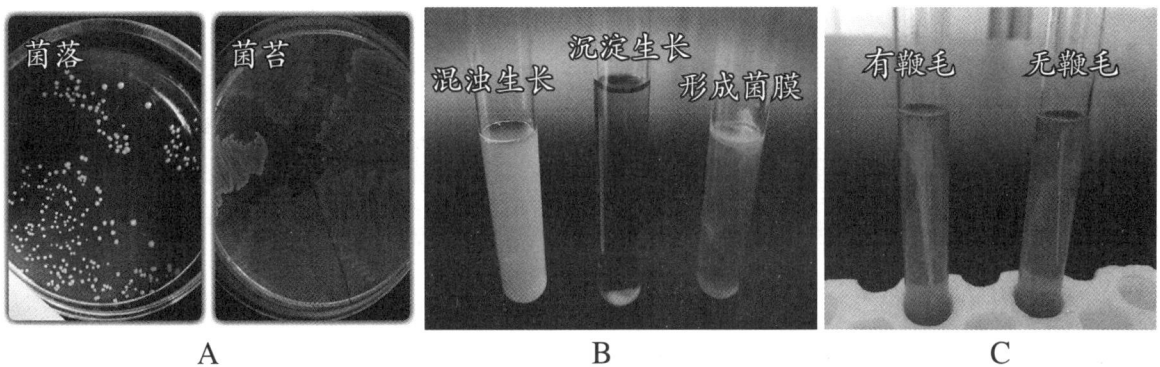

图2-9　细菌在培养基中的生长现象

A. 固体培养基生长现象；B. 液体培养基生长现象；C. 半固体培养基生长现象

细菌在液体培养基中可出现混浊、沉淀和菌膜3种生长现象。大多数细菌在液体培养基中生长后呈均匀混浊状态，如葡萄球菌；少数链状的细菌在液体培养基的底部呈沉淀生长，如乙型溶血性链球菌；专性需氧菌多在液体培养基表面生长，液面形成菌膜，如结核分枝杆菌。液体药剂中发现有上述现象时，应考虑是否有细菌污染，不宜使用。细菌在固体培养基上可出现菌落和菌苔两种生长现象。菌落是固体培养基中单个细菌生长繁殖后，在培养基表面形成的肉眼可见的细菌集团，不同细菌形成的菌落大小、形态、颜色不同，有利于鉴别细菌种类；许多菌落融合在一起连成片者称为菌苔。在半固体培养基中将细菌用接种针穿刺接种，经培养后无鞭毛细菌沿穿刺线生长，穿刺线清晰表示细菌无动力；有鞭毛细菌则沿穿刺线向周围扩散生长，穿刺线模糊不清表示细菌有动力。

案例

张药师在准备发药时，发现有一瓶0.9%氯化钠注射液出现了絮状物，于是她将此药品报废，这是为什么呢？

分析

临床上使用澄清透明的药液，如发现混浊、沉淀等则提示药液可能被细菌污染，不能使用。

第三节　细菌的遗传变异

遗传和变异是生物体最本质的属性之一。细菌的子代与亲代之间在生物学上表现出相似的现象称为遗传；子代与亲代之间的某些现状出现差异的现象称为变异。遗传使细菌保持物种的相对稳定，以维持其种属的繁衍；变异使得细菌产生变种与新种，以适应新环境的需要，促进物种的进化。

一、细菌的变异现象

细菌的变异现象表现为形态结构变异、菌落变异、毒力变异和耐药性变异。

（一）形态结构变异

细菌的形态、结构因外界环境条件的改变而发生变异。如鼠疫耶尔森菌在含有3%氯化钠的培养基上，可产生多形态性，如出现球状、丝状、逗点状、哑铃状等多形态；有鞭毛的变形杆菌在含0.1%苯酚培养基上会失去鞭毛；有些细菌在含有青霉素或溶菌酶的培养基中，容易产生L型细菌（图2-10）。

（二）菌落变异

细菌的菌落主要有光滑型和粗糙型两种。一般从人体新分离菌株的菌落通常是光滑型，即表面光滑、湿润，边缘整齐。当在人工培养基上多次传代后，可出现粗糙型菌落，即表面粗糙、干皱，边缘不整齐，同时，细菌的毒力、生化反应、抗原性等特性也发生改变。此种变异多见于肠杆菌。

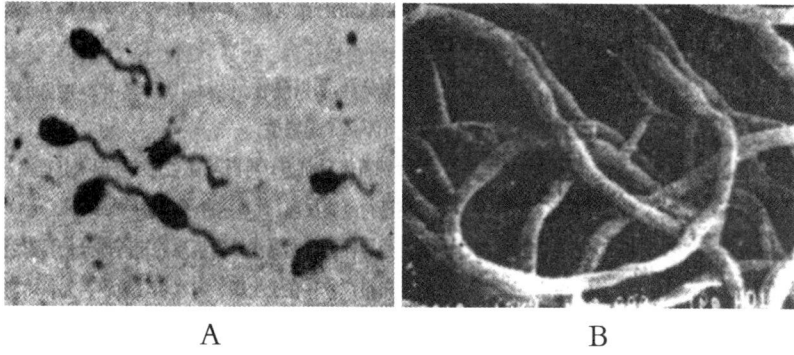

图2-10 正常霍乱弧菌与霍乱弧菌L型比较

A. 正常霍乱弧菌；B. 霍乱弧菌L型

（三）毒力变异

细菌毒力变异表现为毒力的增强或减弱。例如，白喉棒状杆菌被β-棒状杆菌噬菌体感染后成为溶原性细菌，则获得产生白喉毒素的能力，由无毒菌株变异成有毒菌株并能引起白喉。法国科学家卡默德与介兰将有毒力的牛型分枝杆菌接种在含有甘油、胆汁、马铃薯的培养基上，经过13年的培养，连续230代，获得了一株毒力减弱但仍保持抗原性的变异株，即卡介苗，用于接种以预防结核病。

（四）耐药性变异

指细菌对某种抗菌药物由敏感变成不敏感或具有耐受性的变异，又称为抗药性变异。自抗菌药物广泛应用以来，耐药菌株不断增加，如金黄色葡萄球菌对青霉素和磺胺类药的耐药菌株高达90%以上。有些细菌还对多种抗菌药物耐药，称为多重耐药性。细菌耐药性变异给临床治疗带来很大的困难，临床上常用药物敏感试验来选择敏感抗生素，有利于抗菌药物的选择和合理应用。

二、细菌遗传变异的物质基础

细菌遗传和变异的物质基础包括菌体内的染色体和质粒，本质均为DNA，而少数病毒（如噬菌体）在遗传物质转移中起到载体的作用，与细菌的变异密切相关。

（一）染色体

染色体由单股或环状双股DNA构成。DNA分子上的基因，是微生物遗传和变异的功能单位。DNA是按碱基配对原则进行复制的，在复制过程中，碱基若发生变化，可致基因改变，而导致细菌产生变异现象。

（二）质粒

质粒是细菌染色体外的遗传物质，其本质是闭合环状双股DNA，不是细菌生命活动所必需的，其主要特征有：质粒能自我复制；质粒可自行从细菌体内丢失或消除，但细菌仍存活；质粒可以转移；质粒控制细菌特定性状，如致育性、耐药性、致病性及某些生化反应特性等。与医学有关的重要质粒有致育因子（F因子）、抗药质粒（R质粒）、毒力因子（Vi质粒）、大肠杆菌素生成因子（Col因子）。

（三）噬菌体

噬菌体广泛分布于自然界，是侵袭细菌、真菌等微生物的病毒，具有病毒的基本特征，体积微小，形态大多数为蝌蚪形，由头部和尾部组成（见图2-11）。因能使敏感菌裂解，所以称为噬菌体。具有严格的宿主寄生性，根据噬菌体与宿主的相互关系，分为烈性噬菌体和温和噬菌体，与细菌的基因转移与重组密切相关。

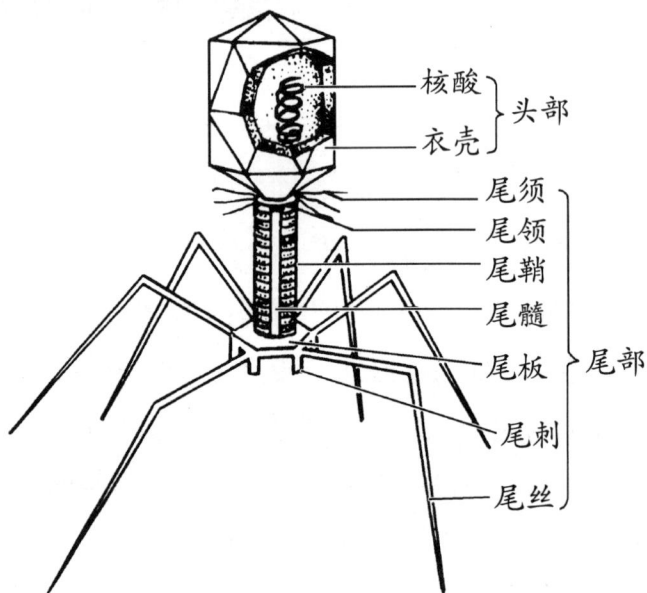

图2-11 蝌蚪形噬菌体结构模式图

三、细菌遗传变异的机制

细菌的遗传性变异，主要有基因突变和基因转移与重组两种方式。

（一）细菌变异的一般机制

1. 基因突变 突变是指生物遗传物质的组成或结构发生突然而稳定的改变，而致其生物学性状发生遗传性变异的现象。突变包括基因突变和染色体畸变。基因突变又称点突变或小突变，一般只引起细菌的少数性状发生变异。染色体畸变亦称大突变，指大段DNA发生改变，常导致细菌死亡。

2. 基因转移与重组 遗传物质由一个供体菌转入受体菌细胞内的过程称为基因转移，供体菌基因与受体菌基因整合在一起的过程称为基因重组。基因转移与重组使受体菌获得新的遗传性状。其方式有：

（1）转化：受体菌从外界直接吸收来自供体菌的DNA片段，并将其整合到自己的基因组中，从而获得新的遗传性状的过程。

（2）接合：细菌通过性菌毛相互连接沟通，将遗传物质（主要是质粒）从供体菌转移给受体菌，从而使受体菌获得新的性状（图2-12）。

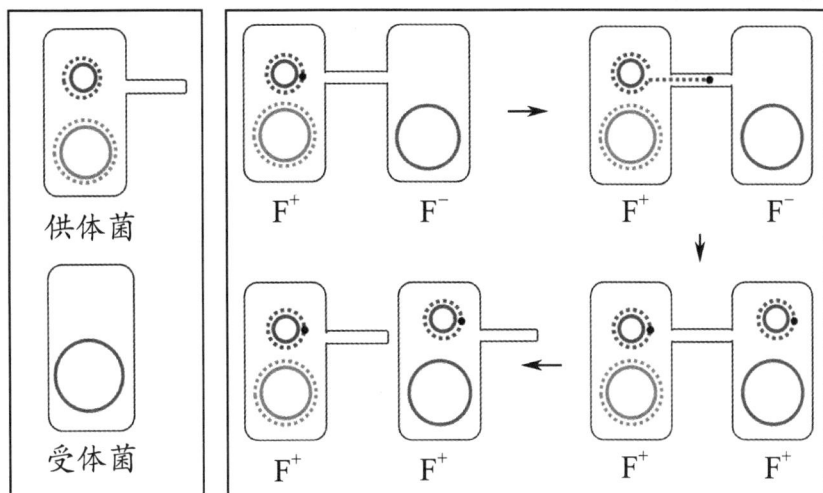

图2-12 细菌接合示意图

（3）转导：利用某一溶原性细菌释放出的温和噬菌体为媒介，把供体菌的DNA片段带到受体菌中，从而使受体菌获得了供体菌的部分遗传性状，发生遗传变异的过程（图2-13）。

（4）其他：细胞融合、溶原性转换等。

（二）细菌耐药性变异的机制

细菌可对某类抗菌药物产生耐药性，也可同时对多种化学结构各异的抗菌药物耐药。细菌的耐药机制有：

1. 产生灭活酶和钝化酶　细菌产生灭活酶或钝化酶使抗菌药物作用于细菌之前即被酶破坏而失去抗菌作用。

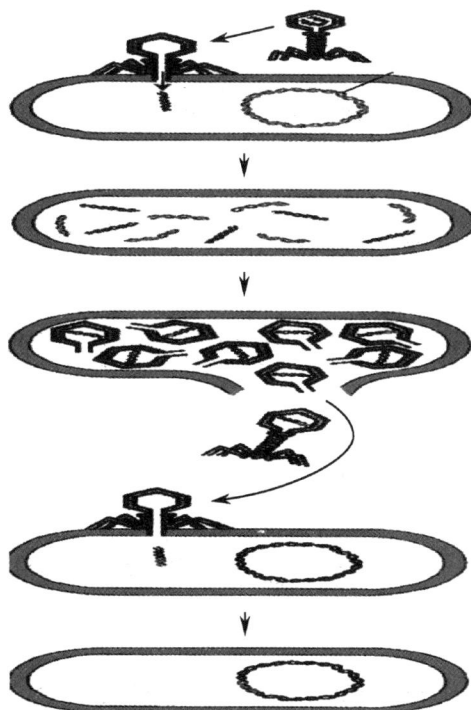

图2-13 细菌的转导示意图

🔍 案例分析 ┈┈┈

案例

患者，男，18岁，高中学生，突然出现身体不适，咳嗽、咯血。患者母亲两年前被诊断出结核病，正在自行服药治疗，患者的症状和母亲患病的症状类似。经过三个月的治疗不见好转。近日，母子俩都被诊断为耐多药结核病。

分析

由于不规范用药，患者母亲体内的结核分枝杆菌发生了耐药性变异，造成的后果是患上耐多药结核病。由于没有进行有效的隔离与消毒，还把这种耐多药的结核分枝杆菌传染给患者，使他也患上耐多药结核病，治疗效果不理想。因此，必须在药师或医师的指导下规范、合理使用抗菌药物。

2. 改变抗菌药物的作用靶位　改变细胞内膜与抗菌药物结合部位的靶蛋白，使抗菌药物不能与其结合，导致抗菌失败。

3. 降低细胞膜通透性　细菌接触抗菌药物后，可以改变通道蛋白性质和数量来降低细菌的膜通透性而产生耐药性。

4. 主动外排系统将抗菌药物泵出胞外　某些细菌能将进入菌体的多种药物泵出体外，使菌体内的药物浓度降低，产生多重耐药性。

当长期应用抗菌药物时，多数的敏感菌株不断被杀灭，耐药菌株大量繁殖，代替敏感菌株，而使细菌对该药物的耐受性不断提高。为了保持抗菌药物的有效性，应重视其合理使用。

四、细菌遗传变异的意义

（一）在医药工业生产方面的应用

微生物转化在药物研制中的一系列突破性的应用给医药工业创造了巨大的医疗价值和经济价值。应用微生物遗传变异的理论，进行菌种选育，以获得医药工业上所需要的优良菌种，生产抗生素、维生素、氨基酸、胰岛素等。随着能源日益稀缺传统医药发展瓶颈日趋严重，利用微生物变异技术生产新药将在医疗领域发挥重大作用。

🔗 **知识链接**

菌种选育

菌种决定着微生物产品的灵魂。选育出优良菌种能够提高单位产量、改进品种质量、创造新品种。菌种选育有以下常用途径：①自然选育，利用菌种自发突变而进行筛选的过程。在工业生产过程中，经常用自然分离的方法纯化菌种，淘汰负向变异菌株，保留正向变异菌株。②诱变育种，即人工地利用物理、化学或生物诱变剂，促使微生物发生改变，再通过筛选，获得有益于生产的正向变异菌株。③**杂交育种**，指两个不同基因型的菌株遗传物质重新组合，从中分离和筛选出具有新性状菌株的一种育种方法。④**基因工程育种**，通过基因工程改造后的菌株被称为"工程菌"，这类"工程菌"能够获得不易从天然生物体内大量取得的生物活性物质。

（二）在疾病的诊断和防治方面的应用

由于细菌的变异可发生在形态结构、染色特性、生化特性、抗原性以及毒力等方面，导致生物学性状不典型，对鉴定造成困扰。因此，在病原学检查中不仅要熟悉致病菌的典型性状，还要了解致病菌的变异现象和规律，只有这样才能对感染性疾病做出正确的病原学诊断并进行有效的防治。

（三）在基因工程方面的应用

由于细菌可通过基因转移和重组而获得新的性状，因此，细菌的变异机制被认为是基因工程技术的理论基础。通过基因改造制备基因工程菌，利用"工程菌"作为制药工业的发酵生产菌可生产出更低成本、更高质量的药物。目前应用基因工程技术已大量生产用传统方法极难获得的白介素、干扰素、生长激素、胰岛素以及乙型肝炎病毒表面抗原等生物制品。

第四节　细菌的致病性

⑦ **课堂问答** ────────────────

某学校宿舍里有位同学出现咳嗽、咳痰、低热、盗汗、乏力等感染症状，经进一步检查确诊为肺结核，班级里相继有2名同学也出现了相同症状。

班级里的人同时接触了生病的同学，为什么有人发病而有人不发病？致病菌进入人体后是否一定会引起发病？为什么？

────────────────────────

一、细菌的致病因素

细菌能引起感染的能力，称为细菌的致病性。具有致病性的细菌，称为致病菌。病原菌侵入机体能否引起疾病与细菌的致病性、机体的免疫力及环境因素等密切相关。细菌的致病性是由细菌的毒力、侵入数量和侵入门户等因素决定的。

（一）细菌的毒力

致病菌致病能力的强弱程度称为毒力。各种致病菌的毒力不同，同种细菌的毒力也因型及株、宿主种类和环境因素的不同存在着一定的差异。同一种细菌也有强毒株、弱毒株和无毒株之分。细菌毒力的物质基础是侵袭力和毒素，是细菌致病的关键。

1. 侵袭力　是指病原菌突破机体防御功能，在机体内定居、生长繁殖和扩散的能力。主要有黏附素、荚膜和微荚膜及侵袭性酶类。

（1）黏附素：黏附是指病原菌附着于宿主呼吸道、消化道和泌尿生殖道等黏膜上皮细胞的现象。具有黏附作用的细菌特殊结构及有关物质称为黏附素，如革兰氏阴性菌的普通菌毛、A群链球菌的膜磷壁酸等。黏附使细菌免于被呼吸道的纤毛运动、肠蠕动、黏液分泌、尿液冲洗等活动所清除，以利于其在局部定居、繁殖，产生毒性物质或继续侵入细胞、组织引起疾病。

（2）荚膜和微荚膜：荚膜和微荚膜均能保护细菌，具有抗吞噬和抗体液中杀菌物质的作用。研究表明，将无荚膜的肺炎球菌注射至小鼠的腹腔，细菌易被小鼠体内吞噬细胞吞噬、杀灭；但若注射有荚膜的菌株，细菌则大量繁殖，小鼠多于注射后24小时内死亡。此外，有些细菌表面有其他表面物质或类似荚膜的物质，其功能与荚膜相同，如A群链球菌的M蛋白、伤寒沙门菌的Vi抗原等。

（3）侵袭性酶类：某些细菌可释放侵袭性的胞外酶，这些物质一般不损伤机体组织细胞，但能协助病原菌定居、繁殖与扩散。如金黄色葡萄球菌产生的血浆凝固酶能抵抗宿主吞噬细胞的吞噬；A族链球菌产生的透明质酸酶、链激酶和链球菌DNA酶可分解细胞间质的透明质酸有利于细菌及毒素在组织中扩散。此外某些细菌被吞噬细胞吞入后，可产生一些酶类物质抵抗杀灭作用，如葡萄球菌产生的过氧化氢酶，能抵抗中性粒细胞的杀灭作用，有利于细菌随吞噬细胞在组织中播散。

2. 毒素　是细菌在生长繁殖过程中合成的对机体组织细胞有损害作用的毒性物质。按其来源、性质和作用的不同，分为外毒素和内毒素两大类。

（1）外毒素：是多数革兰氏阳性菌和少数革兰氏阴性菌在生长繁殖过程中合成的，并分泌或释放到菌体外的毒性蛋白质。如革兰氏阳性菌中破伤风梭菌、肉毒梭菌、金黄色葡萄球菌及革兰氏阴性菌中的痢疾志贺菌、霍乱弧菌等均能产生外毒素。外毒素的主要特点是：①化学成分是蛋白质，性质不稳定，不耐热，易被热、酸、蛋白酶分解破坏；②毒性强，作用有选择性，产生特殊的临床表现；③免疫原性强，可刺激机体产生抗毒素。外毒素经用0.3%~0.4%甲醛处理可脱毒制为类毒素，保留其免疫原性，类毒素可刺激机体产生特异性的抗毒素，可用于预防接种。此外，外毒素的种类繁多，部分外毒素还具有超抗原的特性。

（2）内毒素：是存在于革兰氏阴性菌细胞壁的脂多糖成分，只有当细菌裂解时才释放出来。主要特点是：①化学成分是脂多糖，性质稳定，耐热；②毒性与免疫原性较外毒素弱；③不能被甲醛脱毒成为类毒素；④对人体组织器官的选择性不强，引起的症状基本相同，如发热、白细胞反应，严重者可导致内毒素血症，甚至休克、弥散性血管内凝血的发生。

外毒素与内毒素的主要区别见表2-2。

表2-2　外毒素与内毒素的主要区别

特征	外毒素	内毒素
来源	革兰氏阳性菌及部分革兰氏阴性菌	革兰氏阴性菌
存在部位	由活菌分泌，少数为细菌裂解后释放	是细胞壁成分，菌体裂解后释放
化学成分	蛋白质	脂多糖
耐热性	不耐热，60~80℃，30分钟被破坏	耐热，160℃，2~4小时被破坏
毒性作用	强，不同细菌的外毒素对机体组织器官有选择性的毒害作用，引起特殊临床表现	较弱，各种细菌的内毒素作用大致相同
免疫原性	强，经甲醛处理可脱毒成类毒素，可刺激机体产生抗毒素，用于传染病预防接种	较弱，不能脱毒成类毒素

（二）细菌的侵入数量

病原菌侵入机体，能否引起疾病，除了具有一定的毒力外，还与侵入机体的细菌数量有关，一般情况下，毒力越强，引起感染所需的细菌数量缺少。如毒力强的鼠疫耶尔森菌，有少量细菌侵入就可引起鼠疫；而毒力弱的沙门菌，常需较大量才能引起急性胃肠炎。

（三）细菌的侵入门户

有了一定毒力和数量的致病菌，还需要适宜的侵入门户发生感染性疾病。不同细菌其侵入门户不同，例如，破伤风梭菌必须经深而污染的厌氧伤口而感染，伤寒沙门菌则必须经消化道感染。但有的细菌可通过多种途径侵入机体，引起疾病，如结核分枝杆菌，经呼吸道、消化道或皮肤黏膜损伤都能引起感染。

细菌能否引起感染，不仅取决于细菌的致病性，还与机体的免疫力密切相关。机体免疫功能正常时，病原菌引起感染必须有较强的毒力、足够的数量和适宜的侵入门户；当机体的免疫力下降时，致病性不强的条件致病菌也可以引起感染，如晚期获得性免疫缺陷综合征（acquired immunodeficiency syndrome，AIDS，又称艾滋病）患者免疫力极度低下，条件致病菌即可引起致死性感染。

二、细菌的感染

病原菌在一定环境条件下，突破机体的防御功能，侵入机体，与机体相互作用而引起不同程度的病理过程称为感染。感染是否发生以及发生后的转归取决于三个方面的因素：①细菌因素，包括毒力、侵入数量和侵入门户；②机体的免疫状态；③自然、社会因素的影响，包括气候、季节、温度、湿度和地理条件等。

（一）感染的来源

感染按病原体的来源可分为外源性感染和内源性感染两种。

1. 外源性感染　指来自宿主体外的病原体引起的感染，其传染源是患者、带菌者和患病或带菌动物。

2. 内源性感染　指自身体内的正常菌群或潜伏的致病菌引起的感染。

（二）感染途径

1. 呼吸道感染　许多病原菌通过患者或带菌者咳嗽、打喷嚏、大声说话时排出含有病原菌的飞沫经呼吸道引起感染。如结核分枝杆菌、链球菌等。

2. 消化道感染　某些病原菌可以由患者或带菌者的排泄物污染食物、饮水，后经口感染。如沙门菌、痢疾志贺菌等。苍蝇、蟑螂等是消化道传染病的重要媒介。

3. 接触感染　通过与患者或带菌者直接接触或间接接触而引起的感染。如淋球菌、梅毒螺旋体、布鲁菌等可通过人与人或人与带菌动物的密切接触引起感染。

4. 创伤感染　经破损的皮肤、黏膜或伤口侵入机体引起的感染。如金黄色葡萄球菌、链球菌经皮肤黏膜的小伤口引起化脓性感染。

5. 虫媒传播　通过节肢动物叮咬引起感染。如鼠蚤叮咬人传播鼠疫。

（三）感染的类型

感染的发生、发展和结局取决于宿主机体和病原菌相互作用的结果。根据两者力量对比，临床上可表现为隐性感染、显性感染和带菌状态3种类型。感染的类型可随着双方力量的消长而相互转化或交替出现。

1. 隐性感染　机体的抗感染免疫力较强或病原菌入侵数量少、毒力较弱，感染后损害较轻，未出现明显临床症状的称为隐性感染或亚临床感染。隐性感染后机体可获得特异性免疫力，能抵御同种细菌的再次感染。

2. 显性感染　当病原菌毒力强、数量多且机体抗感染免疫力相对较弱，病原菌可在体内生长繁殖引起不同程度的组织细胞损害，导致病理改变，出现明显临床症状，称显性感染。

（1）按感染的缓急程度分类：①急性感染，发病突然，症状明显，病程短，一般持续数日至数周，病愈后，病原菌从体内消失，如脑膜炎奈瑟菌、霍乱弧菌引起的感染；②慢性感染，病情缓慢，病程长，可持续数月至数年，如结核分枝杆菌引起的感染。

（2）按感染的部位和性质不同分类：①局部感染，病原菌仅局限于机体某一部位，引起局部病变，如疖、痈等；②全身感染，病原菌及其毒性代谢产物经血液向全身扩散引起全身症状。

全身感染在临床上常见以下几种情况：

1）毒血症：病原菌在局部生长繁殖不侵入血流，但其产生的外毒素进入血液循环到达特定的靶器官，引起特殊的毒性症状，如破伤风、白喉等。

2）菌血症：病原菌侵入机体后由原发部位一时性或间歇性侵入血流，但未在血液中繁殖，仅短暂通过血流，到达合适部位进行繁殖而致病，如脑膜炎奈瑟菌引起的脑膜炎。

3）败血症：病原菌入血并在血液中大量繁殖，产生毒素，引起严重的全身中毒症状，如高热、皮肤黏膜淤血、肝脾肿大等，常见的疾病有伤寒等。

4）脓毒血症：指化脓性细菌随血流扩散到组织或器官引起化脓性病灶，如金黄色葡萄球菌的脓毒血症，可引起多发性的肝脓肿、肾脓肿和肺脓肿等。

3. 带菌状态　是指机体在隐性感染或显性感染后，病原菌未被及时清除而继续存在，与机体的免疫力形成相对的平衡状态，称为带菌状态。带有病原菌而无临床表现的宿主称为带菌者。带菌者因经常或间歇地排出病原菌而成为重要的传染源。因此，及时检出带菌者并进行隔离和治疗对于控制传染病的流行具有重要意义。

三、医院感染

医院感染，又称医院获得性感染，是指患者和医院工作人员在医院环境内获得的感染。医院感染主要侵犯免疫力低下的老年人、婴幼儿及慢性疾病患者，以条件致病菌为主，细菌多有多重耐药。近年来，随着医疗活动的复杂化，医院感染率逐渐增高，已经成为医院面临的一个突出公共卫生问题。加强对医院感染的监测，落实预防和感染控制措施，有着重要的临床实际意义。

（一）医院感染的分类

医院感染有多种分类方式，常采用的是按病原体来源分类。

1. 内源性感染　又称自身性感染，指免疫功能低下患者由自身正常菌群或潜伏的致病菌引起的感染。即患者在发生医院感染之前已是病原菌携带者，当机体抵抗力降低时引起自身感染。

2. 外源性感染　指由宿主体外带来的感染，包括两种类型。

（1）交叉感染：指患者之间或者患者和医护人员之间在医院内通过直接接触和间接接触获得的感染。

（2）环境感染：由污染的环境（如空气、水、医疗用具及其他物品等）造成的感染。如由于手术室空气污染造成患者术后切口感染，注射器灭菌不严格引起的乙型肝炎病毒感染等。

（二）医院感染常见的微生物

引起医院感染的微生物种类繁多（表2-3），包括细菌、支原体、衣原体、病毒、真菌等，但以机会性致病微生物为主。

表 2-3　医院感染常见的微生物

微生物种类	微生物名称	感染类型
细菌	金黄色葡萄球菌、肺炎链球菌、大肠埃希菌、克雷伯菌属、肠球菌属、铜绿假单胞菌、肠杆菌属、艰难梭菌、不动杆菌属、结核分枝杆菌等	呼吸道感染、尿路感染、胃肠道感染、伤口和皮肤脓毒血症等感染性疾病
病毒	流行性感冒病毒、麻疹病毒、风疹病毒、肝炎病毒、人类免疫缺陷病毒、轮状病毒、柯萨奇病毒、巨细胞病毒等	呼吸道感染、肝炎、心肌炎、胃肠道感染、脑炎和视网膜炎等

微生物种类	微生物名称	感染类型
真菌	白念珠菌、曲霉菌、新型隐球菌、毛霉菌等	呼吸道感染、泌尿生殖道感染、胃肠道感染等

（三）医院感染的预防

医院感染的预防应采取综合措施：①加强医院管理；②严格执行无菌操作；③净化医院环境；④实施消毒隔离制度；⑤合理使用抗菌药物。另外，还包括对医院重点部门的监测和预报。

第五节　常见致病性细菌

一、葡萄球菌

葡萄球菌是最常见的化脓性细菌，因其常排列成葡萄串状而得名，人类80%以上的化脓性感染由它引起。在自然界中分布广泛，一般人的鼻咽部带菌率可达20%~50%，而医务人员带菌率可高达70%以上，成为医院内交叉感染的重要传染源。对人致病的主要是金黄色葡萄球菌，在药品微生物限度标准中明确规定，眼科制剂、外用药等不得检出金黄色葡萄球菌。

（一）生物学性状

1. 形态与染色　菌体为球形或椭圆形，直径0.4~1.2μm，典型排列呈葡萄串状（图2-14），在液体或脓汁中可成双或短链状排列。无鞭毛、无芽孢，某些菌株可形成荚膜。革兰氏染色阳性。

2. 培养特性　兼性厌氧或需氧，对营养要求不高，在液体培养基中呈混浊生长；在普通琼脂平板上可形成圆形、隆起、表面光滑、湿润、边缘整齐、不透明的有色菌落，直径2~3mm；并因菌株不同而产生脂溶性的金黄色、白色或柠檬色等色素，这

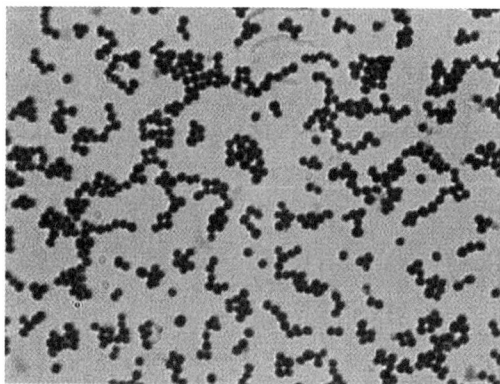

图2-14　葡萄球菌镜下图（×1 000）

有助于该菌的鉴别。多数致病性葡萄球菌在血琼脂平板上菌落周围出现透明溶血环（β溶血）。该菌耐盐，故可用高盐培养基分离葡萄球菌。

葡萄球菌多能分解葡萄糖、麦芽糖、蔗糖，产酸不产气，致病菌能分解甘露醇。致病性葡萄球菌凝固酶试验多为阳性。

3. 分类　根据色素和生化反应的不同，可将葡萄球菌分为金黄色葡萄球菌、表皮葡萄球菌和腐生葡萄球菌3种。3种葡萄球菌的主要生物学性状见表2-4。

表2-4　3种葡萄球菌的主要性状

特性	金黄色葡萄球菌	表皮葡萄球菌	腐生葡萄球菌
色素	金黄色	白色	白色或柠檬色
血浆凝固酶	+	−	−
甘露醇发酵	+	−	−
A蛋白	+	−	−
耐热核酸酶活性	+	−	−
致病性	强	弱或无	无

4. 抗原构造

（1）葡萄球菌A蛋白（staphylococcal protein A，SPA）：是存在于细胞壁表面的蛋白质，为完全抗原，有种属特异性。SPA具有抗吞噬、促细胞分裂、引起超敏反应等作用。约90%的金黄色葡萄球菌有此抗原。

（2）荚膜抗原：有利于细菌黏附到细胞或生物合成材料（如人工关节、生物性瓣膜等）表面，引起感染。

5. 抵抗力　葡萄球菌的抵抗力在无芽孢细菌中最强。在干燥的脓汁和痰中可存活2~3个月；加热60℃1小时或80℃30分钟才被杀死；对甲紫敏感，1∶100 000~200 000甲紫溶液可抑制其生长；对青霉素、庆大霉素等敏感，但耐药菌株迅速增多，目前金黄色葡萄球菌对青霉素的耐药菌株高达90%以上，尤其是耐甲氧西林金黄色葡萄球菌，已经成为医院感染最常见的致病菌。

（二）致病性

1. 致病物质　葡萄球菌可产生多种侵袭性酶类和外毒素，毒力强，主要有以下几种。

（1）血浆凝固酶：是一种能使含有枸橼酸钠或肝素等抗凝剂的人或兔血浆发生凝

固的酶类物质。致病株大多能产生此酶，非致病株一般不产生，因此，血浆凝固酶是鉴别葡萄球菌有无致病性的重要指标。血浆凝固酶可使血浆中的纤维蛋白原变成纤维蛋白，沉积在菌体表面，阻止吞噬细胞对细菌的吞噬及杀菌物质的杀伤作用，同时也限制了病灶中细菌的扩散，使病灶的脓汁变得黏稠，故葡萄球菌引起的感染易于局限化和形成血栓。

（2）杀白细胞素：不耐热，能破坏中性粒细胞和巨噬细胞；能抵抗宿主吞噬细胞的吞噬，增强细菌的侵袭力。

（3）葡萄球菌溶素：葡萄球菌对人致病的主要为α溶血素，为外毒素，对红细胞、白细胞、血小板、多种组织细胞、血管平滑肌细胞等均有损伤作用。

（4）肠毒素：是一组性质稳定、耐热的可溶性蛋白质，100℃ 30分钟不被破坏。机体食入被足量肠毒素污染的食物，毒素作用于肠道神经受体，传入中枢神经系统后刺激呕吐中枢，引起以呕吐为主要症状的急性胃肠炎，即食物中毒。

（5）表皮剥脱毒素：能裂解表皮组织的棘状颗粒层，使表皮与真皮脱离，引起剥脱性皮炎。

（6）毒性休克综合征毒素-1（TSST-1）：可引起机体发热、休克及脱屑性皮疹，并增加对内毒素的敏感性。

2. 所致疾病　有侵袭性和毒素性两种类型。

（1）侵袭性疾病：主要引起化脓性炎症，包括局部感染和全身感染。①局部感染，主要有皮肤软组织感染，如疖、痈、毛囊炎、蜂窝织炎、伤口化脓等；内脏器官感染主要有气管炎、肺炎、脓胸等。②全身感染，由于用力挤压疖肿或过早切开未成熟的脓肿，细菌可向全身扩散，在机体免疫力低下时可大量繁殖引起败血症；或随血流进入肝、脾、肾等器官，引起多发脓肿，即脓毒血症。

（2）毒素性疾病：由金黄色葡萄球菌产生的多种外毒素引起。常见的有：①食物中毒，常于进餐后1~6小时出现症状，先有恶心、呕吐、上腹痛，继而腹泻。呕吐最为突出。多数患者病后1~2天内自行恢复，预后良好。②烫伤样皮肤综合征，开始皮肤出现红斑，1~2天表皮起皱，继而出现含清亮液体的水疱，易破溃，最后表皮上层脱落。多见于新生儿、婴儿和免疫力低下的成人。③假膜性结肠炎，是一种菌群失调性肠炎。在不规范使用广谱抗菌药物的情况下，肠道中的优势菌如大肠埃希菌被大量杀灭后，耐药的葡萄球菌趁机大量繁殖并产生肠毒素，引起以腹泻为主要症状的肠炎，其特点是肠黏膜覆盖炎性假膜。④毒素休克综合征，主要表现为急性高热、低血压、猩红热样皮疹伴脱屑，严重时出现休克，约99%为女性，常于月经期发病。

葡萄球菌引起感染后，机体可获得一定的免疫力，但难以防止再感染。

② 课堂问答

2014年3月1日，杭州市经济技术开发区疾病预防控制中心接到某高校报告，部分学生出现呕吐、恶心、腹痛、腹泻等症状，怀疑发生食物中毒。经调查，原因是学生食用某小吃店被金黄色葡萄球菌污染的煎饼引起的食物中毒。

请思考金黄色葡萄球菌是怎么引起食物中毒的？引起食物中毒的细菌还有哪些？如何预防？

（三）微生物学检查

1. 标本采集　根据不同疾病，可采集脓汁、渗出液、血液、剩余食物、呕吐物、粪便等。

2. 病原检查　根据镜下细菌形态、排列和染色特性做出初步诊断。再经培养后根据菌落特点、凝固酶试验等鉴定是否为致病性葡萄球菌。

（四）防治原则

注意个人卫生，皮肤创伤应及时处理；严格无菌操作，防止医源性感染；加强食品卫生管理；合理使用抗菌药物，根据药敏试验选择抗菌药物。

二、链球菌

链球菌是另一类常见的化脓性球菌，种类繁多，在自然界中分布广泛，如水、空气，以及人和动物的乳汁、体表及与外界相通的腔道中。大多数为正常菌群，不致病。对人致病的主要是A群链球菌，引起化脓性感染、猩红热、风湿热、肾小球肾炎等。

（一）生物学性状

1. 形态与染色　菌体为球形或椭圆形，直径0.6~1.0μm，链状排列，革兰氏染色阳性（图2-15），无鞭毛和芽孢，多数菌株培养初期有荚膜，成分为透明质酸，培养时间稍久，则因产生透明质酸酶使荚膜分解消失。

2. 培养特性　需氧或兼性厌氧，对营养要求高，需在含有血液、血清或腹水的培养基上才能良好生长。在血清肉汤中呈絮状或颗粒状沉淀生长；在血琼脂平板上可形成灰白色、

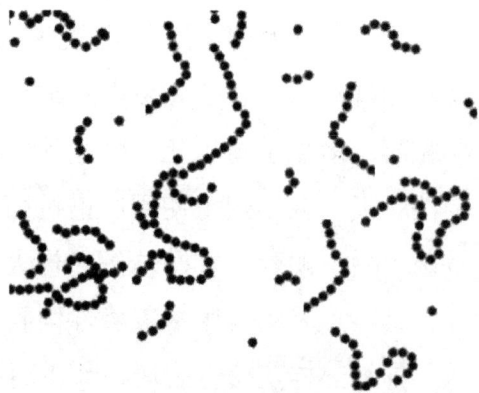

图2-15　链球菌镜下图（×1000）

表面光滑、透明或半透明的细小菌落，不同菌株形成不同的溶血环。

3. 分类

（1）根据溶血现象不同分类：甲型溶血性链球菌、乙型溶血性链球菌、丙型溶血性链球菌（表2-5）。

表2-5　3种链球菌的主要性状

特性	甲型溶血性链球菌	乙型溶血性链球菌	丙型溶血性链球菌
溶血环大小	1~2mm	2~4mm	无溶血
溶血环性状	草绿色	无色透明	无溶血
致病性	弱，条件致病菌	强	一般无

（2）根据抗原构造分类：按链球菌细胞壁中多糖抗原的不同，分为A、B、C、D、……等共20群，对人致病的链球菌株约90%属于A群。链球菌的群别与其溶血性之间无平行关系，但对人类致病的A群链球菌多形成β溶血。

4. 抵抗力　链球菌的抵抗力较弱，对干燥、湿热和常用消毒剂敏感，60℃ 30分钟可被杀死（少数例外）。对青霉素、红霉素、四环素及磺胺类皆敏感。青霉素是治疗链球菌感染的首选药物。

（二）致病性与免疫性

1. 致病物质　A群链球菌有较强的侵袭力，致病物质主要有外毒素、侵袭性酶类和细菌胞壁成分3大类。

（1）外毒素：①链球菌溶血素，有溶解红细胞、破坏白细胞和血小板的作用，包括链球菌溶血素O（streptolysin O，SLO）和链球菌溶血素S（streptolysin S，SLS）两种。其中SLO免疫原性强，可刺激机体产生抗体。85%~90%被链球菌感染的患者，于感染2~3周后至1年内可检出SLO抗体（简称抗"O"抗体）。SLS无免疫原性，溶血能力较强，与血琼脂平板上溶血环的形成有关。②致热外毒素，又称红疹毒素或猩红热毒素，是人类猩红热的主要致病物质。化学成分为蛋白质，可使吞噬细胞释放内源性致热原，直接作用于下丘脑的体温调节中枢引起发热。

（2）侵袭性酶类：①透明质酸酶，能分解细胞间质的透明质酸，使组织细胞间隙扩大；②链激酶，使血液中纤维蛋白酶原变为纤维蛋白酶，可溶解血块或阻止血浆凝固；③链球菌DNA酶，能降解脓液中具有高度黏稠性的DNA，使脓液变稀。以上3种酶均有利于致病菌在组织中扩散，因此链球菌引起的感染病灶与周围组织界限不清，脓液稀薄，扩散趋势明显。

（3）细菌胞壁成分：①脂磷壁酸，与M蛋白一起构成菌毛样结构，有黏附作用；②M蛋白，有抵抗吞噬细胞的吞噬杀菌作用，与心肌、肾小球基底膜有共同抗原，与超敏反应有关；③F蛋白，有利于细菌在宿主体内定植和繁殖。

2. 所致疾病　甲型溶血性链球菌，寄居在口腔，致病力弱，是感染性心内膜炎最常见的致病菌。乙型溶血性链球菌A群致病力强，引起的感染占人类链球菌感染的约90%，所致疾病有化脓性感染、中毒性疾病和超敏反应性疾病等3类。

（1）化脓性感染：皮肤和皮下组织感染有淋巴管炎、淋巴结炎、蜂窝织炎、痈、脓疱疮等；其他系统感染有扁桃体炎、咽炎、咽峡炎、鼻窦炎、中耳炎、乳突炎、产褥感染等。

（2）中毒性疾病：猩红热，由产生致热外毒素的A群链球菌引起的急性呼吸道传染病。多感染10岁以下儿童，主要症状为发热、咽炎、全身弥漫性鲜红色皮疹，疹退后有明显的脱屑、口周苍白圈和杨梅舌等。

（3）超敏反应性疾病：①风湿热，常继发于A群链球菌感染引起的咽炎或扁桃体炎，临床表现为发热、关节炎、心肌炎等；②急性肾小球肾炎，多见于儿童，主要表现为发热、血尿、蛋白尿、水肿、高血压等。

链球菌感染后，可获得同型链球菌的特异性免疫，但型间无交叉免疫。

（三）微生物学检查

1. 标本采集　根据不同疾病，可采集脓汁，鼻腔或咽喉部的分泌物等。

2. 病原检查　所致疾病主要通过涂片染色及分离培养进行病原学诊断。根据镜下细菌形态、排列和染色特性作出初步诊断。再经分离培养后根据菌落特点、生化反应特性等鉴定是否为致病性链球菌。

3. 免疫检测　可用抗链球菌溶血素O试验，检测患者血清中抗链球菌溶血素O抗体含量，常用于风湿热的辅助诊断。风湿热患者血清中抗链球菌溶血素O抗体多明显高于正常人，效价≥400有临床意义。

（四）防治原则

及时治疗患者和带菌者，以减少传播机会；注意对空气、器械、敷料的消毒处理。对乙型溶血性链球菌引起的感染应早诊断，早治疗，防止风湿热、急性肾小球肾炎等超敏反应性疾病的发生。治疗首选青霉素。

三、铜绿假单胞菌

铜绿假单胞菌广泛分布，为条件致病菌，多见于伤口感染。当机体免疫力低下时引起继发感染和混合感染，可导致菌血症和败血症，是医院感染的主要病原体之一。药品微生物限度标准中明确规定，眼科制剂和外伤用药不得检出铜绿假单胞菌。

（一）生物学性状

该菌为革兰氏阴性小杆菌，大小为（0.5~1.0）μm×（1.5~3.0）μm，可呈球杆状或丝状，长短不一，多散在排列，也可成双或短链状排列。菌体一端有1~3根鞭毛，新分离菌株多有菌毛，不形成荚膜和芽孢。专性需氧，对营养要求不高，能产生水溶性的蓝绿色色素，培养物有特殊气味。抵抗力强，临床上分离的菌株对多种抗菌药物天然耐药，且容易发生变异形成新的耐药性，联合用药可减少耐药菌株的出现。

（二）致病性

1. 致病物质　铜绿假单胞菌除产生内毒素外，还能产生多种致病因子，包括外毒素和胞外酶，如溶蛋白酶、磷脂酶，此外还有菌毛和荚膜。

2. 所致疾病　铜绿假单胞菌为重要的条件致病菌。由于该菌分布广泛，极容易污染医疗器械而造成感染。由该菌引起的感染约占医院感染的10%，占烧伤患者感染的30%。当人体抵抗力下降时，如大面积烧伤、术后、慢性消耗性疾病、长期使用激素、各种介入性医疗操作等，都容易导致本菌感染，引起局部化脓性炎症或全身感染，严重者可导致败血症，死亡率较高。婴儿严重的流行性腹泻也有报道。

（三）防治原则

为防止医院感染的发生，对烧伤病房、手术器械等应严格进行消毒，对介入性医疗操作等严格执行无菌操作。治疗上应选用敏感抗菌药物如哌拉西林、哌拉西林/他唑巴坦、头孢哌酮/舒巴坦等进行联合用药。

四、大肠埃希菌

大肠埃希菌是人和动物肠道中正常菌群的重要成员。大肠埃希菌在婴儿出生后数小时随着哺乳进入肠道寄居并伴随终生，能合成维生素B和维生素K等供机体吸收利用，并能产生大肠菌素抑制志贺菌等致病菌的生长。

（一）生物学性状

大肠埃希菌为革兰氏染色阴性杆菌，大小为（1~3）μm×（0.5~1.0）μm，多数有菌毛，多数为周毛菌，无芽孢（图2-16）。营养要求不高，兼性厌氧，生化反应活跃。在普通培养基上形成灰白色光滑型菌落。在血琼脂平板上，某些菌株可出现透明溶血环。能分解多种糖类，产酸产气。IMViC（吲哚、甲基红、伏-波和柠檬酸盐）试验结果为"＋，＋，－，－"。本菌主要有O抗原、H抗原和K抗原3种。

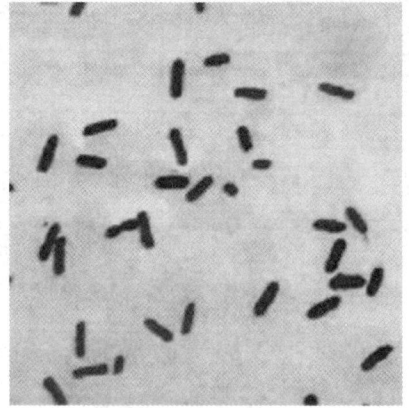

图2-16 大肠埃希菌镜下图
（×1 000）

（二）致病性

1. 致病物质

（1）黏附素：似菌毛，能凝聚红细胞和黏附在黏膜上皮细胞上。

（2）外毒素：①肠毒素，由肠产毒性大肠埃希菌产生，分热不稳定性肠毒素和热稳定性肠毒素两种，两者均可使肠道细胞中cAMP水平增高引起肠液大量分泌而导致腹泻；②志贺样毒素，由肠出血性大肠埃希菌产生，可致血性腹泻，与溶血性尿毒综合征的发生有关；③肠集聚耐热毒素，由肠集聚性大肠埃希菌产生，可致肠黏膜细胞分泌功能亢进引起腹泻。

（3）K抗原：具有抗吞噬作用。

2. 所致疾病

（1）肠外感染：多为机会性感染，以泌尿系统感染和化脓性感染最为常见。在泌尿系统感染中，常见的有尿道炎、膀胱炎、肾盂肾炎等；在化脓性感染中，常见的有腹膜炎、胆囊炎、阑尾炎、手术伤口、烧伤感染等。在婴幼儿、老年人或免疫力低下者可引起脑膜炎及败血症等。

（2）肠道感染：由致病的大肠埃希菌引起，主要表现为腹泻，有以下五种类型。①肠产毒性大肠埃希菌，是旅游者腹泻和婴儿腹泻的重要病原菌；②肠致病性大肠埃希菌，引起婴幼儿腹泻；③肠出血性大肠埃希菌，临床表现为严重的腹痛和血便；④肠侵袭性大肠埃希菌，症状类似菌痢样腹泻；⑤肠集聚性大肠埃希菌，引起婴儿持续性腹泻。

（三）微生物学检查

1. 标本采集　根据感染情况，肠外感染可采取中段尿、脓汁、血液、脑脊液等；肠道感染患者可采集粪便等标本。

2. 病原检查　脓汁、脑脊液等可直接涂片，进行革兰氏染色；尿液离心沉淀后取沉淀物涂片进行革兰氏染色镜检；也可进行分离培养后，挑选可疑菌落进行生化反应鉴定，必要时做血清分型。

3. 卫生细菌学检查　寄居于肠道中的大肠埃希菌不断随粪便排出体外可污染周围环境、水源、食品等。在环境卫生学和食品卫生学中，常以细菌总数和大肠菌群数作为粪便污染的检测指标。我国《生活饮用水卫生标准》（GB5749—2022）规定，在100ml饮水中不应检出总大肠菌群和大肠埃希菌；每毫升饮水中菌落总数不超过100个。

（四）防治原则

目前尚无用于人群免疫的疫苗。致病性大肠埃希菌的感染可选用头孢他啶、头孢吡肟等进行治疗。此菌耐药性非常普遍，因此抗菌药物治疗应在药敏试验的指导下进行。

五、沙门菌

沙门菌是一群寄居于人类和动物肠道内，生化反应和抗原构造相似的革兰氏阴性杆菌，其血清型已达到2 000多种，生物学性状相似，广泛分布于自然界中。只有少数菌株对人类致病，如伤寒沙门菌、甲型副伤寒沙门菌、乙型副伤寒沙门菌、丙型副伤寒沙门菌等。可引起肠热症、食物中毒或败血症。

🔗 知识链接

沙门菌的发现

1880年Eberth首先发现伤寒沙门菌，1885年Salmon分离到猪霍乱沙门菌。由于Salmon发现本属细菌的时间较早，在研究中的贡献较大，故将本属细菌定名为沙门菌属。沙门菌是人类细菌性食物中毒的最主要致病菌之一。

（一）生物学性状

1. 形态与染色　革兰氏阴性杆菌。无荚膜，不形成芽孢，多数都为周毛菌，多数有菌毛。

2. 培养特性与生化反应　在普通琼脂培养基上形成中等大小、圆形、无色半透明、光滑型菌落。在肠道选择培养基上形成无色菌落。不分解乳糖。发酵葡萄糖和甘露醇，除伤寒沙门菌产酸不产气外，其他沙门菌都产酸产气。甲基红试验阳性，大多数产生硫化氢。不分解尿素，伏-波试验阴性。

3. 抗原构造与分类　主要有O抗原和H抗原，少数菌株有Vi抗原。①O抗原，也称菌体抗原，为细菌细胞壁上的脂多糖，耐热，100℃数小时不被破坏。每个沙门菌的血清型含有一种或多种O抗原，凡含有相同抗原组分的归为一个组，用

A、B、C……表示。与人类致病有关的沙门菌大多数在A~F群。O抗原能刺激机体产生IgM类抗体。②H抗原，也称鞭毛抗原，为蛋白质，性质不稳定，不耐热，且易被乙醇破坏。根据H抗原的差异，可将每群沙门菌进一步分成不同的血清型。H抗原刺激机体产生IgG类抗体，此抗体在体内持续时间长。③Vi抗原，是一种表面抗原。因与细菌的毒力有关，故又称为毒力抗原。此抗原不稳定，60℃被破坏。免疫原性较弱，刺激机体产生的Vi抗体效价低，当细菌被清除后，Vi抗体随之消失。

（二）抵抗力

对理化因素抵抗力不强。65℃ 15分钟、70%乙醇或5%苯酚5分钟可杀死。在粪便中存活1~2个月，水中可存活2周。对氯霉素敏感。

（三）致病性

1. 致病物质

（1）Vi抗原：有Vi抗原的沙门菌具侵袭力，侵入小肠黏膜上皮细胞，穿过上皮细胞层到达上皮下组织。该抗原具有微荚膜功能，细菌虽被巨噬细胞吞噬但未被杀灭，而在吞噬细胞中生长繁殖，并随其游走至机体其他部位。

（2）内毒素：沙门菌裂解后释放的内毒素，能引起肠道局部炎症，吸收入血后引起发热、白细胞减少，大剂量时可导致中毒症状和休克。

（3）肠毒素：有些沙门菌，如鼠伤寒沙门菌可产生肠毒素，其性质类似肠产毒性大肠埃希菌的肠毒素，导致水样腹泻。

2. 所致疾病

（1）肠热症：是伤寒和副伤寒的统称。由伤寒沙门菌引起伤寒，甲、乙、丙型副伤寒沙门菌引起副伤寒，其临床症状不易区别。伤寒的病程较长，约3~4周，症状较重；副伤寒的病程较短，约1~2周，症状较轻；传染源为患者及带菌者；潜伏期约1~2周。致病菌随污染的食物、饮水进入小肠，侵入小肠壁及肠系膜淋巴结中大量繁殖后，约1周进入血液，引起第一次菌血症，此时患者可出现发热、全身疼痛等前驱症状。细菌随血流播散至肝、脾、肾、胆囊、骨髓等器官并在其中繁殖后，在病程的第2—3周再次进入血流，引起第二次菌血症。此时患者出现典型的临床表现为持续高热、相对缓脉、皮肤玫瑰疹、肝脾肿大、外周血白细胞明显下降等全身中毒症状。胆囊中致病菌随胆汁排入肠道，一部分随粪便排出，一部分可通过肠黏膜再次进入肠壁淋巴组织，使已致敏的组织发生Ⅳ型超敏反应，导致局部坏死、溃疡，严重者可并发肠出血或肠穿孔。肾脏中的致病菌可随尿液排出。若无并发症，病情自第3—4周后好转。

典型伤寒的病程为3~4周，部分患者病愈后可自粪便或尿液继续排菌达1年或更长时间，称为恢复期带菌者。故应对患者进行病原体复查，避免恢复期带菌状态的形成。

（2）食物中毒：最常见，多因食入被鼠伤寒沙门菌、猪霍乱沙门菌、肠炎沙门菌等污染的食物引起，表现为恶心、呕吐、腹痛、腹泻和发热等症状，一般2~3天自愈。

（3）败血症：多见于儿童和免疫力低下的成人。致病菌以猪霍乱沙门菌、丙型副伤寒沙门菌、鼠伤寒沙门菌、肠炎沙门菌等多见。致病菌进入肠道后侵入血流大量繁殖，肠道症状不明显，但是败血症症状严重，有高热、寒战、厌食和贫血等，常伴有脑膜炎、心内膜炎等。

伤寒或副伤寒沙门菌为胞内寄生菌，机体对病原菌的杀灭和清除，主要依靠特异性细胞免疫防御机制，肠热症愈后可获得一定程度的免疫力。

（四）微生物学检查

1. 致病菌的分离鉴定　根据病程采集不同的标本：第1—2周可取外周血，第2—3周可采集粪便或尿液；食物中毒取患者粪便、呕吐物或可疑食物；败血症取外周血。分离培养后取可疑菌落进行生化反应和血清学鉴定。近年来通过酶联免疫吸附试验、基因探针、PCR等技术可快速诊断。

2. 血清学试验　肥达试验，是用已知伤寒沙门菌O抗原和H抗原，以及甲、乙、丙型副伤寒沙门菌H抗原，与患者血清做定量凝集试验，测定患者血清中相应抗体的含量，以辅助诊断伤寒或副伤寒。一般伤寒沙门菌O凝集效价≥1：80，H凝集效价≥1：160，副伤寒沙门菌H凝集效价≥1：80时，有诊断意义；病程中抗体效价随病程延长而逐渐增高者有诊断价值。

（五）防治原则

患者、携带者应及时发现、隔离和治疗，特殊行业从业人员应定期进行健康检查；加强饮水、食品卫生监督，以切断传播途径；对易感人员使用疫苗以提高免疫力。治疗可用环丙沙星、头孢曲松等药物。

六、破伤风梭菌

破伤风梭菌属于厌氧性细菌。厌氧性细菌是一大群必须在无氧环境中才能生长繁殖的细菌，包括厌氧有芽孢菌和厌氧无芽孢菌两大类。厌氧有芽孢菌大多严格厌氧，革兰氏染色阳性，能形成芽孢，芽孢直径比菌体宽，使菌体膨大呈梭状，故名梭菌；

能引起人类疾病的主要有破伤风梭菌、产气荚膜梭菌和肉毒梭菌。无芽孢厌氧菌有革兰氏阳性或阴性的球菌和杆菌，多为人或动物的正常菌群，可作为条件致病菌引起内源性感染。下面主要学习破伤风梭菌。

破伤风梭菌是破伤风的病原体，广泛分布于自然界的土壤，以及人和动物肠道中。

（一）生物学性状

革兰氏阳性杆菌，菌体细长，为周毛菌，无荚膜。芽孢正圆形，比菌体粗，位于菌体的顶端，带有芽孢的菌体呈鼓槌状，为本菌典型特征（图2-17），芽孢形成后菌体易转为革兰氏阴性。营养要求不高，专性厌氧，常用庖肉培养基培养，使肉汤变混浊有腐败臭味，血琼脂平板厌氧培养后有溶血现象。芽孢抵抗力强，在煮沸1小时可被破坏，5%苯酚15小时可将芽孢杀死，干燥土壤里可存活数十年。繁殖体对青霉素敏感。

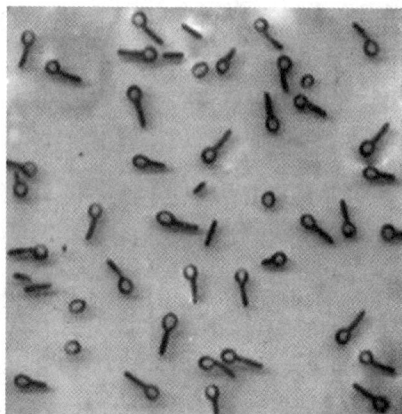

图2-17 破伤风梭菌镜下图
（×1 000）

知识链接 ··

植物原料外用药破伤风梭菌限度检查

由于破伤风梭菌广泛分布于土壤和人畜粪便中，以植物根、茎为原材料的药物可能受到污染，因此，凡用于深部组织、创伤和溃疡面的外用药中，不得检出本菌。

（二）致病性与免疫性

1. 致病条件　破伤风梭菌常存在于深层土壤和生锈的剪刀、铁针表面等部位。由伤口侵入机体，局部伤口形成厌氧微环境是破伤风梭菌引起感染的重要条件。窄而深的伤口，混有泥土和异物等，局部组织坏死缺血，伴有需氧菌或兼性厌氧菌的混合感染，均易造成局部厌氧微环境。

2. 致病物质　主要是破伤风痉挛毒素，由细菌在伤口局部繁殖时产生。属神经毒素，毒性极强，仅次于肉毒毒素，对人的致死量小于1μg，但不耐热，65℃ 30分钟可被破坏，也易被蛋白酶分解，故在胃肠道内无致病作用。破伤风痉挛毒素与脑干和脊髓前角运动神经细胞有高度的亲和力，能阻止抑制性神经递质的释放，致使伸肌和屈肌同时强烈收缩，骨骼肌强直性痉挛。

3. **所致疾病** 破伤风。潜伏期不定，平均7~14天，潜伏期的长短与原发感染部位距离中枢神经系统的远近有关，潜伏期越短，病死率越高。发病早期有发热、头痛、流涎、出汗和烦躁不安等前驱症状，随后出现局部肌肉群抽搐，咀嚼肌痉挛，张口困难；典型症状是牙关紧闭、苦笑面容、颈项强直、角弓反张，重者因呼吸肌痉挛而窒息死亡，病死率高达50%以上。新生儿破伤风，俗称"脐带风"，多因旧法接生，使用未经灭菌的器械，在切断脐带时将破伤风梭菌带入伤口感染所致。

4. **免疫性** 由于破伤风痉挛毒素的毒性强，极少量毒素即可致病。但这极少量的毒素尚不足以引起免疫应答，故一般患病后的患者不会获得牢固免疫力，病愈后仍需注射破伤风类毒素，获得免疫力。

（三）防治原则

破伤风一旦发病，治疗效果欠佳，应及早预防。

1. **非特异性预防** 正确处理伤口，及时进行清创、扩创，用3%过氧化氢正确清洗伤口，防止厌氧微环境的形成，是重要的非特异性预防措施。

2. **特异性预防** 注射破伤风类毒素进行主动免疫，可有效预防破伤风的发生。目前，我国采用百白破三联疫苗制剂，对3~6个月的婴儿进行计划免疫，可同时获得对白喉、百日咳和破伤风这3种疾病的免疫力。伤口污染严重，又未进行过计划免疫者，应立即注射破伤风抗毒素作为紧急预防，同时可注射破伤风类毒素进行主动免疫。

3. **特异性治疗** 对患者应早期足量使用破伤风抗毒素。在使用破伤风抗毒素前，无论是用于治疗或紧急预防，应先做皮肤过敏试验，防止超敏反应的发生，必要时可采用脱敏疗法。同时抗菌治疗，可选用青霉素、红霉素等。

七、结核分枝杆菌

结核分枝杆菌是引起人和动物结核病的致病菌，对人致病的有人型、牛型等。本菌可侵犯全身各器官，但以肺结核最多见。随着抗结核药物的不断发展和卫生状况的改善，结核病的发病率和死亡率曾大幅下降。但近年来由于艾滋病的流行使易感人群增加，结核分枝杆菌耐药菌株特别是多重耐药株的出现，人群流动性使病原体传播增加等原因，结核病的发病率又呈明显上升趋势，成为全球重大公共卫生问题。

⚙ 知识链接

白色瘟疫——结核病

据WHO报道，世界人口中约1/3人口受过结核分枝杆菌的感染，全球有活动性肺结核患者约2 000万，2020年全球新发结核病患者987万人，我国是全球30个结核病高负担国家之一。结核病是全世界成人因传染病而致死的主要原因之一，有"白色瘟疫"之称，其中约有95%病例分布在发展中国家。从1995年起WHO将每年的3月24日定为"世界防治结核病日"。

（一）生物学性状

1. 形态与染色　菌体细长略弯曲，长1~4μm，宽约0.4μm，排列成分枝或索状，常聚集成团，无鞭毛，无芽孢，有荚膜。结核分枝杆菌革兰氏染色阳性，但因细胞壁含有大量的脂质不易着色，故一般不用革兰氏染色法，经加温或延长染色时间着色后因能抵抗盐酸乙醇脱色，用齐-尼氏抗酸染色法，结果为阳性呈红色（图2-18）。

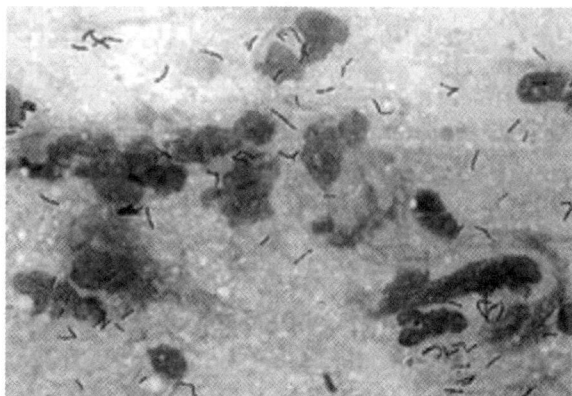

图2-18　结核分枝杆菌镜下图（×1 000）

2. 培养特性　专性需氧菌，营养要求高，最适pH为6.5~6.8。常用含蛋黄、甘油、马铃薯、天门冬素、无机盐、孔雀绿等的罗氏培养基培养。该菌生长缓慢，需18~20小时分裂一次；在固体培养基上经2~4周的培养，可出现乳白色或淡黄色，干燥、菜花状的菌落。

3. 抵抗力　本菌因细胞壁中含大量脂质而对理化因素抵抗力较强。耐干燥和酸碱，在干燥痰中可存活6~8个月，在尘埃中能保持传染性8~10天；对湿热、紫外线及70%~75%乙醇敏感，在液体中加热62~63℃ 15分钟，直接日光照射2~7小时，75%乙醇消毒2分钟即可被杀死。5%苯酚24小时可杀死痰液中的结核分枝杆菌。对链霉素、异烟肼、利福平等多种抗结核药物敏感。

4. 变异性　结核分枝杆菌可发生形态、菌落、毒力和耐药性等多种变异。如卡介苗（BCG）就是Calmette和Guerin将有毒的牛型结核分枝杆菌在含胆汁、甘油、马铃薯的培养基中，坚持不懈，经13年230次传代培养获得的减毒株，卡介苗的发现和接种意义重大，现已广泛用于人类结核病的预防，有效降低了结核病的发生。近年来结核分枝杆菌的耐药性变异愈加突出，对两种及两种以上的抗结核药产生耐药的多重耐药结核分枝杆菌已成为全球共同面临的挑战。

（二）致病性与免疫性

结核分枝杆菌不产生内毒素、外毒素和侵袭性酶类。其致病性可能与脂质等菌体成分（尤其是脂质）引起的免疫损伤、结核分枝杆菌在细胞内大量繁殖引起的炎症和代谢产物的毒性有关。

1. 致病物质

（1）脂质：结核分枝杆菌的毒力与脂质含量密切相关。有毒性的脂质有：①6,6-双分枝菌酸海藻糖酯，又称索状因子，存在于有毒力的结核分枝杆菌细胞壁中，因能使细菌在液体培养基中呈索状生长而得名。索状因子具有损伤细胞线粒体膜，影响细胞呼吸，且能抑制粒细胞游走和引起慢性肉芽肿。②磷脂，能促进单核细胞增生，并使炎症灶中巨噬细胞转变成类上皮细胞，从而引起结核结节与干酪样坏死。③硫酸脑苷脂，可抑制吞噬体与溶酶体融合，使结核分枝杆菌能在吞噬细胞内长期存活。④蜡质D，是一种肽糖脂与分枝菌酸的复合物，具有免疫佐剂作用，可激发机体产生Ⅳ型超敏反应。

（2）荚膜：能与吞噬细胞表面的补体受体3（CR3）结合，有助于结核分枝杆菌的黏附与侵入；能抑制吞噬体与溶酶体融合，使结核分枝杆菌能在吞噬细胞内存活；能防止某些药物和有害物质进入菌体，使结核分枝杆菌获得较强的耐药性和抵抗力。

（3）蛋白质：主要是结核菌素，具有抗原性，与蜡质D结合后能使机体发生Ⅳ型超敏反应，引起组织坏死和全身中毒症状，并在结核结节的形成中起一定的作用。

2. 所致疾病　结核分枝杆菌可通过呼吸道、消化道或皮肤黏膜破损处等多途径侵入机体，引起全身多个组织器官的感染。其中以肺部感染最常见。由于入侵的细菌毒力、数量及机体免疫力状态的不同，肺部感染可分为原发感染和继发感染。

（1）原发感染：为初次感染，多见于儿童。由于机体缺乏特异性免疫，致病菌常从原发病灶经淋巴管到达肺门淋巴结，并在其中繁殖，引起肺门淋巴结肿大。原发病灶、淋巴管炎和肿大的肺门淋巴结称为原发综合征。感染3~6周后，机体产生特异性细胞免疫，同时也出现超敏反应。

（2）继发感染：为再次感染，多见于成人或较大儿童。多由潜伏于病灶或从外界再次侵入的结核分枝杆菌引起。此时机体已建立起抗结核分枝杆菌的特异性免疫，可形成结核结节和干酪样坏死，病灶局限，一般不累及邻近淋巴结。若干酪样坏死液化破溃，排入邻近支气管，则可形成空洞并释放大量结核分枝杆菌，此称为开放性肺结核。

此外，部分患者体内的结核分枝杆菌可进入血液循环引起肺外感染，如肾结核；痰被咽入消化道可引起肠结核、结核性腹膜炎等。

3. 免疫性　感染结核分枝杆菌或接种卡介苗后，机体可产生对该菌的特异性免疫力，主要是细胞免疫，属于带菌免疫。

4. 结核菌素试验　为诊断结核分枝杆菌感染的参考指标，是用结核菌素进行皮肤试验来测定机体对结核分枝杆菌是否存在Ⅳ型超敏反应的一种体内试验，主要用于结核分枝杆菌感染的流行病学调查。结核菌素有2种：一种是结核菌素（OT），另一种为纯蛋白衍生物（PPD）。目前，主要使用PPD，每0.1ml含5个单位。

（1）结果判断：通常在接受PPD试验对象的左前臂掌（曲）侧中央部皮内，用1ml皮内注射器，皮内注射0.1ml（5U）PPD溶液，48~72小时观察试验结果，以注射局部皮肤的硬结为准，测量其反应直径的大小。皮肤硬结反应直径<5mm为阴性，≥5mm为阳性，≥15mm为强阳性。

（2）结果分析：成人结核菌素试验阳性表示曾感染过结核分枝杆菌或接种过卡介苗，并不一定患病（除有结核病临床症状和体征外）。对婴幼儿的结核病的诊断意义大于成人，特别是3岁以下强阳性反应者，应视为有新近感染的活动性结核病。结核菌素试验阴性，除表示没受到结核分枝杆菌感染外，还应考虑受试者可能存在下述情况：①结核分枝杆菌感染早期；②应用免疫抑制剂；③细胞免疫功能低下（如患艾滋病、肿瘤等）；④患严重结核病或其他传染性疾病等。

（3）实际应用：①选择卡介苗接种对象及免疫效果的测定，若结核菌素试验阴性则应接种卡介苗，接种后若结核菌素试验已转阳，表明已产生免疫力；②作为婴幼儿结核病的辅助诊断；③在未接种卡介苗的人群中作结核分枝杆菌感染的流行病学调查；④用于测定肿瘤患者等人群的细胞免疫功能。

（三）微生物学检查

根据感染部位不同，采集不同标本。如痰液、粪便、尿液、脓汁、脑脊液、胸腔积液、腹水等。无杂菌标本直接离心沉淀集菌，有杂菌的标本需经4%NaOH处理15分钟后离心沉淀集菌。标本直接涂片进行抗酸染色镜检，检查结核分枝杆菌。必要时可做人工培养、生化反应和动物实验进行鉴定。

（四）防治原则

1. 预防 ①控制传染源、切断传播途径、增强免疫力、降低易感性。②建立健全各级防结核组织，积极开展卫生宣传教育。③对肺结核患者应及时发现，加强管理，早期治疗。对痰液阳性患者应施行隔离措施，外出应戴口罩，禁止随地吐痰。④广泛开展卡介苗接种，降低发病率，卡介苗接种对象为新生儿、6个月以内健康婴儿以及结核菌素试验阴性的较大儿童，免疫力可维持3~5年。

2. 治疗 ①治疗原则是早期、联用、适量、规律、全程使用敏感药物。②积极发现和治疗痰液阳性的结核病患者，常用药物为异烟肼、利福平、盐酸乙胺丁醇、吡嗪酰胺等。鉴于目前耐多药结核分枝杆菌日益增多，在治疗过程中应定期进行药物敏感试验选用敏感药物进行治疗。③我国积极参与WHO推广的DOTS（即在医务人员直接监视下的短程化疗）计划。该计划的核心是医务工作人员直接监督患者服用抗结核分枝杆菌敏感药物疗程6个月，可提高痰液阳性患者（约95%的肺结核病患者）的治疗率，使传染源丧失传染性，防止结核分枝杆菌的传播，防止耐药菌株的产生。DOTS计划是控制结核病的战略措施，也是解决当前结核病危机的关键性措施。

八、其他常见病原性细菌

其他常见病原性细菌见表2-6。

表2-6 其他常见病原性细菌

菌名	形态与染色	传播途径	所致疾病
肺炎链球菌	矛头状，常成双排列，钝端相对，有荚膜，G⁺菌	呼吸道	大叶性肺炎
脑膜炎奈瑟菌	肾形或咖啡仁状，多成双排列，凹面相对，有荚膜，G⁻菌	呼吸道	流行性脑脊髓膜炎（流脑）
淋病奈瑟菌	肾形或咖啡仁状，多成双排列，凹面相对，有荚膜，G⁻菌	性接触	淋病
志贺菌	杆菌，有菌毛，无荚膜，无鞭毛，G⁻菌	消化道	细菌性痢疾

菌名	形态与染色	传播途径	所致疾病
霍乱弧菌	弧形或逗点状，单鞭毛，G^-菌	消化道	霍乱
幽门螺杆菌	典型螺旋形，单鞭毛，G^-菌	消化道	胃炎、消化道溃疡、与胃癌相关
产气荚膜梭菌	粗大杆菌，有芽孢、荚膜、G^+菌	创伤感染、食入含肠毒素食物	气性坏疽、食物中毒
肉毒梭菌	大杆菌，带芽孢的菌体呈网球拍状，有鞭毛，G^+菌	消化道	食物中毒
白喉棒状杆菌	细长，一端或两端膨大呈棒状，G^+菌	呼吸道	白喉
炭疽杆菌	粗大杆菌，两端平切，链状排列，有芽孢及荚膜，G^+菌	呼吸道、皮肤、消化道	肺炭疽、皮肤炭疽、肠炭疽
鼠疫杆菌	两端钝圆、浓染的短杆菌，有荚膜，G^-菌	呼吸道、皮肤等	鼠疫
百日咳鲍特菌	球杆菌，有荚膜，G^-菌	呼吸道	百日咳
嗜肺军团菌	短粗杆菌，有鞭毛，G^-菌	呼吸道	军团菌病

●···· **章末小结** ·······

1. 细菌是原核细胞型微生物，测量单位是 μm，基本形态分为球形、杆形和螺形菌。细菌的结构包括基本结构和特殊结构，基本结构包括细胞壁、细胞膜、细胞质、核质；特殊结构包括荚膜、鞭毛、菌毛、芽孢。细菌经革兰氏染色可分为革兰氏阳性菌和革兰氏阴性菌。

2. 细菌生长繁殖需要一定的条件，以无性二分裂的方式繁殖。生长曲线分迟缓期、对数期、稳定期、衰亡期。

3. 细菌在液体培养基中可出现混浊、沉淀和菌膜3种现象；在固体培养基上可出现菌落和菌苔两种现象；在半固体培养基中为沿穿刺线生长不向周围扩散和沿穿刺线生长向周围扩散两种现象。

4. 细菌的合成代谢产物有致热原、毒素、侵袭性酶、色素、维生素、抗生素、细菌素等。

5. 细菌的变异现象主要有形态结构变异、菌落变异、毒力变异、耐药性变异。细菌的变异在医药生产、疾病的诊断和防治方面，以及在基因工程方面均具有重要意义。

6. 细菌的致病性包括毒力、侵入数量、侵入门户。毒力包括毒素和侵袭力；毒素分内毒素和外毒素，二者区别很大。

7. 细菌的感染类型分隐性感染、显性感染、带菌状态3种。显性感染中全身感染分毒血症、菌血症、败血症和脓毒血症；健康带菌者是危险的传染源。

8. 医院感染是当今医疗机构面临的突出世界性公共卫生问题，有效控制医院感染的关键措施是强化消毒灭菌制度、实施有效的隔离、合理使用抗菌药物和通过检测进行效果评价。

9. 化脓性球菌常见的有葡萄球菌、链球菌等，可引起化脓性感染、食物中毒或超敏反应等。

10. 肠杆菌属有大肠埃希菌属、沙门菌属和志贺菌属等，这些细菌凭着它们的侵袭力或毒素，导致感染者出现肠道内或肠道外的感染。

11. 铜绿假单胞菌是条件致病菌，当机体免疫力低下时，可造成多种组织器官的感染。

12. 破伤风梭菌是专性厌氧菌，通过其毒性极强的破伤风痉挛毒素，导致感染者出现特殊症状的破伤风。

13. 结核分枝杆菌属于抗酸杆菌，主要由其菌体成分、毒性代谢产物及顽强生长繁殖所引起的多组织器官感染而致病。

14. 在药品微生物限度标准中，大多数药物对葡萄球菌、大肠埃希菌、铜绿假单菌、沙门菌、破伤风梭菌等均有严格限制。

思考题

一、 单项选择题

1. 下列不是细菌基本结构的是（　　　）

A. 细胞壁　　　　　　　　B. 细胞膜　　　　　　　　C. 细胞核

D. 细胞质　　　　　　　　E. 核质

2. 细菌结构中可以抗吞噬的是（　　）

   A. 细胞壁　　　　　　B. 鞭毛　　　　　　C. 荚膜

   D. 芽孢　　　　　　　E. 菌毛

3. 细菌结构中属于运动器官的是（　　）

   A. 细胞壁　　　　　　B. 鞭毛　　　　　　C. 荚膜

   D. 芽孢　　　　　　　E. 菌毛

4. 细菌结构中有吸附作用的是（　　）

   A. 细胞壁　　　　　　B. 鞭毛　　　　　　C. 荚膜

   D. 芽孢　　　　　　　E. 菌毛

5. 大多数细菌所需的酸碱度为（　　）

   A. pH 4.3～5.5　　　B. pH 6.2～6.8　　　C. pH 7.2～7.6

   D. pH 7.8～8.0　　　E. pH 8.2～9.1

6. 大多数致病菌生长最适温度是（　　）

   A. 4℃　　　　　　　B. 20℃　　　　　　C. 37℃

   D. 42℃　　　　　　　E. 56℃

7. 用于临床治疗的细菌代谢产物是（　　）

   A. 致热原　　　　　　B. 色素　　　　　　C. 抗生素

   D. 细菌素　　　　　　E. 毒素

8. 治疗链球菌引起的感染应首选的抗菌药物是（　　）

   A. 链霉素　　　　　　B. 青霉素　　　　　　C. 甲硝唑

   D. 红霉素　　　　　　E. 克林霉素

9. 乙型溶血性链球菌的致病物质不包括（　　）

   A. 肠毒素　　　　　　B. M蛋白　　　　　　C. 链球菌溶血素O

   D. 透明质酸酶　　　　E. 致热外毒素

10. 能产生脂溶性色素的细菌是（　　）

    A. 淋病奈瑟菌　　　　B. 乙型溶血性链球菌　　C. 铜绿假单胞菌

    D. 金黄色葡萄球菌　　E. 肺炎链球菌

11. 测定SLO抗体，可协助诊断的疾病是（　　）

    A. 风湿热　　　　　　B. 肠热症　　　　　　C. 类风湿关节炎

    D. 猩红热　　　　　　E. 红斑狼疮

12. 对铜绿假单胞菌致病性的描述，错误的是（　　　）

　　A. 可发生于烧伤感染

　　B. 可发生于医院感染

　　C. 可发生于免疫功能低下患者的继发感染

　　D. 是引起食物中毒最常见的致病菌

　　E. 可引起婴儿严重的流行性腹泻

13. 我国城市饮水卫生标准是（　　　）

　　A. 100ml水中不应检出总大肠菌群

　　B. 1 000ml水中大肠菌群数不超过10个

　　C. 100ml水中大肠菌群数不超过5个

　　D. 100ml水中大肠菌群数不超过30个

　　E. 100ml水中大肠菌群数不超过3个

14. 破伤风梭菌主要引起（　　　）

　　A. 菌血症　　　　　　　B. 败血症　　　　　　　C. 毒血症

　　D. 脓血症　　　　　　　E. 脓毒血症

15. 结核分枝杆菌的致病物质是（　　　）

　　A. 内毒素　　　　　　　B. 外毒素　　　　　　　C. 侵袭性酶类

　　D. 菌毛　　　　　　　　E. 菌体成分

二、多项选择题

1. 下列是细菌的营养物质的有（　　　　　）

　　A. 水　　　　　　　　　B. 无机盐　　　　　　　C. 氮源

　　D. 碳源　　　　　　　　E. 生长因子

2. 细菌的合成代谢产物有（　　　　　）

　　A. 毒素　　　　　　　　B. 维生素　　　　　　　C. 抗生素

　　D. 细菌素　　　　　　　E. 色素

3. 下列属于内毒素特点的是（　　　　　）

　　A. 革兰氏阴性菌产生　　B. 是脂多糖　　　　　　C. 可引起发热

　　D. 可引起休克　　　　　E. 耐热

三、 简述题

1. 列表比较革兰氏阳性菌和革兰氏阴性菌细胞壁的区别。
2. 简述细菌的合成代谢产物及其医学意义。
3. 列表比较细菌的外毒素和内毒素。
4. 简述化脓性球菌的致病物质和所致疾病。
5. 简述结核菌素试验原理、结果判断及实际意义。

（任　奕　朱光洁）

第三章
放线菌

学习目标

- 掌握　放线菌的概念。
- 熟悉　产生抗生素的放线菌和常见病原性放线菌的种类及特性。
- 了解　放线菌的生物学性状。
- 培养　学生具有科学、严谨的工作作风，提高对大自然的探究能力。

情境导入

情境描述：

　　当雨过天晴或我们走在乡间的小路上，会有一种"泥腥味"扑面而来。这味道的秘密就藏在土壤里。这种"土腥味"是土壤中的一类优势微生物类群的代谢产物所致，这类微生物呈分支状，有的能降解土壤中的各种不溶性有机物质而参与自然界物质循环，净化环境、改良土壤；有的能为人类提供绝大多数的抗生素，为疾病的防治作出巨大贡献；也有极少数对人或动植物是致病的。

学前导语：

　　本章我们将学习这类能为人类提供绝大多数抗生素的微生物——放线菌，掌握放线菌的特性，运用在抗生素的研制方面，让其发挥更大作用。

放线菌在自然界中分布广泛，主要以菌丝或孢子状态存在于土壤、空气和水中。因其菌落呈放射状，故得名放线菌。由于细胞结构、化学组成、生长繁殖方式等与细菌高度相似，目前在进化上已经把放线菌列入广义的细菌范畴。

放线菌是抗生素的主要产生菌，常用的抗生素除了青霉素和头孢菌素外，绝大多数是放线菌的产物。此外，放线菌还可用于制造抗肿瘤药物、维生素、酶制剂及有机酸。因此放线菌与人类关系密切，在医药工业上有重要意义。

第一节　放线菌的生物学性状

一、放线菌的形态与结构

放线菌是介于细菌和真菌之间又接近于细菌的丝状原核细胞型微生物（图3-1），由分支状的菌丝体和孢子组成，革兰氏染色阳性。

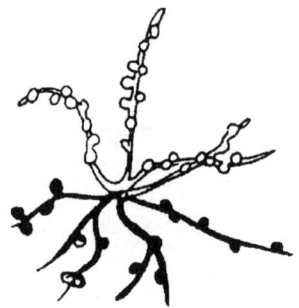

图3-1　高温放线菌

知识链接

放线菌属于细菌界放线菌门

放线菌属于细菌界，主要依据为：①同属原核微生物，细胞核无核膜、核仁和真正的染色体；细胞质中缺乏线粒体、内质网等细胞器；核糖体为70S。②细胞结构和化学组成相似，细胞具细胞壁，主要成分为肽聚糖，并含有吡啶二羧酸（DPA）；放线菌菌丝直径与细菌直径基本相同。③最适生长pH范围与细菌基本相同，一般为7.5~8.0。④都对溶菌酶和抗生素敏感，对抗真菌药物不敏感。⑤繁殖方式为无性繁殖，遗传特性与细菌相似。

1. **菌丝**　菌丝是由放线菌孢子在适宜环境下吸收水分，萌发出芽，芽管伸长呈放射状分支的丝状物。放线菌的菌丝基本为无隔的多核菌丝，直径细小，通常为0.2~1.2μm，大量菌丝交织成团，形成菌丝体。

菌丝按着生部位及功能不同，可分为基内菌丝、气生菌丝和孢子丝3种。

2. **孢子**　气生菌丝发育到一定阶段即分化形成孢子。放线菌的孢子属于无性孢子，是放线菌的繁殖器官。不同放线菌的孢子性状各异：①孢子形状不同，有球形、椭圆形、杆形或柱状等；②孢子排列方式不同，有单个、双个、短链或长链状等；③电子显微镜下可见孢子表面结构不同，有光滑、疣状、鳞片状、刺状或毛发状等；④孢子颜色多样，呈灰、白、黄、橙黄、淡黄、红、蓝色等。孢子的形态、排列方式和表面结构以及色素特征是鉴定放线菌的重要依据。

二、放线菌的培养特性

1. 培养条件　放线菌最适生长温度为28~30℃，最适pH为7.5~8.0，生长缓慢，培养3~7天才能长成典型菌落。

营养要求不高，但对无机盐的要求较高，培养基中常加入多种元素如钾、钠、硫、磷、镁、铁、锰等。放线菌的培养方式主要有液体培养和固体培养：固体培养可以积累大量的孢子；液体培养可以获得大量的菌丝体及代谢产物。

在抗生素生产中，一般采用液体培养，除致病类型外，放线菌大多为需氧菌，所以需进行通气搅拌培养，以增加发酵液中的溶氧量。

2. 菌落特征　在固体培养基上，通常为圆形，类似或略大于细菌菌落，小于真菌菌落。光学显微镜下观察，菌落周围具辐射状菌丝。放线菌菌落可分为两类：①气生菌丝型（如链霉菌），菌落表面干燥，有皱褶，致密而坚实。当孢子丝成熟时，产生大量孢子铺于菌落表面，使菌落呈现绒毛状、粉状或颗粒状，带有不同的颜色。由于大量基内菌丝深入培养基内，所以菌落与培养基结合紧密，不易被接种针挑起或挑起后不易破碎。②基内菌丝型（如诺卡菌），黏着力差，与培养基结合不紧密，粉质，带有不同的颜色。用接种针挑起易粉碎。

在患者的病灶组织和腺样物质中，可找到肉眼可见的黄色小颗粒，称硫磺样颗粒，它是放线菌在病变部位形成的菌落。将硫磺样颗粒制成压片或做组织切片，在显微镜下可见颗粒呈菊花状，由棒状长丝按放射状排列组成。硫磺样颗粒核心由分支菌丝交织而成，周围部分长丝排列呈放射状。

3. 繁殖方式及生活周期　放线菌主要通过形成无性孢子的方式进行繁殖，在液体培养基中也可借菌丝裂殖的方式繁殖，工业发酵生产抗生素时常采用的搅拌培养即依此原理进行的。

以链霉菌的生活史为例说明放线菌的生活周期（图3-2）。

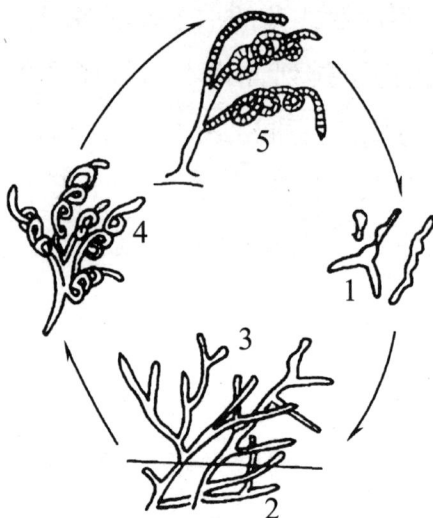

1. 孢子萌发；2. 基内菌丝；3. 气生菌丝；
4. 孢子丝；5. 孢子丝分化为孢子。

图3-2　链霉菌的生活史简图

第二节　放线菌的主要用途与危害

　　放线菌与人类生产和生活的关系密切，特别是在医药工业上有重要意义，目前广泛应用于生产抗生素。此外，放线菌也应用于维生素和酶类的生产、皮革脱毛、污水处理、石油脱蜡、甾体转化等方面。少数寄生性的放线菌对人和动植物有致病性。

知识链接

放线菌与抗生素

　　放线菌最突出的特性就是能产生大量的、种类繁多的抗生素。至今已报道的近万种抗生素中，约70%由放线菌产生。

　　美国著名微生物学家瓦克斯曼，在抗生素研究方面获得了许多成果。瓦克斯曼1940年发现了放线菌素，1942年发现了棒曲霉素，1943年发现了链霉素，这个发现对于肺结核病患者的治疗是个福音。1952年瓦克斯曼因发现链霉素而获诺贝尔生理学或医学奖。随后他还陆续发现了灰链丝菌素、新霉素和其他数种抗生素，并为这些自然产生的抗菌物质创造了新词"抗菌素"。

一、产生抗生素的放线菌

链霉菌属是产生抗生素最多的放线菌，其次还有诺卡菌属、小单孢菌属、链孢囊菌属、游动放线菌属、高温放线菌属等（图3-3）。其主要特性及用途见表3-1。

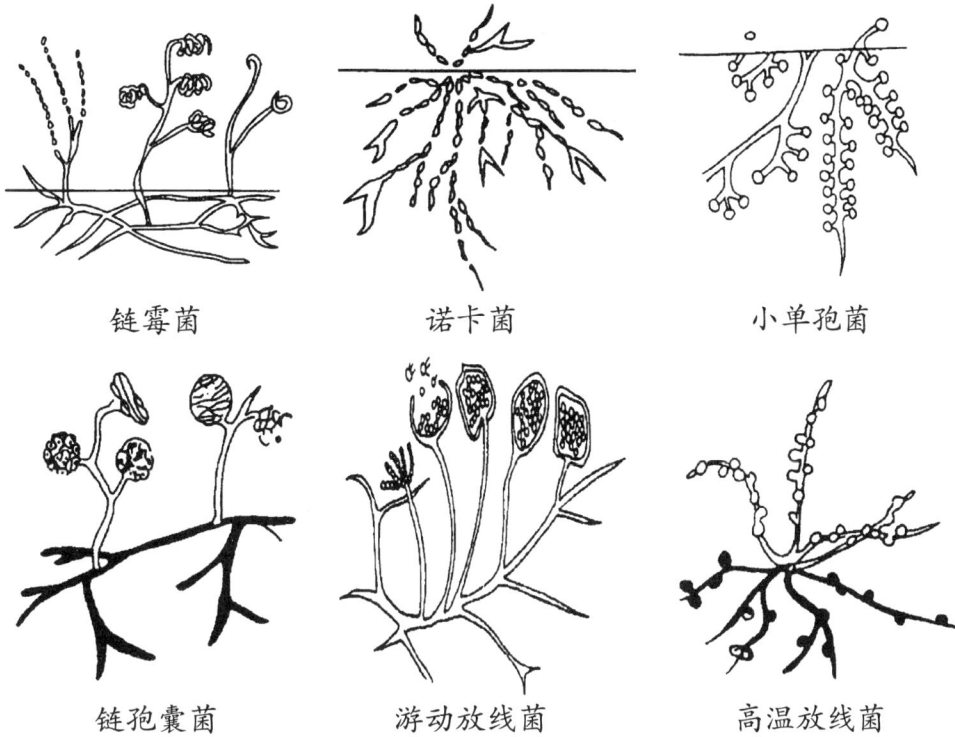

链霉菌　　　　　　诺卡菌　　　　　　小单孢菌

链孢囊菌　　　　游动放线菌　　　　高温放线菌

图3-3　各种放线菌的形态

表3-1　产生抗生素的放线菌主要特性及用途

种类	形态特征		菌落特征	产生的抗生素
	菌丝	孢子		
链霉菌属	有基内菌丝、气生菌丝和孢子丝，菌丝无隔，孢子丝形态各异（直形、波形和螺旋形）	圆形或椭圆形，连接成链状，电子显微镜下孢子形态各异，表面光滑、疣状、鳞片状、刺状或毛发状等，孢子颜色多样，灰、白、黄、橙黄和蓝色等	表面干燥有皱褶、致密而坚实，接种环不易挑起，呈现不同色泽	链霉素、土霉素、卡那霉素、氯霉素、四环素、金霉素、新霉素、红霉素、两性霉素B、制霉菌素、万古霉素、放线菌素D、博来霉素及丝裂霉素等

种类	形态特征		菌落特征	产生的抗生素
	菌丝	孢子		
诺卡菌属	有基内菌丝,少数形成气生菌丝和孢子丝菌丝,菌丝有隔,断裂后形成不同长度杆形	横隔分裂方式产生球杆状的分生孢子	多皱、致密、干燥或湿润、粉质状,接种环一触即碎,呈白、黄、黄绿、橙红等	利福霉素、间型霉素、瑞斯托菌素等
小单孢菌属	有基内菌丝,无气生菌丝,无横隔,不断裂	单个孢子在基内菌丝长出的孢子梗顶端,球形或椭圆形,表面为棘状或疣状	凸起、多皱或光滑,呈红、橙黄、深褐或黑色等	庆大霉素、利福霉素、卤霉素等
链孢囊菌属	有基内菌丝、气生菌丝和孢子丝	孢子丝盘卷形成孢子囊,孢囊孢子无鞭毛,不运动	菌落与链霉菌属相似	多霉素、绿菌素、两性西伯利亚霉素等
游动放线菌属	有基内菌丝,无气生菌丝,基内菌丝形成各种形态球形孢子囊	孢子囊孢子有鞭毛、可运动	菌落湿润发亮	创新霉素、绛红霉素
高温放线菌属	有基内菌丝、气生菌丝	单个孢子侧生在基内菌丝和气生菌丝上,孢子是内生的	粉状,白色至乳白色	高温红霉素

二、致病性放线菌

致病性放线菌主要是厌氧放线菌属和需氧诺卡菌属中的少数放线菌。厌氧放线菌属有基内菌丝,有横隔,断裂为"V"或"Y"形,不形成气生菌丝和孢子。能致病的主要是衣氏放线菌,为条件致病菌。病原性放线菌的主要种类及特性见表3-2。

表 3-2　致病性放线菌的主要种类及特性

	代表种	分布	致病要点	防治
厌氧放线菌属	衣氏放线菌	口腔、扁桃体、咽部、胃肠道及泌尿生殖道	条件性致病，引起内源性感染。多发于面颈部和胸腹部，脓液中肉眼可见硫磺样颗粒，镜检可见棒状菌丝呈"菊花状"排列	注意口腔卫生。治疗用青霉素、四环素、红霉素、林可霉素或头孢菌素类抗生素
需氧诺卡菌属	星形诺卡菌	土壤，腐物寄生	呼吸道→化脓性肺部感染→脑脓肿、皮下组织脓肿和瘘管	治疗首选磺胺类抗生素。阿米卡星、四环素、多西环素等抗生素均有效。脓肿形成者应及时切开引流或局部清创
	巴西诺卡菌	土壤，腐物寄生	侵入皮下组织（腿部），形成脓肿和瘘管	

● ···· **章末小结** ·····

1. 放线菌是一类呈分枝菌丝状生长，主要以孢子繁殖和陆生性强的革兰氏阳性原核细胞型微生物。最适生长温度为28~30℃，最适 pH 为7.5~8.0。

2. 放线菌在医药上主要用于生产抗生素。链霉菌属是产生抗生素最多（约90%）的放线菌，其次还有诺卡菌属、小单孢菌属、链孢囊菌属、游动放线菌属、高温放线菌属等。

3. 少数放线菌对人和动物有一定的致病性，主要是厌氧放线菌属的衣氏放线菌和需氧诺卡菌属的星形诺卡菌。

● ···· **思考题** ·····

一、　单项选择题

1. 放线菌常用于（　　　）

   A. 食品生产　　　　B. 农业生产　　　　C. 生产抗生素

   D. 遗传工程　　　　E. 以上都不对

2. 放线菌引起的化脓性感染其脓液特征是（　　　）

    A. 黏稠，呈金黄色　　　　　　B. 稀薄，呈血水样　　　　　　C. 稀薄，呈暗黑色

    D. 可见到硫磺样颗粒　　　　　E. 稀薄，暗绿色

3. 衣氏放线菌感染最常见部位是（　　　）

    A. 肠道　　　　　　　　　　　B. 中枢神经系统　　　　　　　C. 骨和关节

    D. 面颈部软组织　　　　　　　E. 泌尿道

4. 放线菌与多细胞真菌的相似点是（　　　）

    A. 属真核细胞微生物

    B. 对常用抗生素不敏感

    C. 有不形成孢子的丝状菌

    D. 在体内外形成长丝，有分支或缠绕成团

    E. 需氧或兼性厌氧

5. 通常链霉菌的繁殖方式是（　　　）

    A. 出芽繁殖　　　　　　　　　B. 分生孢子　　　　　　　　　C. 孢囊孢子

    D. 芽孢　　　　　　　　　　　E. 菌丝断裂

二、 多项选择题

1. 衣氏放线菌的特点是（　　　　　）

    A. 口腔正常菌群　　　　　　　B. 革兰氏染色阳性　　　　　　C. 厌氧培养

    D. 在组织中形成硫磺样颗粒　　E. 感染部位常形成瘘管

2. 产生抗生素的放线菌有（　　　　）

    A. 链霉菌属　　　　　　　　　B. 小单孢菌属　　　　　　　　C. 诺卡菌属

    D. 链孢囊菌属　　　　　　　　E. 衣氏放线菌

三、 简述题

1. 简述放线菌的概念及形态结构。

2. 简述放线菌的培养特性。

3. 举例说明放线菌在医药工业上的重要性。

（胥忠菊）

第四章

其他原核细胞型微生物

学习目标

- 掌握　支原体、衣原体、立克次体及螺旋体的概念及主要生物学性状。
- 熟悉　支原体、衣原体、立克次体及螺旋体的致病性。
- 了解　支原体、衣原体、立克次体及螺旋体的防治原则。
- 培养　学生具有严谨的科研精神和救死扶伤的职业素养。

情境导入

情境描述：

　　性传播疾病简称性病，引起性病的病原体有许多种，包括病毒、衣原体、支原体、螺旋体、细菌、真菌、原虫等。被世界卫生组织列为性病的疾病已经有20多种。我国当前发病最多的性病主要有由淋球菌引起的淋病，由衣原体和支原体引起的非淋菌性尿道炎，以及由人乳头状瘤病毒引起的尖锐湿疣和梅毒螺旋体引起的梅毒。由Ⅱ型疱疹病毒引起的生殖器疱疹的发病人数也在逐年增多。

学前导语：

　　本章将学习螺旋体、支原体、衣原体和立克次体等其他原核细胞型微生物，认识引起性病的梅毒螺旋体、衣原体和支原体，掌握其生物学特性、致病性和防治原则，为科教宣传、预防和治疗性病作出贡献，并让同学们懂得更加洁身自爱、珍爱生命。

第一节 螺旋体

螺旋体是一类细长、柔软、螺旋状、运动活泼的原核细胞型微生物，其基本结构及生物学性状与细菌相似，其运动依靠位于外膜与肽聚糖层之间的有"内鞭毛"之称的轴丝。

螺旋体的种类繁多，分布广泛，其中对人致病的主要有梅毒螺旋体和钩端螺旋体。

一、梅毒螺旋体

梅毒螺旋体分类上属于苍白密螺旋体苍白亚种，是人类梅毒的病原体。梅毒是一种危害严重、流行广泛的性传播疾病。

（一）生物学性状

1. 形态染色与培养 梅毒螺旋体纤细柔软、两段尖直、运动活泼、螺旋细密而规则，形似细密的弹簧，平均8~14个致密规则的螺旋，革兰氏染色呈阴性，不易着色，镀银染色法染成棕褐色。用暗视野显微镜检查新鲜标本，可观察其形态和活泼的运动方式（图4-1）。梅毒螺旋体是厌氧微生物，可在体内长期生长繁殖，在体外人工培养尚未成功。

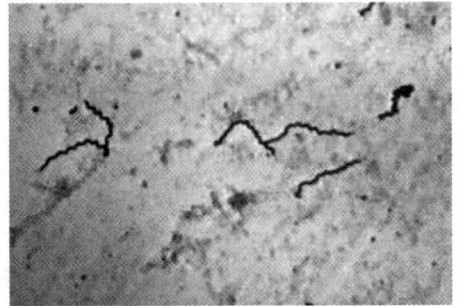

图4-1 梅毒螺旋体

2. 抵抗力 梅毒螺旋体抵抗力极弱，表现在以下几个方面：①对冷、热、干燥十分敏感，加热50℃ 5分钟死亡，离体1~2小时即死亡，在血液中4℃经3日可死亡，故在血库冷藏3日后的血液就失去传染性；②对肥皂水及常用的化学消毒剂敏感，1%~2%苯酚作用数分钟即死亡，苯扎溴铵、甲酚皂、乙醇、高锰酸钾溶液都很容易将其杀死；③对青霉素、红霉素、四环素敏感。

（二）致病性与免疫性

人是梅毒螺旋体唯一的宿主，也是梅毒唯一的传染源，根据其传染方式不同分为先天性梅毒和获得性梅毒。

1. 先天性梅毒 又称胎传梅毒，是梅毒螺旋体由患梅毒的孕妇经胎盘进入血液循环，引起胎儿全身感染，造成流产、死胎或出生的患儿呈现马鞍鼻、锯齿形牙、先天性耳聋等症状。出生后梅毒血清反应阳性而无临床症状的胎传梅毒患者，称为先天性潜伏梅毒。

2. 获得性梅毒　是出生后感染的，其中约95%是由性接触传染，少数通过输血等间接途径感染，梅毒患者是传染源。梅毒螺旋体可通过皮肤或黏膜上的极小破损处侵入。临床上分为三期。

（1）一期梅毒：梅毒螺旋体感染3周左右，在入侵局部出现无痛性硬结及溃疡，称作硬下疳，多发生于外生殖器，其溃疡渗出物中含有大量的梅毒螺旋体，传染性极强。如不治疗，硬下疳在1个月左右能自然愈合，而进入血液中的梅毒螺旋体则潜伏在体内，经2~3个月无症状的潜伏期后进入二期梅毒。

（2）二期梅毒：主要表现为全身皮肤、黏膜出现梅毒疹，全身淋巴结肿大，有时可累及骨、关节、眼及其他器官，在梅毒疹及淋巴结中有大量螺旋体，传染性较强。一般梅毒疹可在3周~3个月后自行消退，但常复发。二期梅毒因治疗不当，经过几年或更久的反复发作，进入三期梅毒。

（3）三期梅毒：又称晚期梅毒，主要表现为皮肤黏膜的溃疡性损害或全身组织器官的肉芽肿性病变（树胶样肿）及组织缺血性坏死、心血管梅毒、神经梅毒等。发生于感染2年后，也有长达10~15年的。此期病灶中的梅毒螺旋体数量很少，不易检出，传染性小但破坏性大，病程长。

一期、二期梅毒又称早期梅毒，此期传染性大、病程短而破坏性小；三期梅毒又称晚期梅毒，此期传染性小、病程长而破坏性大。

梅毒的免疫是带菌免疫，以细胞免疫为主。

案例分析

案例

患者，男，43岁。发现在躯干、四肢出现不痛不痒的红色皮疹，两个月前，其生殖器有过不痛的溃疡，溃疡未经治疗，一个月后自愈。检查：梅毒螺旋体抗体检测阳性，胸、腹、背、臀及四肢有红色斑丘疹，其表面有少许皮屑，颈部、腋窝等处淋巴结肿大，外生殖器检查未见破损。该患者有嫖娼史。

分析

患者有嫖娼史；先后出现一、二期梅毒的临床表现（发生生殖器无痛性溃疡，自愈后皮肤出现红色皮疹，淋巴结肿大）；血液检查梅毒螺旋体抗体检测阳性是梅毒的病原学诊断依据。因此，该患者被诊断为患有梅毒。

（三）防治原则

加强卫生宣教和社会管理。对患者应早期诊断、早期治疗。现采用青霉素治疗梅毒，效果较好，但剂量要足，3个月~1年的疗程，以血清中抗体转阴为治愈指标。梅毒尚无疫苗进行特异性预防。其他药物如红霉素、四环素等也较敏感。

二、钩端螺旋体

钩端螺旋体能引起人畜共患的钩端螺旋体病（简称钩体病），是在世界各地都广泛流行的一种人畜共患传染病，我国绝大多数地区都有不同程度的流行，尤以南方各地最为严重，对人体健康危害很大，是我国重点防治的传染病之一。

（一）生物学性状

钩端螺旋体菌体细长呈丝状，其螺旋细密而规则，菌体一端或两端弯曲呈钩状，呈现"C"或"S"形，是唯一可人工培养的螺旋体。革兰氏染色不易着色，常用镀银染色法，菌体被染成金黄色或棕褐色，因菌体折光性强，常用暗视野显微镜观察。抵抗力较弱，60℃ 1分钟即死亡，在酸碱度中性的湿土或水中可存活数月。对化学消毒剂和青霉素敏感。

（二）致病性与免疫性

鼠类和猪是钩体病的主要传染源和储存宿主。钩端螺旋体随病畜的尿排出，污染周围环境，通过微小的伤口、鼻眼黏膜、胃肠道黏膜、生殖道等侵入体内，迅速穿过血管壁进入血流，引起钩体病。钩体病的特点是起病急，早期出现高热、疲乏无力、全身酸痛、眼结膜充血、腓肠肌压痛、表浅淋巴结肿大等症状。钩端螺旋体在血中存在一个月左右，随后可出现各组织器官出血和坏死，甚至死亡。此外，钩体还可通过胎盘感染胎儿，导致流产。

钩体病后可获得牢固的免疫力，以体液免疫为主。

（三）防治原则

钩体病预防的主要措施是防鼠、灭鼠及做好家畜的粪便管理。对易感人群可接种钩端螺旋体疫苗。治疗上可首选青霉素，庆大霉素、氨苄西林等药物也有效。

第二节　支原体

支原体是一类没有细胞壁，呈多形态，可通过细菌过滤器，能在无生命的培养基上独立生长繁殖的最小的原核细胞型微生物。因能形成分支的长丝，故称之为支原体。

支原体广泛分布于自然界，种类较多。对人致病的支原体主要有肺炎支原体、解脲支原体、人型支原体和生殖支原体等。

一、生物学性状

支原体体积微小，0.2~0.3μm，能通过一般细菌过滤器。因其无细胞壁，故形态多样，可呈球状、丝状、杆状、分支状、环状、星状和螺旋状等。革兰氏染色阴性，但不易着色，吉姆萨（Giemsa）染色呈淡紫色。支原体可人工培养，营养要求比一般细菌高，必须添加10%~20%动物血清。以二分裂方式繁殖，繁殖速度缓慢，培养2~6天后，可观察到"油煎蛋"样微小菌落。也可见出芽、分支或由球体延伸成长丝，然后分节段成为许多球状或短杆状的颗粒。

抵抗力不强。对热、干燥敏感，45℃ 15分钟即被杀死；对多种抗生素敏感，但对作用于细胞壁的抗生素如青霉素等不敏感。

二、致病性与免疫性

支原体广泛分布于自然界及人、家禽、家畜、实验动物等体内，大多不致病。对人致病的主要有肺炎支原体、解脲支原体、人型支原体和生殖支原体等。

（一）肺炎支原体

肺炎支原体是支原体肺炎的病原体，支原体肺炎占非细菌性肺炎的1/3。本病经呼吸道传播，好发年龄为5~19岁，夏末秋初多见，感染者多无症状为隐性感染或出现头痛、发热、咳嗽等较轻的呼吸道症状，也可导致严重肺炎并伴发多系统、多器官损害。

（二）解脲支原体

解脲支原体通过性接触传播，是非淋菌性尿道炎（NGU）的主要病原体。潜伏期1~3周，引起尿道炎、阴道炎、盆腔炎等，甚至导致不孕、不育症。还可通过胎盘感染胎儿，引起流产、早产、死胎和新生儿呼吸道感染。

（三）人型支原体和生殖支原体

人型支原体和生殖支原体，其致病性与解脲支原体相似，因可引起泌尿生殖道感染，均被列为性传播疾病的病原体。

支原体感染后，可诱发机体产生体液免疫和细胞免疫。分泌型IgA及特异性细胞免疫在预防支原体的感染上有一定作用。

三、防治原则

尿生殖道支原体的预防，主要以加强宣教、注意性卫生、切断传播途径为主。支原体感染者治疗上多选用大环内酯类和喹诺酮类抗生素治疗，但有耐药菌株产生。

第三节　衣原体

衣原体是一类能通过细菌过滤器、严格细胞内寄生、有独特发育周期的原核细胞型微生物，对抗生素敏感，有原体和始体两种形态。

🔗 知识链接

"衣原体之父"——汤飞凡

1955年，我国科学家汤飞凡采用鸡胚卵黄囊接种法首次分离培养出沙眼衣原体，成为世界上分离出沙眼衣原体的第一人。

为了进一步确定所分离的病原体，1958年元旦，汤飞凡命助手将沙眼衣原体滴入自己的眼睛，造成了沙眼。在其后的40天内坚持不做治疗，收集了可靠的临床资料，有力地证明沙眼是由沙眼衣原体引起的，这彻底解决了七十余年来关于沙眼病原体的争论。

一度危害全球的沙眼以惊人的速度减少，迄今世界上许多地区沙眼已经基本绝迹。以上海为例，1959年沙眼发病率为84%，两年以后降到5.4%。汤飞凡是名副其实的"衣原体之父"。

一、生物学性状

（一）形态染色和发育周期

衣原体在宿主细胞内生长繁殖，有独特的发育周期，在光学显微镜下，可见到两种形态和结构不同的颗粒：原体和始体。

1. 原体　呈球形，小而致密、不分裂但有感染力状态的细胞，直径约 0.2~0.4μm，是发育成熟的衣原体，有细胞壁，存在于宿主细胞外。吉姆萨染色呈紫色，麦氏（Macchiavello）染色呈红色。

2. 始体　呈球形，大而疏松，能分裂但无感染力状态的细胞，直径0.5~1.0μm，染色质分散呈纤细的网状结构，故又称为网状体。无细胞壁，在宿主细胞内，以二分裂方式繁殖，是衣原体的繁殖型。麦氏染色呈蓝色。

衣原体的每个发育周期约需36~72小时（图4-2）。

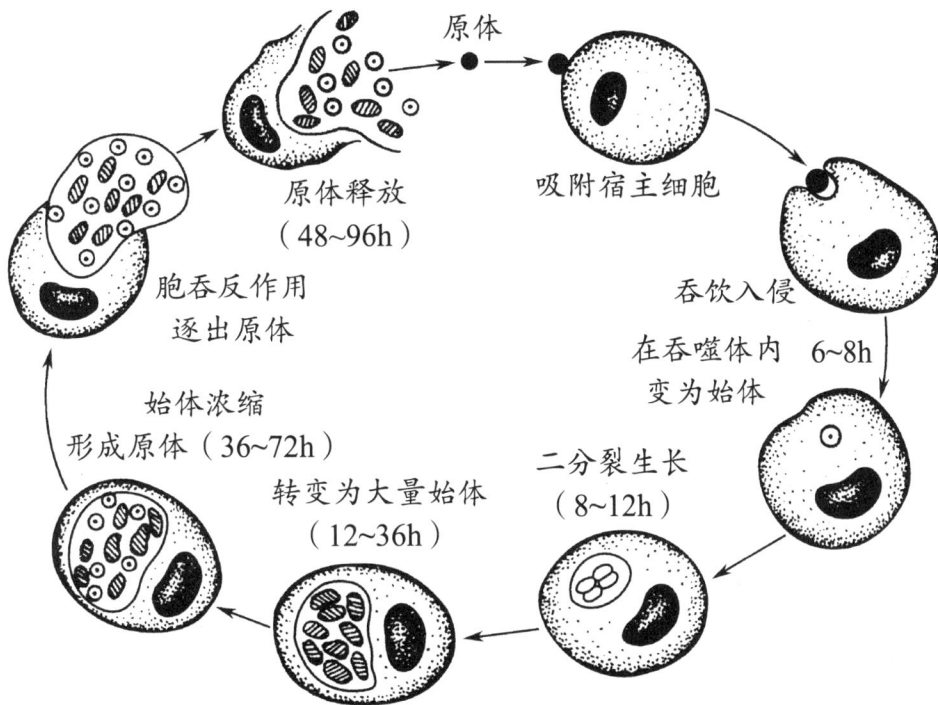

图4-2　衣原体的发育周期

（二）抵抗力

耐冷不耐热，56~60℃环境中仅能存活5~10分钟，在-60~-20℃条件下可保存数年；对常用的化学消毒剂敏感；对多种抗生素如利福平、四环素、红霉素、氯霉素、青霉素敏感。

二、致病性与免疫性

衣原体侵入机体后，在上皮细胞和单核巨噬细胞内增殖，直接破坏所寄生的细胞，也可诱发Ⅳ型超敏反应。对人类致病的主要有沙眼衣原体、肺炎衣原体和鹦鹉热衣原体（表4-1）。

表4-1 衣原体的种类及致病性

衣原体的种类	所致疾病	传播途径	主要临床表现
沙眼衣原体	沙眼	眼-眼、眼-手-眼	早期表现为结膜炎，慢性期形成角膜血管翳和结膜瘢痕，眼睑板内翻、倒睫，严重可致失明
	包涵体结膜炎：婴儿结膜炎和成人结膜炎	婴儿经产道感染成人经性接触、手-眼、游泳池水	婴儿感染表现为急性化脓性结膜炎（包涵体脓漏眼）；成人感染表现为滤泡性结膜炎，病变类似沙眼，但无角膜血管翳和结膜瘢痕
	泌尿生殖道感染	性接触	男性多表现为非淋菌性尿道炎，严重者可合并前列腺炎、附睾炎。女性表现为尿道炎、宫颈炎、输卵管炎及盆腔炎等
	性病淋巴肉芽肿	性接触	男性表现为腹股沟化脓性淋巴结炎和慢性淋巴肉芽肿，常形成瘘管；女性表现为会阴、肛门、直肠炎症，形成狭窄，或直肠、皮肤瘘管
肺炎衣原体	肺炎、支气管炎	呼吸道	临床表现为咽痛、咳嗽、咳痰、发热等，一般症状较轻
鹦鹉热衣原体	鹦鹉热	呼吸道吸入病鸟粪便和分泌物，或经破损的皮肤、黏膜、眼结膜	临床多表现为非典型性肺炎，以发热、头痛、干咳、间质性肺炎为主要症状

衣原体感染后能诱导机体产生特异性细胞免疫和体液免疫，但保护性不强，维持

时间短，故常表现为持续感染和反复感染。

三、防治原则

加强卫生宣传教育及个人防护。预防沙眼关键在于做好个人卫生和服务行业的卫生管理。不使用公共毛巾和脸盆，避免直接或间接接触传染源。泌尿生殖道感染的预防应加强性病知识宣传，避免不洁性行为，积极治愈患者和带菌者。鹦鹉热衣原体感染的预防主要避免与病鸟接触。治疗多使用多西环素，以及大环内酯类和喹诺酮类等抗生素。沙眼尚无疫苗进行特异性预防。

第四节 立克次体

立克次体是一类由节肢动物传播、专性细胞内寄生的原核细胞型微生物。其生物学性状与细菌类似。

对人致病的立克次体主要有普氏立克次体、地方性斑疹伤寒立克次体、恙虫病立克次体。

立克次体的共同特点：①大多是人畜共患病原体；②以节肢动物为传播媒介或储存宿主；③大小介于细菌和病毒之间，结构与细菌相似；④专性活细胞内寄生；⑤对多种抗生素敏感。

知识链接

立克次体的由来

1909年，美国青年医师霍华德·泰勒·立克次（Howard Taylor Ricketts，1871—1910年）首次发现斑疹伤寒的病原体，但他在研究立克次体的过程中不幸感染，于1910年为科学献身。为了纪念他，此类病原体被命名为立克次体。

一、生物学性状

立克次体呈多形性，以球杆状多见，有细胞壁，革兰氏染色阴性，但不易着色，吉姆萨染色呈紫红色。

立克次体的抵抗力较弱，离开宿主细胞后易迅速死亡，对氯霉素、四环素类抗生素敏感，应特别注意的是磺胺类药物不仅不能抑制反而能刺激其生长。

二、致病性与免疫性

立克次体通过虱、蚤、蜱等节肢动物叮咬或粪便污染抓破的伤口侵入机体，在血管内皮细胞及单核巨噬细胞中繁殖。引起细胞肿胀、坏死、微循环障碍、弥散性血管内凝血及血栓的形成，患者出现皮疹和肝、脾、肾、脑等实质器官的病变。我国的立克次体病主要有斑疹伤寒和恙虫病。（表4-2）。

表4-2　常见立克次体及其致病性

病原体	储存宿主	媒介昆虫	所致疾病	表现
普氏立克次体	人	人虱	流行性斑疹伤寒（虱传斑疹伤寒）	高热、头痛、皮疹，有的伴有神经系统、心血管系统以及其他实质器官的损害
地方性斑疹伤寒立克次体	鼠	鼠蚤、鼠虱	地方性斑疹伤寒（鼠型斑疹伤寒）	临床症状与流行性斑疹伤寒相似，但病情较轻，很少累及神经系统和心血管系统
恙虫病立克次体	野鼠	恙螨	恙虫病	高热，被叮咬处溃疡，形成黑色焦痂，伴有神经系统症状、心血管系统及其他器官损害

立克次体感染后，机体一般可获得较强的免疫力。抗感染免疫以细胞免疫为主，体液免疫为辅。

三、防治原则

一般预防的主要措施是注意环境卫生及个人卫生，控制和消灭传播媒介和储存宿主，重点是灭虱、灭蚤、灭鼠、灭螨，防止节肢动物叮咬。特异性预防是接种灭活疫苗和减毒疫苗，治疗可用四环素类抗生素、氯霉素等。磺胺类药物不能抑制立克次体生长，反而可促进其繁殖。

章末小结

1. 螺旋体是一类细长、柔软、螺旋状、运动活泼的原核细胞型微生物。对人致病的主要有梅毒螺旋体和钩端螺旋体。

2. 梅毒螺旋体是人类梅毒的病原体，梅毒是一种危害严重的性传播疾病，人是其唯一宿主。梅毒预防尚无疫苗，治疗上可首选青霉素。

3. 支原体是一类没有细胞壁，呈多种形态，可通过细菌过滤器，能在无生命的培养基上独立生长繁殖的最小的原核细胞型微生物。对人致病的主要有肺炎支原体、解脲支原体、人型支原体和生殖支原体。

4. 解脲支原体是非淋菌性尿道炎的主要病原体之一，还可通过胎盘感染胎儿。治疗上可选用氯霉素、红霉素、四环素。

5. 衣原体是一类能通过细菌过滤器、严格细胞内寄生、有独特发育周期的原核细胞型微生物。对人类致病的衣原体主要有沙眼衣原体、肺炎衣原体和鹦鹉热衣原体。

6. 立克次体是一类由节肢动物传播、专性细胞内寄生的原核细胞型微生物。

7. 常见的有普氏立克次体、地方性斑疹伤寒立克次体、恙虫病立克次体，分别引起流行性斑疹伤寒、地方性斑疹伤寒和恙虫病。

思考题

一、 单项选择题

1. 经螨传播的立克次体病是（   ）

   A. Q 热　　　　　　　B. 流行性斑疹伤寒　　　C. 地方性斑疹伤寒

   D. 斑点热　　　　　　E. 恙虫病

2. 能在无生命培养基上繁殖的最小的微生物是（   ）

   A. 病毒　　　　　　　B. 衣原体　　　　　　　C. 支原体

   D. 立克次体　　　　　E. 螺旋体

3. 具有独特发育周期的微生物是（   ）

   A. 支原体　　　　　　B. 衣原体　　　　　　　C. 立克次体

   D. 螺旋体　　　　　　E. 放线菌

4. 关于支原体，下列错误的是（　　　）

　　A. 无细胞壁

　　B. 能通过细菌过滤器

　　C. 多形态性

　　D. 有独特生活周期

　　E. 胞膜中胆固醇含量高

5. 在衣原体发育周期中，无感染性的是（　　　）

　　A. 原体　　　　　　　B. 始体　　　　　　　C. 中间体

　　D. 核糖体　　　　　　E. 包涵体

6. 不会通过性接触传播的病原体是（　　　）

　　A. 沙眼衣原体　　　　B. 梅毒螺旋体　　　　C. 淋病奈瑟菌

　　D. 解脲支原体　　　　E. 钩端螺旋体

7. 立克次体与病毒的共同特点是（　　　）

　　A. 对抗生素不敏感

　　B. 以二分裂方式繁殖

　　C. 无细胞壁和细胞膜

　　D. 专性细胞内寄生

　　E. 以节肢动物为媒介进行传播

二、多项选择题

1. 地方性斑疹伤寒立克次体的传播媒介有（　　　　）

　　A. 虱　　　　　　　　B. 螨　　　　　　　　C. 蚤

　　D. 蜱　　　　　　　　E. 白蛉

2. 关于支原体的生物学性状，下列正确的是（　　　　）

　　A. 无细胞壁

　　B. 多形态性

　　C. 能通过细菌过滤器

　　D. 细胞膜中胆固醇含量高

　　E. 人工培养基上能生长繁殖

3. 立克次体的共同特点是（　　　　）

　　A. 专性细胞内寄生，二分裂法繁殖

B. 有DNA和RNA两类核酸

C. 形态呈多形性，对多种抗生素敏感

D. 与节肢动物关系密切

E. 大多数是人畜共患病的病原体

4. 由节肢动物作为传播媒介所致的疾病有（　　　　　）

　　A. 斑疹伤寒　　　　　　B. 伤寒　　　　　　　C. 鼠疫

　　D. 恙虫病　　　　　　　E. 霍乱

5. 支原体与细菌的相同点有（　　　　　）

　　A. 有细胞壁

　　B. 含有核糖体

　　C. 含有两种核酸

　　D. 能在人工培养基上生长

　　E. 细胞核无核膜及核仁，仅有核质

6. 防鼠、灭鼠可作为关键措施预防的疾病有（　　　　　）

　　A. 钩端螺旋体病　　　　B. 肾综合征出血热　　C. 乙型脑炎

　　D. 斑疹伤寒　　　　　　E. 鼠疫

7. 有关"沙眼衣原体"的叙述，正确的有（　　　　　）

　　A. 由中国学者首次分离培养成功

　　B. 可在人工培养基上生长

　　C. 是非淋菌性尿道炎最常见的病原体

　　D. 可在眼结膜上皮细胞中形成包涵体

　　E. 对青霉素敏感

8. 病毒与衣原体的相同点是（　　　　　）

　　A. 对抗生素不敏感

　　B. 无肽聚糖

　　C. 以复制方式繁殖

　　D. 能通过细菌过滤器

　　E. 严格的细胞内寄生

9. 与衣原体感染有关的疾病是（　　　　　）

　　A. 沙眼　　　　　　　　B. 包涵体结膜炎　　　C. 新生儿肺炎

　　D. Q热　　　　　　　　E. 性病淋巴肉芽肿

三、 简述题

1. 简述螺旋体、支原体、衣原体、立克次体的定义和异同。

2. 简述衣原体的发育周期。

3. 列表说明常见的立克次体及其致病性。

（胥忠菊）

第五章
真　菌

学习目标

- 掌握　真菌的概念。
- 熟悉　药物相关性真菌的主要特性及其与药物的关系，病原性真菌的致病性。
- 了解　真菌的生物学性状。
- 培养　学生正确认识真菌的能力，在日常生活和工作中具有防霉意识，健康生活。

情境导入

情境描述：

在我们的身边，有一种肉眼能看得到、可以作为食物、形状各异的微生物，并在我们的生活中被广泛应用，如酱油、酒、药品、醋等的生产。在温暖潮湿的春天，万物复苏的同时，食品、药品等各种物品常常会发霉；在一定条件下，朽木会长出木耳或灵芝，大地会长出各种各样的蘑菇。而物品发的霉、木耳、灵芝、蘑菇等虽然大小、形状有别，但它们都有一个相同的名字——真菌。

学前导语：

本章将学习这种与医药及食品有密切关系的微生物——真菌，掌握其主要特性及用途。

真菌是一类不分根、茎、叶，不含叶绿素，具有典型细胞核和完整细胞器的真核细胞型微生物。

第一节　真菌的生物学性状

一、真菌的形态结构

真菌比细菌大几倍到几十倍，在光学显微镜下放大100~500倍即可看清。真菌细胞壁不含肽聚糖，主要有多糖（如甲壳素和纤维素）与蛋白质组成。真菌因缺乏肽聚糖，故不受青霉素和头孢菌素的作用。

真菌按其形态结构分单细胞真菌和多细胞真菌两大类。

1. 单细胞真菌　呈圆形或卵圆形，如酵母菌、白念珠菌、新生隐球菌等。以出芽方式繁殖，芽生孢子成熟后脱落成独立个体。若子细胞与母细胞没有立即分离，期间仅以极狭小的接触面相连，形成藕节状的细胞串，称为假菌丝。

2. 多细胞真菌　通过孢子出芽繁殖形成。由菌丝和孢子组成，菌丝可交织成团，称丝状菌，如霉菌。不同的多细胞真菌其菌丝和孢子的形态不一，是分类和鉴别真菌的重要依据。

（1）菌丝：孢子在适宜条件下长出芽管并逐渐延长呈丝状，称为菌丝。菌丝有多种形态（图5-1）。

菌丝按功能不同分为3类：①营养菌丝；②气生菌丝；③生殖菌丝。按菌丝有无横隔又可分为：①无隔菌丝；②有隔菌丝。

（2）孢子：是真菌的繁殖器官，一条菌丝可长出多个孢子，在适宜条件下，孢子又可发芽形成菌丝。孢子分为无性孢子和有性孢子两种。

1）无性孢子：是由菌丝上的细胞直接分化或出芽形成，彼此间不发生细胞融合。病原性真菌多为有隔菌丝，无性孢子，分为3种：①叶状孢子，包括芽生孢子、厚垣孢子、关节孢子；②分生孢子，包括大分生孢子和小分生孢子两种；③孢子囊孢子（图5-2）。

2）有性孢子：是由同一菌体或不同菌体上的两个细胞融合，经减数分裂而形成，有接合孢子、子囊孢子和担孢子3种。

真菌孢子与细菌芽孢不同。真菌孢子：抵抗力不强，60~70℃短时间即死，一条菌丝上可长出多个孢子，是一种繁殖方式。细菌芽孢：抵抗力强，煮沸短时间不死，一个细菌只产生一个芽孢，不是一种繁殖方式，是细菌的休眠状态。

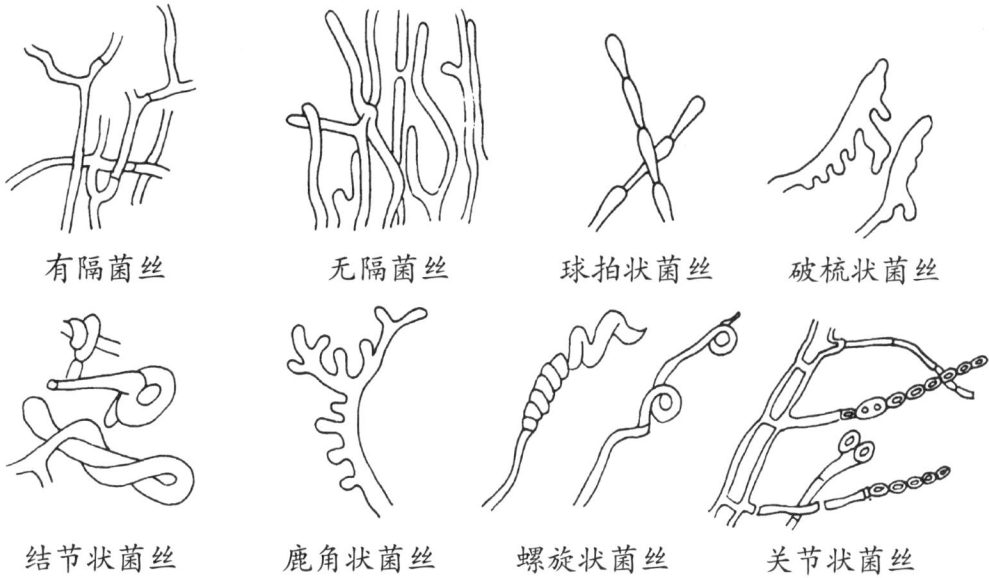

| 有隔菌丝 | 无隔菌丝 | 球拍状菌丝 | 破梳状菌丝 |

| 结节状菌丝 | 鹿角状菌丝 | 螺旋状菌丝 | 关节状菌丝 |

图5-1　真菌的各种菌丝形态

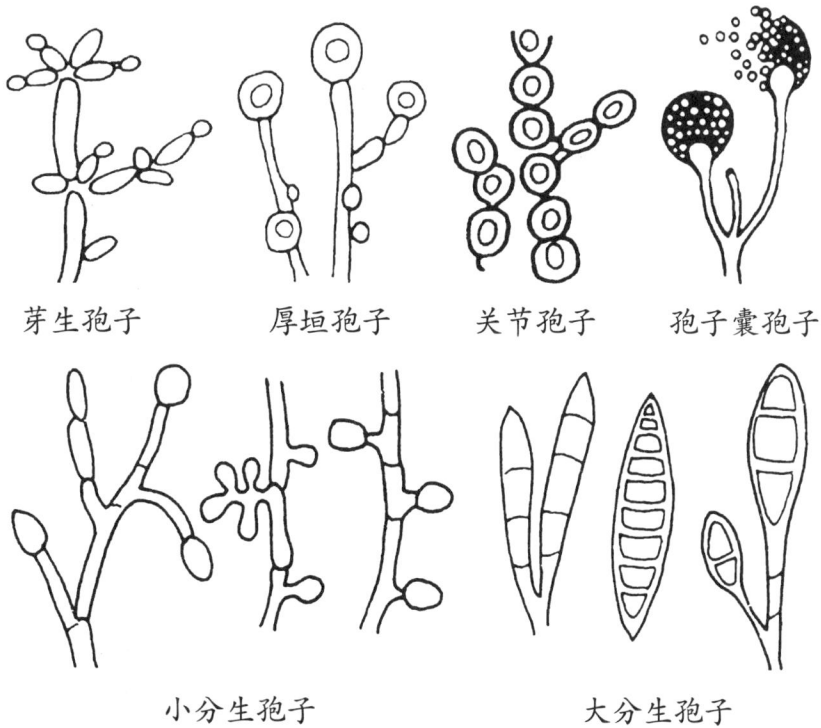

| 芽生孢子 | 厚垣孢子 | 关节孢子 | 孢子囊孢子 |

| 小分生孢子 | | 大分生孢子 | |

图5-2　真菌的各种孢子形态

二、真菌的培养与繁殖

1. 培养特性　真菌的营养要求不高，常用沙氏葡萄糖琼脂培养基（含4%葡萄糖、1%蛋白胨和2%琼脂）进行培养。最适pH为4.0~6.0，最适温度为22~28℃，某些深部真菌在37℃生长较好。此外，真菌还需要较高的湿度和氧气。

2. 繁殖方式　真菌主要是通过孢子进行无性繁殖和有性繁殖。无性繁殖是真菌的主要繁殖方式，主要有芽生、裂殖、芽管、隔殖等四种形式。真菌繁殖能力强，但生长速度较慢，一般需1~2周长成典型菌落。

真菌菌落有3种类型：

（1）酵母型菌落：为单细胞真菌的菌落。形态与一般细菌菌落相似，菌落大而厚、光滑、湿润、柔软而致密，多呈乳白色。如新型隐球菌的菌落。

（2）类酵母型菌落：为单细胞真菌的菌落。外观似酵母型菌落，但有假菌丝深入培养基中，如白念珠菌的菌落。

（3）丝状菌落：为多细胞真菌的菌落，由许多菌丝体及孢子构成，呈棉絮状、绒毛状或粉末状。菌落中心与边缘、表面与背面可显示黄绿、橙、黑等不同颜色，如霉菌的菌落。

三、真菌的抵抗力

真菌对寒冷、干燥、日光、紫外线及一般消毒剂有较强的抵抗力，但不耐热，60℃ 1小时即可杀死菌丝和孢子。对1%~2%苯酚、2%结晶紫、2.5%碘酒、0.1%氯化汞及10%甲醛等敏感。对常用抗生素如青霉素、链霉素及磺胺类药物不敏感，两性霉素B、制霉菌素、灰黄霉素、酮康唑、伊曲康唑、卡泊芬净等对多种真菌有抑制作用。

第二节　几种常见的真菌

🔗 知识链接 ....

青霉素的发现

1928年，英国科学家弗莱明在培养葡萄球菌的过程中发现培养皿遭霉菌污染，并且还惊讶地发现培养皿中那一团霉菌周围的细菌不见了，显现出干干净净的一圈，毫无疑问霉菌消灭了它接触到的葡萄球菌，由此推论那霉菌必然有杀菌的能力。此后经过多次试验揭开了其中的奥妙：原来那是青霉菌，它产生的一种代谢产物能将细菌杀死，这就是第一种被发现的抗生素——青霉素。

一、药物相关性真菌

真菌有高度分解和合成有机物质的能力，因此被广泛应用于医药工业生产等方面。目前常用的医药工业生产真菌主要有酵母菌、根霉、毛霉、曲霉、青霉和头孢霉等（图5-3），其主要特性及应用见表5-1。但真菌污染食品、药品等导致霉败变质也给人类带来巨大损失。

二、致病性真菌

1. 浅部感染真菌　指侵犯表层皮肤、毛发及指（趾）甲等浅部角化组织及皮下组织的真菌，包括皮肤感染真菌和皮下组织感染真菌。皮肤感染真菌包括表面感染真菌和皮肤癣菌，引起手足癣、股癣、体癣等；皮下组织感染真菌主要有孢子丝菌和着色真菌两类，一般经外伤感染侵入皮下，在皮下组织繁殖，也可经淋巴管或血行等途径扩散。

预防皮肤癣菌主要是注意个人清洁卫生，保持鞋袜干燥，防止真菌孳生。局部治疗可用十一烯酸或水杨酸制剂，近年来多选用氟康唑、伊曲康唑等抗真菌药，对皮肤癣菌和深部感染真菌均有一定疗效。

🔍 案例分析 ··

案例

足癣，通常是指由皮肤癣菌所引起的皮肤真菌感染，南方多见，为了让患者容易理解，医师会将此病解释为"发霉"。鸦片战争后，在香港的英军住惯了干燥的英国，来到湿热的香港，每个人的脚都患了真菌感染，不知原因的英军就误称为"香港脚"。

分析

为什么香港或南方人容易患足癣，该如何预防？

毛霉

根霉

孢子囊

孢子囊梗

匍匐菌丝

假根

分生孢子

小梗

顶囊

分生孢子梗

足细胞

曲霉

分生孢子

小梗

梗基

副支

分生孢子梗

青霉

分生孢子头

分生孢子

头孢霉

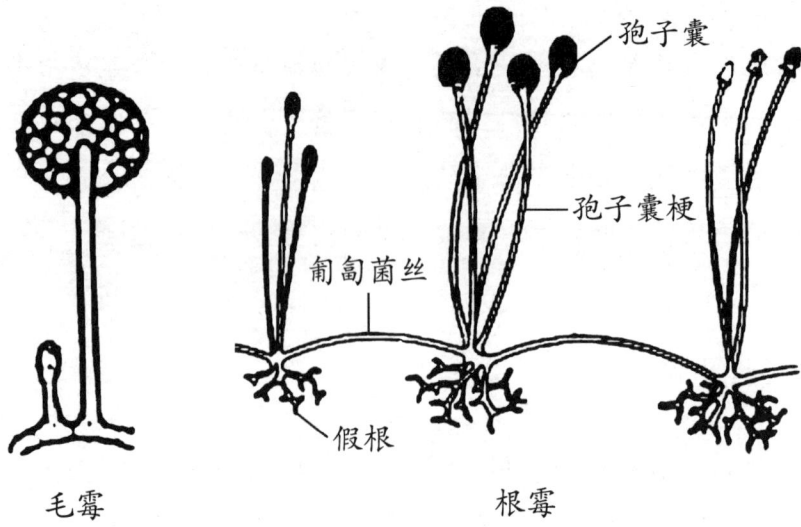

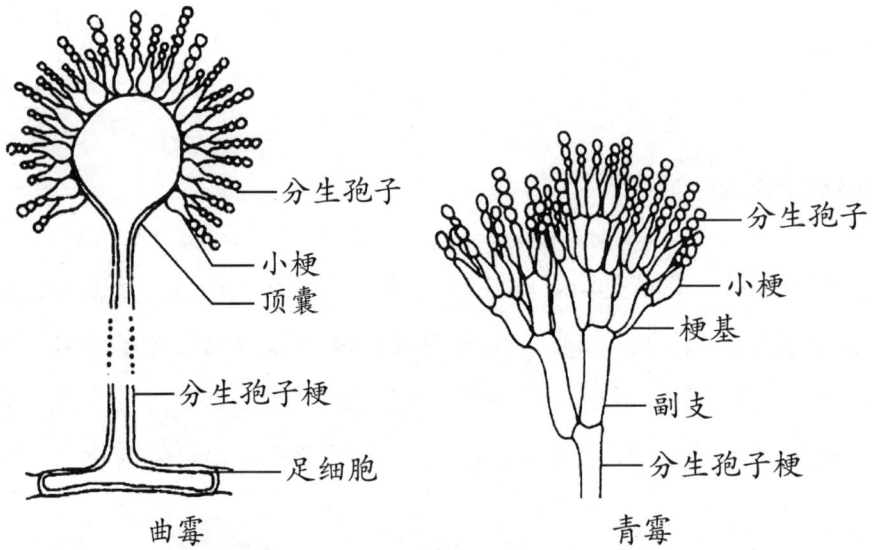

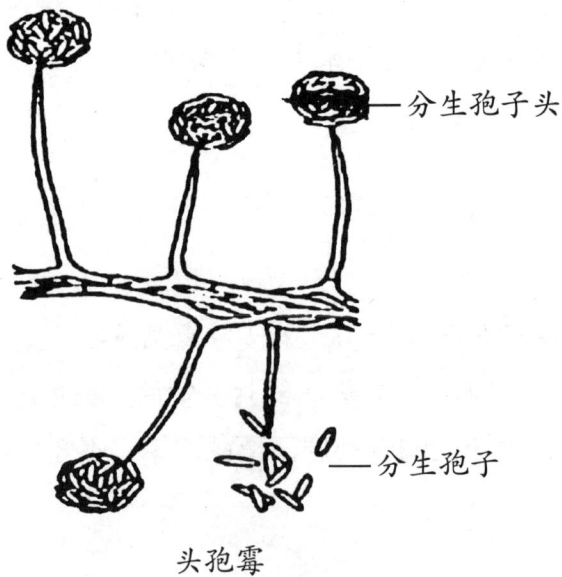

图5-3 各种真菌的形态

表 5-1　药物相关性真菌的特性及应用

种类	形态与繁殖	药学应用	其他
酵母菌	圆形、卵圆形，以芽生孢子、裂殖孢子、子囊孢子繁殖	从中提取凝血质、麦角固醇、辅酶A和维生素C；还可作为微量元素载体制备富硒酵母、富锌酵母等微量元素药物	在食品工业中用于发酵、酿酒等
毛霉	毛发状，菌丝无隔，以孢囊孢子和接合孢子繁殖	转化甾体及生产酶制剂（蛋白酶、脂肪酶、淀粉酶等）、有机酸（柠檬酸、草酸等）等	可引起蔬菜、瓜果、药材霉变；利用其淀粉酶制曲、酿酒；利用其蛋白酶酿制腐乳、豆豉等
根霉	形态特征、繁殖方式与毛霉相似，但有假根和匍匐菌丝	转化甾体及生产酶制剂（如淀粉酶）、有机酸（延胡索酸、乳酸等）等	可引起蔬菜、瓜果、淀粉类食物（如甘薯）、药材霉变；利用其淀粉酶制曲、酿酒
曲霉	菌丝有隔，有足细胞和顶囊，以分生孢子繁殖，分生孢子呈放射状排列	生产酶制剂（淀粉酶、蛋白酶、果胶酶等）和有机酸（柠檬酸、葡萄糖酸等）等	引起谷物、药物等霉变，用于制曲、酿酒、造酱等；黄曲霉产生黄曲霉毒素可致肝病
青霉	菌丝有隔，无足细胞和顶囊，以分生孢子繁殖，分生孢子呈扫帚状排列	生产抗生素（青霉素、灰黄霉素等）、酶制剂和有机酸（柠檬酸、延胡索酸、葡萄糖酸等）等	引起一切潮湿物品、药品霉变，用于生产乳酪
头孢霉	菌丝有隔，常结成绳束状，以分生孢子繁殖，分生孢子靠黏液聚成假头状	生产头孢菌素C、酶制剂及甾体转化等	可用于茶叶发酵

2. 深部感染真菌　指侵袭人体深部组织和内脏以及引起全身感染的真菌，常能造成机体坏死、化脓、肉芽肿等慢性肉芽肿病。下面主要介绍白念珠菌、新型隐球菌和肺孢子菌。

（1）白念珠菌：是最常见的一类条件致病真菌，为单细胞真菌，圆形或卵圆形，以出芽方式繁殖，生长时产生假菌丝。在沙氏葡萄糖琼脂培养基37℃培养1~3天形成类酵母型菌落；在玉米培养基上可长出厚垣孢子，假菌丝和厚垣孢子是其鉴别特征与诊断依据（图5-4）。

白念珠菌为条件致病菌，通常存在于正常人体的口腔、上呼吸道、阴道和肠道内，属于正常菌群。当机体免疫力下降或长期使用广谱抗菌药物导致菌群失调时可引起内源性感染，如鹅口疮、口角炎、阴道炎、肺炎、肠炎、膀胱炎、脑膜炎等。

（2）新型隐球菌：又称为溶组织酵母菌，为单细胞真菌。圆形或卵圆形，菌体外有肥厚荚膜，不易着色，难以看到，可用墨汁负染色后镜检。以出芽方式繁殖，无假菌丝。在沙氏葡萄糖琼脂培养基37℃培养3~5天形成酵母型菌落。肥厚荚膜是其鉴别特征（图5-5）。

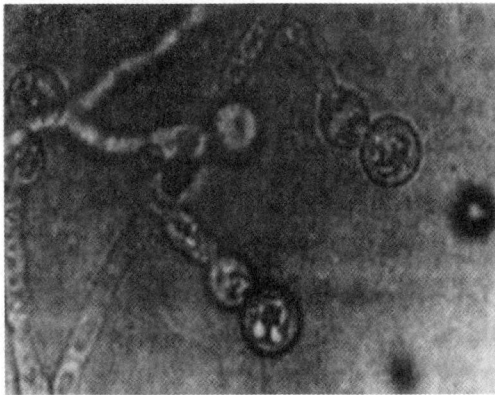

图5-4　白念珠菌假菌丝和厚垣孢子（×2 000）

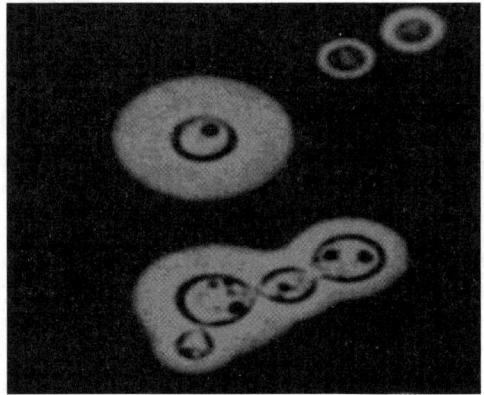

图5-5　新型隐球菌（墨汁负染色）

新型隐球菌存在于土壤及鸽粪中，引起外源性感染。主要传染源是鸽子，人经呼吸道吸入鸽粪中的孢子而感染。首先表现为肺炎，经血液播散时可侵犯所有脏器组织，尤其易侵袭中枢神经系统，导致亚急性或慢性脑膜炎。也可播散至皮肤、骨和内脏等部位，引起炎症和肉芽肿。本菌易感染细胞免疫功能低下者，如艾滋病、恶性肿瘤、糖尿病等患者。药物治疗主要为两性霉素B与5-氟胞嘧啶或其他棘白菌素类抗真菌药物联合治疗。

（3）肺孢子菌：广泛分布于自然界及人和多种哺乳动物的肺内，常见的有卡氏肺孢子菌和伊氏肺孢子菌。该菌为单细胞型真菌，兼有原虫和酵母菌的特点，发育阶段包括滋养体、囊前期和孢子囊。

肺孢子菌通过空气传播，经呼吸道吸入肺内，可引起隐性感染，机体免疫功能低下时可引起机会感染，即肺孢子菌肺炎。近年来，肺孢子菌肺炎已成为艾滋病患者常见的并发症之一。

肺孢子菌引起的感染无有效预防方法，患者主要采取对症、支持治疗和隔离措施，治疗可选择复方磺胺甲基异噁唑、羟乙基磺酸烷脒及棘白菌素类抗菌药（如卡泊芬净）。

3. 产毒素性真菌　真菌毒素是真菌在食物、饲料等物品上繁殖后产生的毒性代谢产物，误食含有真菌毒素的食物，就可发生真菌食物中毒。包括真菌毒素中毒和毒蕈中毒。

（1）真菌毒素中毒：部分霉菌产生的毒素，可引起人或者动物急慢性中毒，损伤肝、肾、神经等组织器官。其中黄曲霉菌产生的黄曲霉毒素是毒性最强的真菌毒素，可致人和动物的肝脏变性、坏死或肝硬化，甚至诱发肝癌。

（2）毒蕈中毒：蕈是一类高等真菌。具有很高的食用及药用价值。但有些蕈类含有毒素，误食即引起中毒。毒蕈种类多，毒蕈中毒素成分也较复杂，多耐热。主要的毒物类型有胃肠毒素、神经毒素、溶血毒素、原浆毒素、肝毒素。常见的毒蕈种类有褐鳞环柄菇、肉褐鳞环柄菇、白毒伞、鳞柄白毒伞、毒伞、秋生盔孢伞、鹿花菌、包脚黑褶伞、毒粉褶菌、残托斑毒伞等。

目前已发现真菌产生的毒素达一百多种，预防真菌食物中毒，主要是避免或减少真菌污染食物，根据食物不同采取晾晒、烘干、吸湿等措施降低水分，尽可能低温保藏食物，防止霉变；通过科学普及教育，使群众能识别毒蕈而避免采食，发生毒蕈中毒病例时，应及时到医院做相应的排毒、解毒处理，以防病情加重。

🔗 知识链接

黄曲霉毒素

黄曲霉毒素是黄曲霉和寄生曲霉等某些菌株产生的双呋喃环类毒素，致癌作用极强，与肝癌的发生有关。黄曲霉毒素主要污染粮油制品，使其发霉变质，人们常常误食这些食品或其加工副产品。黄曲霉毒素毒性稳定，耐热性强，加热至280℃以上才被破坏，因此用一般烹调方法不能除去毒性。我国规定在玉米、花生、花生油及其产品中黄曲霉毒素含量不得超过20ng/kg，尤其在婴儿食品和药品中不得检出黄曲霉毒素。

1. 真菌是一类具有典型细胞核和完整细胞器的真核细胞型微生物。
2. 真菌分单细胞真菌（如酵母菌）和多细胞真菌（如霉菌）两大类。多细胞真菌由菌丝和孢子组成。
3. 真菌被广泛应用于医药工业中。常用的生产真菌主要有酵母菌、根霉、毛霉、曲霉、青霉和头孢霉等，可用于生产各种有机酸、酶制剂、抗生素及甾体转化等，但有些霉菌可引起药品霉变而造成损失。
4. 少数真菌可导致人类疾病，主要有皮肤癣菌、白念珠菌、新型隐球菌、肺孢子菌。
5. 产毒性真菌可引起真菌性食物中毒，包括真菌毒素中毒和毒蕈中毒。

● · · · · 思考题 ·

一、 单项选择题

1. 孢子头似扫帚状的霉菌是（　　　）

    A. 青霉　　　　　　　B. 黑曲霉　　　　　　C. 白地霉

    D. 根霉　　　　　　　E. 毛霉

2. 毛霉和根霉的无性繁殖产生（　　　）

    A. 内生的孢囊孢子　　B. 外生的厚垣孢子　　C. 内生的游动孢子

    D. 外生的关节孢子　　E. 芽生孢子

3. 能产生真菌毒素的微生物是（　　　）

    A. 青霉　　　　　　　B. 黑曲霉　　　　　　C. 米根霉

    D. 黄曲霉　　　　　　E. 毛霉

4. 可引起鹅口疮的微生物是（　　　）

    A. 皮肤癣菌　　　　　B. 白念珠菌　　　　　C. 新型隐球菌

    D. 根霉　　　　　　　E. 毛霉

5. 青霉和曲霉的无性繁殖产生（　　　）

    A. 外生的孢囊孢子　　B. 外生的分生孢子　　C. 外生的关节孢子

    D. 外生的游动孢子　　E. 芽生孢子

二、 多项选择题

1. 属于真核细胞型微生物的有（   ）

   A. 酵母菌　　　　　　　B. 黑曲霉　　　　　　　C. 青霉

   D. 根霉　　　　　　　　E. 链霉菌

2. 能产生抗生素的真菌有（   ）

   A. 青霉　　　　　　　　B. 酵母菌　　　　　　　C. 根霉

   D. 头孢霉　　　　　　　E. 毛霉

3. 以产生孢子进行繁殖的微生物有（   ）

   A. 青霉　　　　　　　　B. 酵母菌　　　　　　　C. 根霉

   D. 链霉菌　　　　　　　E. 乳酸菌

4. 易引起念珠菌感染的主要原因有（   ）

   A. 与念珠菌患者接触

   B. 菌群失调

   C. 长期使用激素或免疫抑制剂

   D. 内分泌功能失调

   E. 机体屏障功能遭破坏

5. 真菌细胞具有的结构有（   ）

   A. 细胞壁　　　　　　　B. 细胞核　　　　　　　C. 线粒体

   D. 内质网　　　　　　　E. 叶绿素

三、 简述题

1. 放线菌、真菌与细菌有何区别？

2. 比较真菌孢子和细菌芽孢的不同点。

3. 说出药物相关性真菌的种类、特性及药物应用。

（胥忠菊）

第六章
病　毒

学习目标

- 掌握　病毒的概念、大小与形态、结构，干扰素的概念及分类，流行性感冒病毒、乙型肝炎病毒和人类免疫缺陷病毒的致病性和防治原则。
- 熟悉　病毒的增殖，冠状病毒、甲型肝炎病毒的致病性和防治原则。
- 了解　病毒的抵抗力、遗传变异、病毒的感染与抗病毒免疫，其他常见病毒的致病性。
- 培养　学生具有良好的人文精神，珍爱生命，维护健康。

情境导入

情境描述：

　　近二十年来人类都在遭遇各种传染病的威胁，如2003年，SARS冠状病毒在全球多个国家暴发；2009年，甲型H1N1流感病毒出现世界性大流行；2013年，中国华东地区出现人感染H7N9禽流感疫情；2014年，埃博拉出血热在非洲暴发并向其他国家蔓延……造成这些传染性疾病的元凶，都属于同一种类型的微生物——病毒。

学前导语：

　　本章将学习病毒，掌握其主要特性及防治原则。

病毒是一类个体微小、结构简单、只含有一种核酸（DNA或RNA），必须在活的易感细胞内寄生，以复制方式增殖的非细胞型微生物。

病毒在自然界中分布广泛，有些病毒性疾病传播迅速、传染性强、流行广泛。据报道，在微生物引起的人类传染病中，约有75%是由病毒引起的。此外，有些病毒还与肿瘤及自身免疫性疾病的发生密切相关。目前尚缺乏特效药物治疗病毒性疾病。

除病毒外，目前还发现比病毒更小更简单的传染性因子，称为亚病毒，包括类病毒和朊粒。

第一节 病毒的生物学性状

一、病毒的大小与形态

病毒体积微小，其测量单位为纳米（nm）。不同种类的病毒大小不一，差别很大，最大约为300nm，如痘病毒；最小的约为20nm，如细小病毒。绝大多数病毒的直径在100nm左右，需借助电子显微镜放大数万倍方能观察到。

病毒的形态多种多样，大多数病毒呈球形或近似球形，少数为杆状、弹状、丝状、砖块状和蝌蚪状等，引起人和动物疾病的病毒多数为球形（图6-1）。

二、病毒的结构

一个完整成熟的病毒颗粒称为病毒体，具有典型的形态结构，并具有感染性。病毒的结构简单，无

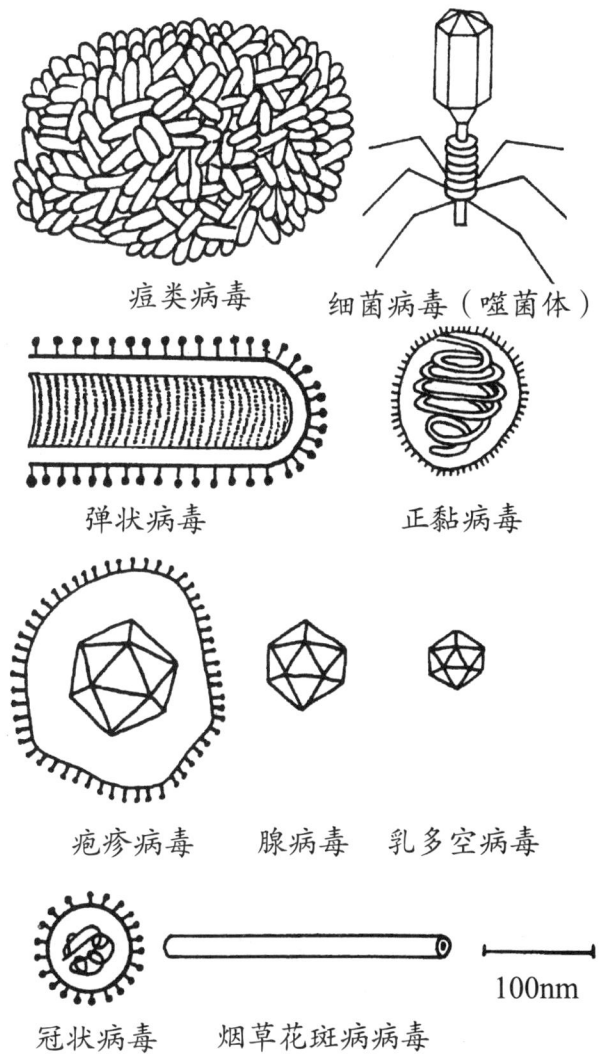

痘类病毒　　　细菌病毒（噬菌体）

弹状病毒　　　正黏病毒

疱疹病毒　　腺病毒　　乳多空病毒

冠状病毒　　烟草花斑病病毒　　100nm

图6-1　常见病毒的形态与结构示意图

完整的细胞结构。其基本结构由核心和衣壳构成，称为核衣壳，有些病毒在核衣壳外还有一层包膜（图6-2）。

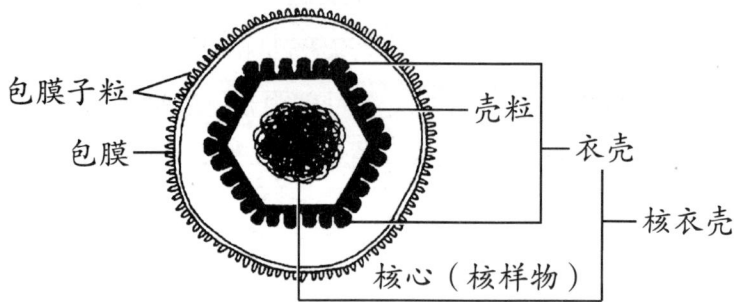

图6-2　病毒的结构示意图

1. **核心**　位于病毒体的中心，主要成分为核酸。一种病毒只含一种核酸（DNA或RNA），为病毒的感染、复制、遗传和变异等提供遗传信息。核酸若被破坏，病毒即失去活性。有些病毒的核心还有少量功能蛋白质，如DNA聚合酶、逆转录酶等。

2. **衣壳**　衣壳是包绕在核心外的蛋白质结构，由壳粒组成。衣壳的主要功能有：①保护病毒核酸；②参与病毒感染，衣壳蛋白能够特异性吸附在易感细胞表面，介导病毒进入宿主细胞；③具有免疫原性，能引起特异性的免疫应答。

3. **包膜**　有些病毒在核衣壳的外面，还包有一层由脂质、多糖和少许蛋白质构成的包膜，有些包膜表面还有刺突。包膜的功能：①保护核衣壳；②参与病毒的吸附和穿入；③具有免疫原性，能诱导机体产生免疫应答。

三、病毒的增殖

病毒由于缺乏增殖所需的酶系统，不能独立生存，只能在易感的活细胞内进行增殖。进入易感细胞的病毒，借助细胞提供的原料、酶系统及能量，在核酸的控制下，以复制方式完成自我增殖。病毒自侵入易感细胞，经转录、翻译到子代病毒从细胞内释放出称为一个复制周期，整个过程包括：吸附、穿入、脱壳、生物合成、组装与释放子代病毒等五个步骤（图6-3）。

两种病毒感染同一细胞时，可发生一种病毒抑制另一种病毒增殖的现象，称为干扰现象。在预防病毒性疾病的疫苗应用时，应注意避免同时使用有干扰现象的两种病毒疫苗，以防止降低免疫效果。

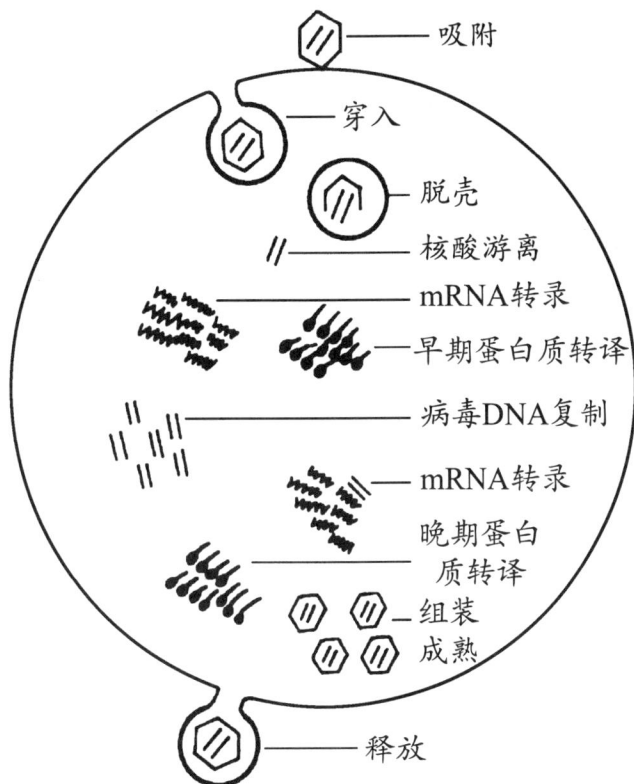

图6-3 病毒的复制过程示意图

四、病毒的抵抗力

病毒受理化因素作用后失去感染性，称为病毒的灭活。灭活的病毒仍能保持病毒的其他特性，如免疫原性。

1. 物理因素　大多数病毒耐冷不耐热，加热50~60℃ 30分钟，除肝炎病毒外，多数病毒可被灭活；而低温（-70℃）或冷冻真空干燥可用于保存病毒。大多数病毒在pH 5.0以下或pH 9.0以上迅速灭活。X射线、γ射线、紫外线均能通过不同机制使病毒灭活。但有些病毒，如脊髓灰质炎病毒经紫外线灭活后，再用可见光照射可使病毒复活，故不宜用紫外线来制作灭活病毒的疫苗。

2. 化学因素　病毒对乙醇、碘、过氧乙酸、次氯酸钠、高锰酸钾、漂白粉等消毒剂敏感。甲醛能灭活病毒但可保持其免疫原性，故常用于制备灭活疫苗。有包膜的病毒对乙醚等脂溶剂敏感。病毒对甘油有耐受力，常用50%甘油盐水作为病毒标本保存液。病毒对抗菌药物不敏感；某些中草药如板蓝根、大青叶、大黄、黄芪和七叶一枝花等对某些病毒具有一定的抑制作用。

五、病毒的遗传与变异

病毒也具有遗传变异这一生物的基本特性。病毒的遗传，是指病毒在复制增殖过程中，其子代保持与亲代性状的相对稳定。病毒的变异，是其在复制增殖过程中出现某些性状的改变。病毒的遗传稳定性保证了病毒物种的稳定和病毒的延续存在。病毒的变异又可以使其适应环境的变化，逃避宿主的免疫监视作用，并得以进化。

病毒的核酸（DNA或RNA）是病毒遗传的物质基础，核酸的复制能使病毒具有稳定的遗传表现。病毒由于没有细胞结构，其遗传物质极易受外界环境及细胞内分子环境的影响而发生变异，常见的变异现象有毒力变异、抗原变异、耐药性变异和宿主范围的变异等。变异的机制包括基因突变和基因重组。一般来说，DNA病毒遗传稳定性高，变异较少，跨物种传播的概率较小；而RNA病毒变异较快，因此新型病毒性疾病一般都由RNA病毒引起。

在医学病毒学中，研究病毒遗传变异有以下几方面实际意义。

1. 在研究病毒致病机制中的应用　病毒的致病性与其基因的功能有直接关系，某些病毒的基因突变可直接影响着致病作用，如流行性感冒病毒（简称流感病毒）、人类免疫缺陷病毒（HIV）、冠状病毒的变异容易造成感染的流行。

2. 在诊断病毒性疾病中的应用　病毒的变异会影响着病毒性疾病的诊断和流行情况的监测。当前用于病毒性疾病诊断的蛋白质芯片和基因芯片的设计与制造，都是在充分了解病毒遗传和变异的基础上进行的。

3. 在治疗病毒性疾病中的应用　只有在充分了解病毒遗传和变异的基础上，才能设计出针对病毒复制、致病过程关键部位、关键酶的靶向药物，才能依据突变改变药物设计方案以解决病毒耐药性问题。

4. 在预防病毒感染中的应用　疫苗的应用是控制病毒性疾病最有效的办法。利用病毒各种变异株（减毒株）可以制备预防病毒性疾病的疫苗。

5. 在基因工程中的应用　可获得基因工程产品、通过基因治疗疾病、进行相关研究等目的。

6. 在遗传学基础理论研究中的作用　由于病毒结构简单，基因组单一且容量小，病毒最早成为分子遗传学的研究对象、工具和模式生物。

对病毒遗传和变异的研究不但有助于揭示病毒的实质和致病分子机制，而且有利于人类控制病毒性疾病的流行和发生，乃至利用病毒为人类造福。

第二节　病毒的感染与抗病毒免疫

一、病毒的感染

病毒的感染是指病毒侵入宿主机体并在易感细胞内进行复制增殖，与机体产生相互作用的过程。

（一）病毒的传播方式

1. 水平传播　指病毒在不同个体之间传播，包括从人到人或动物到人之间的传播。水平传播是大多数传染病的传播方式，其传播途径有以下几种：①经皮肤传播，如狂犬病病毒经动物咬伤、乙型脑炎病毒经蚊虫叮咬从皮肤侵入等；②经呼吸道传播，如流行性感冒病毒、麻疹病毒等；③经消化道传播，如甲型肝炎病毒，脊髓灰质炎病毒等；④经接触或性传播，如HIV、单纯疱疹病毒1型、单纯疱疹病毒2型等；⑤血液传播，如乙型肝炎病毒（hepatitis B virus，HBV）、丙型肝炎病毒（hepatitis C virus，HCV）等。

2. 垂直传播　又称母婴传播，指病毒经胎盘、产道或哺乳由母体传播给胎儿的方式。垂直传播引起的感染往往后果严重，尤其是先天性感染，如风疹病毒、HBV、HIV等，可致死胎、早产或先天畸形。

（二）病毒的致病机制

1. 病毒对宿主细胞的致病作用　病毒增殖时，会干扰宿主细胞的正常代谢，或引起宿主细胞释放溶酶体酶，或导致细胞膜通透性异常改变，或形成包涵体破坏宿主细胞的结构与功能，以上均可导致细胞死亡。此外某些病毒感染细胞后，其核酸或部分基因片段整合到宿主细胞DNA中，导致宿主细胞转化，细胞转化与细胞癌变密切相关。

2. 引起宿主免疫病理损伤　病毒感染后，能诱导机体发生免疫应答。这种免疫应答既可保护机体，也可导致免疫损伤，如引起Ⅱ、Ⅲ、Ⅳ型超敏反应。

3. 病毒的免疫逃逸　病毒性疾病除与病毒的直接作用及引起免疫病理损伤有关外，也与病毒的免疫逃逸能力相关。病毒可能通过逃避免疫防御、防止免疫激活或阻止免疫应答的发生等方式来逃脱免疫应答。

（三）病毒感染的类型

1. 隐性感染　侵入机体的病毒数量较少、毒力较弱、机体抵抗力较强时，一般不引起临床症状，称隐性感染或亚临床感染。隐性感染时病毒可在体内增殖并向外界散播，成为重要的传染源。

2. 显性感染　病毒侵入机体后引起明显的临床症状，称显性感染或临床感染。

显性感染可以发生在局部，也可以发生在全身。根据病毒感染后，在机体感染的过程及存留时间的不同，又可将病毒感染分为急性感染和持续性感染。

（1）急性感染：特点是潜伏期短，发病急，病程为数日至数周，病愈后体内不再有病毒存在，如普通感冒。

（2）持续性感染：是指病毒在体内持续存在的时间较长，可达数月、数年甚至终生，按病程发展可分为3种。①慢性感染，病毒感染机体后，在体内持续存在数月至数十年，不断向体外排出病原体，临床症状轻微或无症状，病程持续时间长，反复发作。这种感染可引起慢性进行性疾病，如慢性乙型肝炎，也可引发肿瘤。②潜伏感染，病毒感染后，长期潜伏于某些特定的组织或器官内不复制，不增殖，不出现临床症状。但在某些条件下，潜伏的病毒被激活后重新增殖，引起临床症状，如水痘－带状疱疹病毒引起的带状疱疹，单纯疱疹病毒1型引起的唇疱疹等。③慢发病毒感染，为慢性发展进行性加重的病毒感染，较少见但后果严重，病毒感染后潜伏期较长，可达数月至数十年时间，一旦发病出现症状多为进行性加重，最终导致死亡，如HIV引起的获得性免疫缺陷综合征，儿童期感染麻疹病毒康复后，极少数人可在青春期并发亚急性硬化性全脑炎。

二、抗病毒免疫

（一）固有免疫

1. 机体的屏障结构、单核吞噬细胞、自然杀伤细胞（NK细胞）等发挥抗病毒的作用。

2. 干扰素

（1）概念：干扰素（IFN）是在病毒或干扰素诱生剂作用下，由宿主细胞所产生的一种具有高度生物活性的多功能糖蛋白。

（2）种类：根据产生干扰素的细胞不同，可分为，由白细胞产生的α干扰素，由成纤维细胞产生的β干扰素，由T细胞产生的γ干扰素。α干扰素和β干扰素具有广谱抗病毒作用，统称为Ⅰ型干扰素；γ干扰素则主要起免疫调节和抗肿瘤作用，称为Ⅱ型干扰素。目前，在临床经常使用的重组干扰素为基因工程产品。

（3）作用特点：①广谱性，抗病毒的作用无特异性，对大多数病毒均有一定抑制作用；②间接性，干扰素不能直接灭活病毒，而是通过诱导受染细胞产生抗病毒蛋白来抑制病毒增殖；③种属特异性，动物产生的干扰素只能作用于同类动物，人用干扰素只能来源于人血液制品，因而价格比较昂贵；④早期性，干扰素的产生早于抗体，因此在病毒感染早期发挥作用。

（二）适应性免疫

1. 体液免疫的抗病毒作用　机体感染病毒或接种疫苗后所产生的特异性IgG、IgM、IgA抗体，发挥如下作用。

（1）中和病毒作用：特异性抗体能与细胞外游离的病毒结合，抑制病毒的吸附，从而阻止病毒与细胞结合，或使病毒聚集成团而失去感染性。

（2）调理作用：特异性抗体和病毒结合后，增强吞噬细胞对病毒的吞噬作用，或激活补体导致病毒溶解。

2. 细胞免疫的抗病毒作用　抗体一般只能清除细胞外游离的病毒，而对侵入细胞内的病毒，主要依赖细胞免疫发挥主要的抗病毒作用。

（1）Th1细胞：释放多种淋巴因子，激活巨噬细胞和NK细胞，并促进Tc细胞增殖和分化。

（2）Tc细胞：直接杀伤被病毒感染的细胞，是终止病毒感染的主要机制。

第三节　病毒感染的检查与防治原则

一、病毒感染的检查

（一）标本采集

标本的正确采集和运送是病毒检查成功的关键。根据感染部位采集不同标本，如呼吸道感染取鼻咽分泌物，经血传播的病毒性疾病采血检查等。标本应立即送检，若不能则将其置于含抗菌药物的50%甘油盐水缓冲液中并存放于带有冰块的保温装置内送检。

（二）检查方法

1. 形态学检查法　利用光学显微镜检查包涵体，利用电子显微镜观测病毒颗粒。

2. 病毒分离培养　组织培养法、鸡胚培养法、动物接种等方法。

3. 免疫学检查　检查病毒抗原抗体或基因物质，常用的有酶联免疫吸附试验（ELISA）、聚合酶链反应（PCR）技术等。

二、病毒感染的防治原则

病毒性疾病传播迅速，目前尚无特效治疗药物，因此以预防为主。

（一）免疫学防治

1. 人工自动免疫　接种病毒的疫苗使机体产生特异性抗体是预防病毒感染的有效措施。

2. 人工被动免疫　可用于某些病毒性疾病的紧急预防，常用制剂有丙种球蛋白、转移因子等。

（二）药物和生物制剂治疗

1. 抗病毒的化学药物　常用的主要有利巴韦林、阿昔洛韦、碘苷、齐多夫定、金刚烷胺等。

2. 干扰素及干扰素诱生剂　干扰素诱生剂如聚肌胞，对乙型肝炎等病毒性疾病有一定的疗效。

3. 抗病毒的基因治疗剂　常用的有反义寡核苷酸，作用原理主要为阻断病毒基因的转录与翻译，是一种治疗病毒感染的新型疗法，具有特异、高效等优势。还有干扰小RNA、核酶等。

4. 抗病毒的中草药　常用的有板蓝根、金银花、银翘、大青叶、贯众、黄芪、连翘等，按照中医辨证施治，对病毒感染有较好的疗效。

5. 治疗性疫苗和抗体　治疗性疫苗是一种以治疗疾病为目的的新型疫苗，主要有DNA疫苗和免疫复合物疫苗，如乙肝治疗性疫苗；治疗性抗体可以通过中和病毒、杀伤感染细胞以及免疫调节等治疗病毒感染性疾病，如1998年美国FDA批准上市的帕利珠单抗，该抗体主要用于严重呼吸道合胞病毒（RSV）感染的高危儿童。

第四节　常见致病性病毒

一、流行性感冒病毒

流行性感冒病毒，简称流感病毒，是引起人类和动物的流行性感冒（简称流感）的病原体。其中，甲型流感病毒引起人类流感多次大流行。

（一）主要生物学性状

1. 形态与结构　流行性感冒病毒一般为球形，也有的呈丝状。病毒的结构包括病毒基因组与蛋白质组成的核衣壳和包膜。流感病毒基因组是分节段的单负链RNA，病毒RNA基因组、RNA聚合酶复合体（含PB1、PB2、PA）及核蛋白（NP）组成病毒核衣壳，包膜由内层的基质蛋白和外层的脂蛋白组成，其上镶嵌两种刺突，呈三棱柱状的为血凝素（HA），与病毒的吸附和穿入有关；呈蘑菇状的称为神经氨酸酶（NA），与病毒装配成熟后进行释放和扩散有关。HA和NA均具有免疫原性（图6-4）。

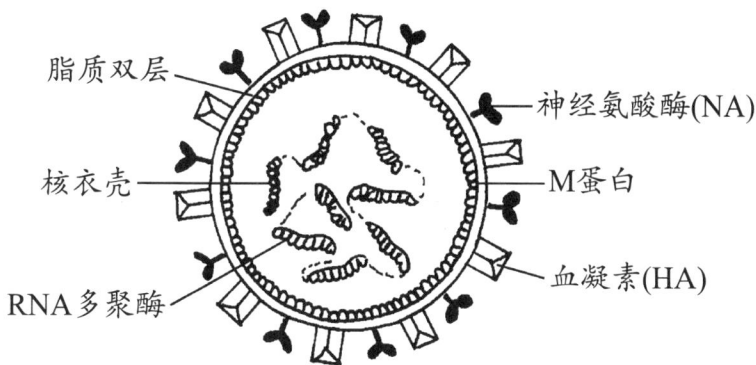

图6-4　流行性感冒病毒的形态与结构

2. 分型与变异　根据流行性感冒病毒核蛋白和基质蛋白抗原的不同，可分为甲（A）、乙（B）、丙（C）三型。其中甲型流感病毒根据HA和NA抗原性不同可分为若干亚型。乙型、丙型流感病毒尚未发现亚型。

甲型流感病毒的表面抗原HA、NA最易发生变异，变异幅度大小直接影响流感流行的规模。若变异幅度小，属于量变，称为抗原漂移，可引起局部中、小型流行；若变异幅度大，属于质变，形成新的亚型，称为抗原转变，此时人群对新亚型普遍缺乏免疫力，常引起流感的大流行。自1934年被成功分离以来，甲型流感病毒已发生多次世界性的大流行。

根据病毒包膜HA和NA抗原性的不同，甲型流感病毒又分为若干亚型。迄今发现，HA有18种（H1~H18），NA有11种（N1~N11），任何一对HA和NA均可组合成一个亚型，如H1N1、H5N1、H7N9等。

🔗 知识链接

流感流行的编年史

流行性感冒病毒在人类历史上曾发生过多次大规模的流行：1918—1919

年由甲型H1N1流感病毒引起的"西班牙流感"大流行，造成约4 000万人死亡；1957—1958年甲型H2N2流感病毒引起了"亚洲流感"；1968—1969年甲型H3N2流感病毒引起了"香港流感"；2009年由新甲型H1N1流感病毒所致的21世纪首次流感世界性大流行……

3. 抵抗力　流行性感冒病毒抵抗力弱，耐冷不耐热，56℃ 30分钟即可被灭活，在0~4℃能存活数周。对干燥、紫外线、乙醚、甲醛等理化因素敏感。

（二）致病性与免疫性

流行性感冒病毒的传染源主要是急性期患者和隐性感染者，感染的动物如禽类等也是危险的传染源。在发病前2~3天的鼻咽分泌物中病毒含量最高，传染性最强。流行性感冒病毒可通过空气飞沫、气溶胶等方式经呼吸道进入体内，也可通过接触病毒后再触摸自己的眼、口、鼻等途径进行间接传播。潜伏期一般为1~4天。临床表现为鼻塞、流涕、咽痛、咳嗽等局部症状；也可引起全身症状，如病毒产生的毒素样物质进入血流可引起发热、头痛、全身肌肉疼痛等。少数患者尤其是年老体弱者、婴幼儿和慢性疾病患者可继发细菌感染而导致肺炎。无并发症患者，病程一般为5~7天。

人体在感染流行性感冒病毒或接种流行性感冒病毒疫苗后可产生中和抗体，对同型病毒有一定的免疫力，但亚型之间无交叉免疫；呼吸道黏膜局部的分泌型免疫球蛋白A在防止流行性感冒病毒感染中发挥重要作用。

（三）防治原则

本病主要以预防为主。流行期间应避免人群聚集，室内环境注意通风清洁，个体应加强锻炼，提高机体抵抗力。平时应养成良好的卫生习惯，勤洗手。其中，预防接种流感疫苗是最有效的预防方法，但必须使用与当前流行亚型相同的疫苗。

流感治疗尚无特效药物，主要采取对症治疗和预防继发感染为主。目前常用的化学药物有金刚烷胺、奥司他韦、帕拉米韦等，在流感症状初始48小时内使用效果较好。此外，合理应用对症治疗药物如解热镇痛药、镇咳药等具有一定效果；用干扰素滴鼻及应用中草药如板蓝根、大青叶、金银花、连翘、黄芪、黄芩、贯众等也具备防治作用。

二、冠状病毒

冠状病毒是普通感冒的重要病原体，属于冠状病毒科冠状病毒属，由于病毒包膜上有向四周伸出的突起，形如花冠而得名，冠状病毒感染动物和人。目前从人分离的冠状病毒主要有普通冠状病毒、严重急性呼吸综合征冠状病毒（SARS冠状病毒，SARS-CoV）和中东呼吸综合征冠状病毒（MERS-CoV）。

（一）生物学性状

冠状病毒是基因组最大的RNA病毒，直径多为80~160nm。核酸为单正链DNA，核衣壳为螺旋对称，包膜成多形性花冠突起。病毒对理化因素抵抗力较弱，对常用消毒剂、乙醚、脂溶剂、紫外线及温度均敏感，56℃加热30分钟、37℃加热数小时就丧失感染性。

（二）致病性与免疫性

冠状病毒经呼吸道飞沫传播，粪－口途径也可以传播。普通冠状病毒主要感染成人和较大儿童，引起普通感冒、咽喉炎和成人腹泻，冬春季流行较为常见。病后患者免疫记忆不强，可发生在感染。

SARS冠状病毒和中东呼吸综合征冠状病毒分别引起严重急性呼吸综合征（SARS）和中东呼吸综合征。SARS的主要症状有发热、咳嗽、头痛、肌肉痛及呼吸道感染症状，病死率约为14%，尤以40岁以上或有潜在疾病者（如冠心病、糖尿病、哮喘以及慢性肺病等）病死率高，患者是最主要的传染源。蝙蝠可能是SARS冠状病毒的自然储存宿主。

（三）防治原则

人类对SARS冠状病毒无天然免疫力，患者家庭成员和医护人员等密切接触者是本病的高危人群。目前尚未发现针对SARS冠状病毒的特异性治疗药物和预防疫苗；临床上以对症支持治疗和针对并发症的治疗为主。

三、肝炎病毒

肝炎病毒是引起病毒性肝炎的病原体。目前发现的肝炎病毒至少有5种，即甲型肝炎病毒（HAV）、乙型肝炎病毒（HBV）、丙型肝炎病毒（HCV）、丁型肝炎病毒（HDV）和戊型肝炎病毒（HEV）。除乙型肝炎病毒为DNA病毒外，其余均为RNA病毒。其中甲型肝炎病毒和戊型肝炎病毒经消化道传播，而乙型、丙型、丁型肝炎病毒主要经血液传播。本节重点学习甲型肝炎病毒和乙型肝炎病毒。

患者，男，22岁，2周前在烧烤摊吃过炭烤生蚝。近日因发热、乏力、食欲减退、厌油、肝区疼痛、巩膜黄染就诊。血清学检测：抗 HAV-IgM（＋）。

该患者患什么疾病？由哪种病原体引起的？是如何传播的？该如何预防？

（一）甲型肝炎病毒

1. 生物学性状　甲型肝炎病毒（HAV）呈球形，无包膜，只有一个血清型。HAV 对理化因素抵抗力较强，耐受乙醚、酸、氯仿，在60℃条件下可存活4小时，在淡水、海水、泥沙、贝类中可存活数月之久。但 HAV 对甲醛、氯及次氯酸盐等敏感，100℃维持5分钟可使其灭活。

2. 致病性与免疫性　HAV 是甲型肝炎的病原体。传染源是患者和隐性感染者，病毒随粪便排出体外，污染水源、食物、海产品（如毛蚶、贻贝、牡蛎等）、食具等，经口感染。甲型肝炎的潜伏期平均为15~50天，HAV 侵入人体后首先在口咽部或唾液腺、小肠淋巴结内增殖，继而入血，形成病毒血症，再到达肝细胞内增殖而致病。人类感染 HAV 后，表现为隐性感染或急性肝炎，预后较好。主要症状为疲乏、食欲不振、厌油腻、发热、皮肤及巩膜黄染、肝大、肝区压痛、功能损害等。

感染 HAV 后，机体可产生抗体，对病毒的再感染有保护作用，免疫力持久。接种甲型肝炎灭活或减毒疫苗可获得长期的特异性免疫力。

（二）乙型肝炎病毒

乙型肝炎病毒（HBV）是乙型肝炎的病原体。我国人群中慢性 HBV 感染者有7 000多万，其中慢性乙型肝炎患者为2 000万~3 000万。乙型肝炎是我国重点防治的传染病之一。

1. 生物学性状

（1）形态与结构：用电子显微镜观察到 HBV 有3种形态，即大球形颗粒、小球形颗粒和管形颗粒。①大球形颗粒，是完整的病毒颗粒，亦称 Dane 颗粒，具有传染性；②小球形颗粒，是不完整的病毒颗粒，含有病毒的表面抗原，无传染性；③管型颗粒，是由小球形颗粒连接而成（图6-5）。

（2）抗原成分

1）乙型肝炎表面抗原（HBsAg）：存在于3种 HBV 颗粒表面，是机体受 HBV 感染的标志之一。HBsAg 具有免疫原性，能刺激机体产生保护性抗体，即乙型肝炎表面

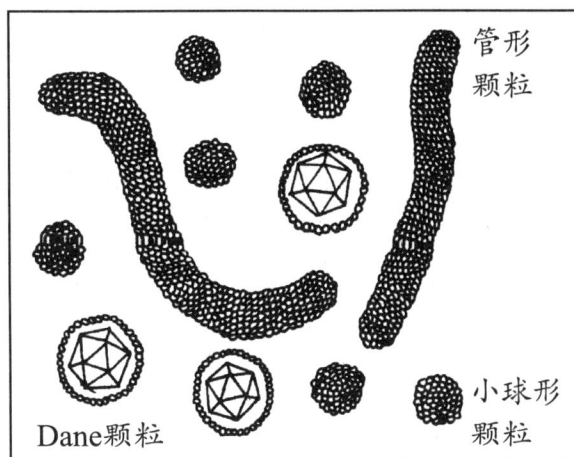

图6-5　乙型肝炎病毒3种颗粒形态示意图

抗体（抗-HBs），对HBV具有中和作用，能防御HBV感染。

2）乙型肝炎核心抗原（HBcAg）：主要位于大球形颗粒内衣壳上及受感染的肝细胞核内，由于外面包裹HBsAg，故HBcAg不易从患者血清中检出。但HBcAg免疫原性强，能刺激机体产生乙型肝炎核心抗体（抗-HBc），为非保护性抗体，无中和病毒作用。如检测出抗-HBc IgM阳性则提示HBV处于复制状态及血清具有传染性。

3）乙型肝炎e抗原（HBeAg）：由于HBeAg与HBV DNA聚合酶在血流中的消长动态基本一致，因此，HBeAg可作为HBV复制及血清具有强传染性的标志。

HBeAg可刺激机体产生乙型肝炎e抗体（抗-HBe），该抗体对HBV感染有一定的保护作用，提示病毒复制速度减慢，血清传染性降低。

（3）抵抗力：HBV的抵抗力较强，对低温、干燥、紫外线、70%乙醇等均有抵抗力。煮沸100℃ 10分钟，用0.5%过氧乙酸、5%次氯酸钠、3%漂白粉溶液及环氧乙烷处理等均可使HBV灭活。

2. 致病性与免疫性　HBV主要传染源是乙型肝炎患者及无症状病毒携带者，后者的危险性更大。传播途径主要有3种：

（1）血液传播：可经输血或血制品（包括丙种球蛋白等）、手术、拔牙等传播，此外，在生活中可经针刺（文身）、共用剃刀或牙刷等进行传播。

（2）垂直传播：传播方式包括宫内感染、围产期传播、哺乳或密切接触传播，其中围产期传播是垂直传播的主要传播途径，常发生在分娩时新生儿破损的皮肤黏膜与母体的血液接触。

（3）性传播及密切接触传播：由于HBV感染者的唾液、精液及阴道分泌物等体液中均含有病毒，因此，性滥交者、同性恋者及不安全性行为者是HBV感染的高危人群。此外，HBV感染有一定的家庭聚集性，日常生活密切接触亦可造成传播。

🔗 知识链接 ••

阻断HBV的垂直传播

垂直传播是HBV传播的主要传播途径之一。HBsAg阳性的孕妇所生的孩子有40%~50%会感染HBV，而HBsAg和HBeAg双阳性的孕妇，其子代出现HBV的感染概率可高达95%以上。我国于2002年已将乙型肝炎疫苗纳入国家免疫规划，并要求新生儿出生后12小时内接种。母亲HBsAg阳性的新生儿，应在出生后12小时内注射乙型肝炎人免疫球蛋白100IU，然后全程接种乙型肝炎疫苗，可有效预防HBV感染。

HBV的致病机制迄今尚未完全清楚，宿主体内的免疫病理反应可能是引起肝细胞损伤的主要因素。发生损害的程度取决于感染病毒的毒力、数量及机体的免疫应答状况。因此，乙型肝炎的临床表现呈多样性，可表现为无症状的病毒携带者、急性肝炎、慢性肝炎、肝硬化，甚至肝癌等。

3. 抗原抗体检查　目前常用ELISA法检测患者血清中的HBV的抗原抗体，主要检测HBsAg、抗-HBs、HBeAg、抗-HBe、抗-HBc，俗称两对半。必要时需检查HBV-DNA，检测HBV-DNA是了解血液中有无大球形颗粒存在的直接依据（表6-1）。

表6-1　HBV抗原抗体检测结果的临床分析

HBsAg	抗-HBs	HBeAg	抗-HBe	抗-HBc	结果分析
−	+	−	−	−	既往感染或接种过疫苗，有免疫力
+	−	−	−	−	HBV感染或无症状携带者
+	−	+	−	−	急性或慢性乙型肝炎，或无症状携带者
+	−	+	−	+	急性或慢性肝炎（传染性强，"大三阳"）
+	−	−	+	+	急性感染趋向恢复或慢性肝炎（"小三阳"）
−	+	−	−	+	感染恢复期

4. 防治原则

（1）控制传播：严格筛选献血者，医疗器械应进行严格的灭菌；对乙型肝炎患者及携带者的血液、分泌物、排泄物和用具等要严格消毒处理；加强对孕妇HBsAg的监测，及时阻断垂直传播。

（2）人工主动免疫：接种乙型肝炎疫苗可获得特异性免疫力，是目前最有效的预防措施。乙型肝炎疫苗的接种对象主要是新生儿，其次为婴幼儿、15岁以下未免疫人群和高危人群。

（3）人工被动免疫：乙型肝炎人免疫球蛋白（HBIg）可用于紧急预防。

（4）药物：目前治疗乙型肝炎尚无特效药物和方法。现一般主张将广谱抗病毒药、免疫功能调节药物与护肝药物联合应用进行治疗。

四、人类免疫缺陷病毒

课堂问答

患者，男，20岁，两年前有静脉吸毒史。6个月前出现反复发热、咳嗽、腹泻，体温38~40℃；3个月前腰背部出现带状疱疹，体表可触及肿大淋巴结；20天前在某医院筛查出抗HIV阳性，并经当地疾病预防控制中心确认为获得性免疫缺陷综合征。现病情逐渐加重，出现高热、咳嗽、呼吸困难等症状。

获得性免疫缺陷综合征至今尚无特效药物治疗和有效疫苗预防，引起艾滋病的病毒长什么样？通过什么途径传播？如何预防HIV感染？

人类免疫缺陷病毒（HIV）是获得性免疫缺陷综合征的病原体。至今已发现人类免疫缺陷病毒主要有2种，即HIV-1和HIV-2。HIV-1是引起全球艾滋病流行的主要病原体，HIV-2主要在西非和西欧流行。

（一）主要生物学性状

1. 形态与结构　HIV呈球形，直径100~120nm，核心内含病毒RNA和酶（逆转录酶、整合酶、蛋白酶等），其外包绕双层衣壳蛋白（p17和p24）。病毒最外层为包膜，嵌有外膜糖蛋白（gp120）和跨膜糖蛋白（gp41）（图6-6）。其中，gp120与HIV特异性吸附、穿入易感细胞有关。

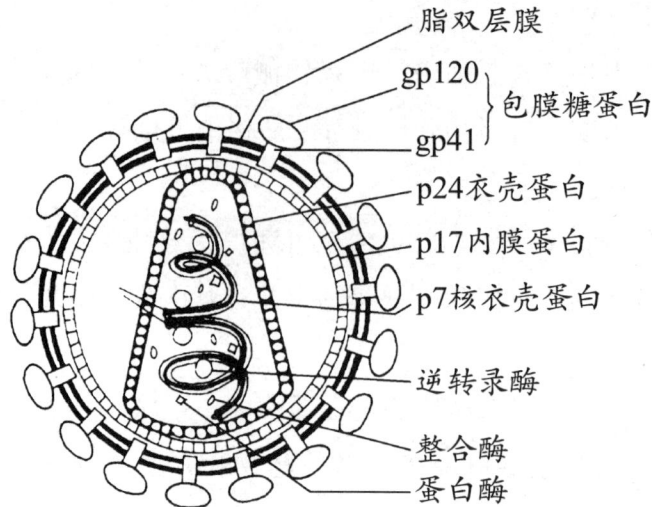

图6-6 HIV结构形态示意图

脂双层膜
gp120 ⎱ 包膜糖蛋白
gp41 ⎰
p24衣壳蛋白
p17内膜蛋白
p7核衣壳蛋白
逆转录酶
整合酶
蛋白酶

2. 抵抗力 HIV对理化因素抵抗力较弱,但对紫外线有较强的抵抗力。常用消毒剂如0.5%次氯酸钠、0.5%过氧乙酸、2%戊二醛、5%甲醛、70%乙醇等,室温处理10~30分钟可灭活病毒;高压灭菌121℃ 20分钟或煮沸100℃ 20分钟均可灭活病毒。但在冷冻血液制品中,须经68℃加热72小时才能灭活病毒。

(二)致病性与免疫性

1. 传染源和传播途径 HIV的传染源包括HIV无症状携带者和AIDS患者。从传染源的血液、精液、唾液、阴道分泌物、羊水、乳汁等均曾分离出HIV。其主要传播方式有3种:①性接触传播;②血液传播,通过输入含HIV的血液或血液制品、进行器官或骨髓移植、注射药瘾者共用被污染的注射器或针头、进行人工授精等;③垂直传播,包括经胎盘、产道和哺乳等方式传播。

2. 感染过程和致病机制 HIV进入机体后选择性地侵入CD4$^+$T淋巴细胞、单核巨噬细胞、树突状细胞等,引起免疫系统进行性损伤。

AIDS潜伏期长,平均2~10年。临床上将HIV感染的典型病程主要分为4期:①急性感染期,病毒进入机体的易感细胞(CD4$^+$细胞)后,形成病毒血症。患者出现类似流感的非特异性症状,如淋巴结肿大、发热、头痛、乏力、咽痛、腹泻等。一般2~3周后,症状自行消失,进入无症状潜伏期。②无症状潜伏期,病毒潜伏在细胞内呈慢性或持续感染的状态,机体一般无临床症状或症状轻微,此期维持时间较长,约5~10年。③艾滋病相关综合征期,当潜伏的HIV开始大量复制并造成机体免疫系统进行性损伤时,患者主要出现低热、盗汗、全身倦怠、持续性淋巴结肿大、慢性腹泻等,症状逐渐加重。④典型艾滋病期,HIV大量复制导致CD4$^+$T淋巴细胞、单核巨噬细胞大量被破坏，机体的免疫功能全面低下，合并机会性感染和恶性肿瘤。患者可继发真菌（白念珠菌、肺孢子菌等）、细菌（结核分枝杆菌等）、病毒（巨细胞病毒、单纯疱疹病毒等）、原虫等病原体的感染，最后感染无法控制而死亡；患者还可发生恶性肿瘤，如卡波西肉瘤等。未经治疗者通常在临床症状出现后2年内死亡。

3. 免疫性　HIV感染后可诱发机体产生细胞免疫和体液免疫，但仅可限制病毒感染，不能完全清除病毒。因此，一旦感染HIV，将终生携带，成为危险的传染源。

🔗 知识链接

鸡尾酒疗法

高效抗反转录病毒治疗（HAART）又称鸡尾酒疗法，是由美籍华裔科学家何大一于1996年提出的。鸡尾酒疗法是指像西方调鸡尾酒一样，根据一定的规律性把3种抗病毒药联合使用（常联合使用2种核苷类药+1种非核苷类药或蛋白酶抑制剂）治疗艾滋病的疗法。实践证明，该疗法的应用可以减少单一用药产生的抗药性，最大限度地抑制病毒的复制，使被破坏的机体免疫功能部分甚至全部恢复，从而延缓病程进展，延长患者生命，提高生活质量，但是鸡尾酒疗法的副作用较大。如果停止服药，即使还剩下0.001%的病毒，AIDS也会卷土重来。

（三）防治原则

目前尚无特效治疗药物及有效的疫苗预防HIV感染。控制AIDS的有效措施主要在于预防，包括：①普遍开展预防AIDS知识的宣传教育是首要措施；②建立HIV感染的监测网，对高危人群如同性恋者、静脉注射毒品成瘾者、血友病患者等实行监测，及时掌握疫情；③加强血液制品、捐献器官、人工授精等HIV的检测与管理，对捐献血液、器官、精液者必须作HIV抗体检测，并辅助以抗原检测及核酸检测；④禁止共用注射器、注射针、穿刺针、牙刷和剃须刀等；⑤杜绝吸毒，提倡安全性生活；⑥加强围产期保健的指导及监测，HIV抗体阳性妇女应避免怀孕或母乳喂养。

为防止产生耐药性，提高药物疗效，目前治疗HIV感染使用多种抗病毒药物的联合方案，称为高效抗反转录病毒治疗（HAART）。有效的抗反转录病毒治疗有望同时发挥治疗和阻断AIDS传播的多重功能。HAART可控制病情，延长AIDS患者寿命，同时由于抗病毒治疗可降低体液中的病毒量，传染他人的风险也随之降低。

五、其他常见病毒

其他常见病毒见表6-2。

表6-2 其他常见病毒

病毒	核酸型与形态	传播途径	所致疾病
麻疹病毒	RNA、球形、有包膜	呼吸道	麻疹、亚急性硬化性全脑炎
流行性腮腺炎病毒	RNA、球形、有包膜	呼吸道	腮腺炎、睾丸炎或卵巢炎导致不孕症
腺病毒	DNA、球形、无包膜	呼吸道、粪-口途径	呼吸道、消化道、尿道、眼结膜感染
风疹病毒	RNA、球形、有包膜	呼吸道、垂直传播	风疹、先天性风疹综合征
脊髓灰质炎病毒	RNA、球形、无包膜	粪-口途径	脊髓灰质炎（小儿麻痹症）
柯萨奇病毒	RNA、球形、无包膜	粪-口途径，呼吸道或眼部黏膜	手足口病、心肌炎、心包炎、急性出血性结膜炎、疱疹性咽峡炎、无菌性脑膜炎
轮状病毒	RNA、球形、无包膜	粪-口途径、呼吸道	秋冬季节流行的婴幼儿急性肠胃炎
单纯疱疹病毒1型	DNA、球形、有包膜	密切接触、呼吸道	唇疱疹、角膜结膜炎、齿龈口炎、先天性畸形；有复发性局部疱疹的倾向
单纯疱疹病毒2型	DNA、球形、有包膜	密切接触、性接触	生殖器疱疹、新生儿疱疹

病毒	核酸型与形态	传播途径	所致疾病
水痘–带状疱疹病毒	DNA、球形、有包膜	呼吸道	原发（儿童）：水痘；复发（成人）：带状疱疹
EB病毒	DNA、球形、有包膜	唾液、输血	上呼吸道感染、传染性单核细胞增多症、鼻咽癌、恶性淋巴瘤
狂犬病毒	RNA，弹头状，有包膜	被患病动物咬伤、抓伤	狂犬病（恐水症）
人乳头瘤病毒	DNA，小球形	直接/间接接触、性接触	良性乳头状瘤、尖锐湿疣，与宫颈癌的发生有关
乙型脑炎病毒	RNA，球形，有包膜	三带喙库蚊叮咬	流行性乙型脑炎（简称乙脑）
登革病毒	RNA，有包膜	伊蚊叮咬	登革热、登革出血热

🔗 知识链接

手足口病

手足口病是婴幼儿常见传染病，由肠道病毒感染引起，其中以柯萨奇病毒A16型（Cox A16）和肠道病毒71型（EV71）最为常见。主要在夏秋季流行，多发生于5岁以下儿童，经呼吸道、粪–口、密切接触带病毒的分泌物等途径进行传播。临床表现为低热、口腔疼痛，手、足、口腔等部位出现小疱疹或小溃疡等，多数患儿一周左右自愈；有部分病例仅表现为皮疹或疱疹性咽峡炎。其中，EV71型感染引起的重症病例比较多。重症手足口病的病情进展迅速，可出现心肌炎、肺水肿、无菌性脑脊髓膜炎等并发症，严重威胁患儿的生命。此病以预防为主，目前尚无疫苗及特效治疗药物。

•···· 章末小结

1.　病毒的特点：①个体微小；②结构简单；③必须在活细胞内寄生；④以复制方式增殖；⑤属于非细胞型微生物。

2. 病毒的测量单位是纳米，病毒的基本结构是核衣壳。大多数病毒耐冷不耐热，抗菌药物对病毒无效。

3. 流行性感冒病毒是流行性感冒的病原体。甲型流感病毒的表面抗原HA、NA最易发生变异，变异幅度小可引起局部中、小型流行；变异幅度大常引起流感的大流行。

4. HAV是甲型肝炎的病原体，通过粪-口途径传播，抵抗力较强，主要引起急性肝炎。

5. HBV引起乙型肝炎，临床常通过"两对半"检测HBV的抗原抗体系统来诊断乙型肝炎。HBV抵抗力较强，可通过血液、性接触及母婴途径感染机体，接种乙型肝炎疫苗可有效预防乙型肝炎。

6. HIV是艾滋病的病原体，其抵抗能力较弱，可通过血液、性接触、母婴途径传播，病毒主要引起免疫系统的进行性损伤，目前尚无特效治疗药物及疫苗。

·····思考题·····

一、 单项选择题

1. 下列属于非细胞型微生物的是（   ）

   A. 螺旋体   B. 真菌   C. 细菌

   D. 病毒   E. 放线菌

2. 对人致病的病毒形态多数为（   ）

   A. 杆形   B. 砖形   C. 螺形

   D. 蝌蚪形   E. 球形

3. 病毒的增殖方式是（   ）

   A. 有丝分裂   B. 减数分裂   C. 二分裂

   D. 复制   E. 出芽

4. 关于病毒的基本性状，不正确的是（   ）

   A. 体积微小，无细胞结构

   B. 只能在活的易感细胞中增殖

   C. 同时含有DNA和RNA

   D. 对干扰素敏感

   E. 一般耐冷不耐热

5. 病毒的测量单位是（   ）

   A. mm   B. nm   C. μm

D. cm   E. dm

6. 导致人类传染病最常见的微生物是（   ）

    A. 细菌   B. 真菌   C. 病毒

    D. 支原体   E. 衣原体

7. 关于病毒的抵抗力，叙述错误的是（   ）

    A. 大多数病毒50~60℃30分钟可被灭活

    B. 大多数病毒在−70℃下可存活

    C. 紫外线能灭活病毒

    D. 甲醛能使病毒灭活，但保留抗原性

    E. 所有病毒对脂溶剂都敏感

8. 对抗生素不敏感的微生物是（   ）

    A. 细菌   B. 衣原体   C. 支原体

    D. 螺旋体   E. 病毒

9. 病毒的基本结构为（   ）

    A. 核心   B. 衣壳   C. 包膜

    D. 核衣壳   E. 刺突

10. 下列属于病毒垂直传播途径的是（   ）

    A. 皮肤黏膜   B. 呼吸道   C. 消化道

    D. 接触   E. 经过胎盘或分娩时经产道传播

11. 下列不能用于病毒感染防治的是（   ）

    A. 干扰素   B. 疫苗   C. 抗生素

    D. 抗病毒血清   E. 中草药

12. 干扰素的抗病毒作用机制是（   ）

    A. 干扰病毒的吸附   B. 干扰病毒的脱壳   C. 干扰病毒的穿入

    D. 直接杀灭病毒   E. 诱导病毒感染细胞产生抗病毒蛋白

13. 流行性感冒的病原体是（   ）

    A. 流感嗜血杆菌   B. 流行性感冒病毒   C. 麻疹病毒

    D. 人类免疫缺陷病毒   E. SARS冠状病毒

14. 流行性感冒病毒引起世界性大流行的主要原因是（   ）

    A. 病毒毒力强   B. 病毒免疫原性较弱   C. 人类对病毒免疫力低

    D. 病毒抵抗力较强   E. 病毒的HA和NA容易发生变异

15. HIV 的传播途径不包括（　　　　）

A. 性行为

B. HIV 感染的母亲通过胎盘或产道传给胎儿

C. 带有含 HIV 血液的针头扎伤皮肤

D. 输血

E. 日常生活中的一般接触

16. HAV 的主要传播途径是（　　　　）

A. 蚊虫叮咬　　　　　　　B. 呼吸道　　　　　　　C. 血液

D. 粪－口途径　　　　　　E. 经产道感染

17. 乙型肝炎疫苗接种成功的标志是在血清中检出（　　　　）

A. 抗－HBc　　　　　　　B. 抗－HBe　　　　　　C. 抗－HBs

D. 抗－HBc 和抗－HBs　　E. 以上均不是

18. 会通过性接触传播的病毒是（　　　　）

A. 轮状病毒　　　　　　　B. 流行性感冒病毒　　　C. 甲型肝炎病毒

D. 麻疹病毒　　　　　　　E. 人类免疫缺陷病毒

19. 引起 SARS 冠状病毒肺炎的病原体是（　　　　）

A. 人类免疫缺陷病毒　　　B. 流行性感冒病毒　　　C. 甲型肝炎病毒

D. 柯萨奇病毒　　　　　　E. SARS 冠状病毒

20. 某护士在给一位 HBV（乙型肝炎病毒）携带者注射时，不慎被患者用过的针头刺伤手指。为预防 HBV 感染，应首先采取的措施是（　　　　）

A. 注射抗生素　　　　　　B. 注射丙种球蛋白　　　C. 注射乙型肝炎疫苗

D. 注射 HBIg　　　　　　E. 注射干扰素

二、　多项选择题

1. 病毒的结构包括（　　　　　　　）

A. 核衣壳　　　　　　　　B. 细胞壁　　　　　　　C. 包膜

D. 细胞膜　　　　　　　　E. 核质

2. 下列属于病毒的复制周期阶段的是（　　　　　　）

A. 吸附　　　　　　　　　B. 穿入　　　　　　　　C. 脱壳

D. 生物合成　　　　　　　E. 组装、成熟与释放

3. 下列属于病毒水平传播的途径的是（　　　　　）

A. 经呼吸道传播　　　　B.经消化道传播　　　　C. 经胎盘传播

D. 经性接触传播　　　　E. 经分娩传播

4. 干扰素的生物学活性有（　　　　　）

A. 广谱抗病毒作用　　　B. 免疫调节作用　　　　C. 引起宿主细胞膜改变

D. 抑制细胞分裂　　　　E. 抗肿瘤作用

5. 下列能通过血液传播的病原体有（　　　　　）

A. 甲型肝炎病毒　　　　B. 乙型肝炎病毒　　　　C. 流行性感冒病毒

D. 麻疹病毒　　　　　　E. 人类免疫缺陷病毒

6. HBV 的传播途径有（　　　　　）

A. 性接触　　　　　　　B. 共用牙刷、剃须刀等　C. 输血、血浆及血液制品

D. 粪 — 口途径　　　　　E. 分娩和哺乳

7. HBV 抗原抗体检测结果，"大三阳"是指阳性的指标有（　　　　　）

A. HBsAg　　　　　　　B. 抗 –HBs　　　　　　C. HBeAg

D. 抗 –HBe　　　　　　E. 抗 –HBc

8. 乙型肝炎的预防措施包括（　　　　　）

A. 接种乙型肝炎疫苗

B. 严格筛选献血者，确保血源合格

C. 使用一次性注射用具，防止医源性传播

D. 加强对孕妇 HBsAg 的监测

E. 食物应彻底煮熟

9. HIV 的传播途径有（　　　　　）

A. 握手或拥抱

B. 输入含 HIV 的血液或血液制品

C. 共用被 HIV 污染的注射器或针头

D. 经胎盘或产道传播

E. 同性或异性间的性行为

10. 艾滋病的预防措施包括（　　　　　）

A. 安全性行为

B. 加强血液制品 HIV 的检测与管理

C. 禁止共用注射器、注射针

D. 杜绝吸毒

E. 接种艾滋病疫苗

三、 简述题

1. 简述病毒的结构和增殖周期。

2. 简述HBV的传播途径及乙型肝炎的预防措施。

3. 简述HIV的传播途径及艾滋病的预防措施。

（李　冲）

第二篇

微生物与药物

第七章
药品的微生物污染与控制

学习目标

- 掌握　正常菌群、条件致病菌、消毒、灭菌、防腐、无菌及无菌操作的概念。
- 熟悉　微生物的分布、条件致病菌特定的致病条件、药品中微生物污染的来源、微生物污染对药品的影响和常用的物理、化学微生物控制方法。
- 了解　控制微生物污染药品的措施。
- 培养　学生树立无菌观念，具备生物安全意识。

情境导入

情境描述：

　　2008年7月1日，昆明特大暴雨造成库存的刺五加注射液被雨水浸泡。某公司销售人员张某将这些药品调换包装标签后继续销售，导致6名患者使用后出现不同程度的寒战、持续高热、腹泻、恶心、呕吐、大小便失禁等不良反应，最终3人死亡。

学前导语：

　　药品被微生物污染后，其理化性状可发生变化，导致药品失效甚至对人体造成伤害。通过本章学习，可了解造成此事故的可能原因。

微生物广泛分布于自然界的各种生态环境中，因此药品的原料及药物制剂的生产、运输和保存过程均可能被微生物污染，从而导致药品变质。这不但会影响药品的质量甚至使药品失效，更为严重的是可能会引发患者出现不良反应、继发性感染甚至危及生命。所以必须要在药品生产的各个环节严格控制微生物的污染，确保药品质量安全。

第一节　药品中微生物的污染

一、微生物的分布

微生物在自然界中广泛分布，几乎无处不在。在药品生产过程中，环境、原料、操作人员等诸多因素，都可能造成微生物对药品的污染。了解微生物的分布，在防止疾病传播、药源性感染的发生等方面起到重要作用。一方面有助于开发利用微生物资源，为人类生活、生产服务；另一方面也有助于在药品生产与储存、医学实践等活动中树立无菌观念、严格无菌操作、正确使用消毒灭菌方法。

（一）微生物在自然界的分布

1. 土壤中的微生物　土壤具备微生物生长繁殖所必需的营养物质、温度、酸碱度及气体等生长条件，因此土壤中存在着数量众多、种类庞杂的微生物。土壤中的微生物多为非致病性，其中的病原微生物主要来自患病的人和动物的排泄物及尸体。药用植物易受土壤中微生物的污染，若采集后没有及时采取相应措施进行处理，就会因微生物的增殖而发生变质，从而失去药用价值。

2. 水中的微生物　水是微生物生存的天然环境，其中的微生物主要来源于土壤、空气，以及人和动物的排泄物等。水源污染可引起多种消化系统传染疾病。因此，保护水源、加强水源和粪便的管理、注意饮水卫生，是预防和控制消化系统传染疾病的重要措施。在制药工业中，各类药物制剂的配制、中药材的炮制、物品洗涤及冷却过程中均需要用水。为保证药品质量，制药的各个环节所用的水必须严格符合标准，避免用水造成微生物对药品的污染。

🔗 知识链接

水消毒的常用方法

水消毒的常有方法有：①化学消毒法，最为常用，效果最好，常使用次氯酸钠或氯气；②膜过滤法，适用于水系统的连续循环处理；③紫外线消毒法，适用于需要特殊处理的水（如光学透明度要求高），一般在水系统的末端使用。在制水系统中，这3种方法通常综合应用，设计安装在适当的位置，可提高消毒的效果。

3. 空气中的微生物 空气中缺少微生物生长繁殖所需的营养物质和水分，且受日光照射，不利于微生物的生长繁殖。但由于人和动物的呼吸道及口腔中的微生物可随唾液、飞沫散布到空气中，土壤中的微生物也可随尘埃飘浮在空气中。所以空气中存在着不同种类和一定数量的微生物。尤其在人口密集的公共场所和医院，空气中病原微生物的数量显著增多。因此必须根据药品生产的不同环节、不同种类与剂型，采取相应的空气净化处理措施，以保证药物质量。

（二）微生物在正常人体的分布

自然界中广泛存在着多种多样的微生物。人类与自然环境接触密切，因此，在正常人体的体表以及与外界相通的腔道（如呼吸道、消化道、泌尿生殖道等）中都存在着不同种类和一定数量的微生物（表7-1），这些通常对人体无害甚至有益的微生物群，称为正常菌群。

表 7-1 人体各部位常见的正常微生物群

部位	主要微生物
皮肤	葡萄球菌、类白喉棒状杆菌、铜绿假单胞菌、非致病性抗酸杆菌、丙酸杆菌、白念珠菌
口腔	葡萄球菌、甲型和丙型溶血性链球菌、肺炎链球菌、奈瑟菌、乳杆菌、类白喉棒状杆菌、白念珠菌、拟杆菌、螺旋体、放线菌
鼻咽腔	葡萄球菌、甲型和丙型溶血性链球菌、肺炎链球菌、奈瑟菌、拟杆菌、梭形杆菌、支原体、腺病毒、白念珠菌
眼结膜	葡萄球菌、干燥棒状杆菌、类白喉棒状杆菌
外耳道	葡萄球菌、类白喉棒状杆菌、铜绿假单胞菌、非致病性抗酸杆菌

部位	主要微生物
肠道	大肠埃希菌、产气肠杆菌、变形杆菌、铜绿假单胞菌、葡萄球菌、肠球菌、破伤风梭菌、乳杆菌、拟杆菌、双歧杆菌、白念珠菌、腺病毒
前尿道	葡萄球菌、棒状杆菌、非致病性抗酸杆菌、大肠埃希菌、白念珠菌
阴道	乳杆菌、大肠埃希菌、拟杆菌、白念珠菌

正常情况下，人体和正常菌群之间、正常菌群中各种微生物之间相互依存、相互制约，保持相对稳定的生态平衡。正常菌群对人体起着重要作用。

1. 正常菌群的生理意义

（1）拮抗作用：正常菌群通过竞争营养或产生细菌素等方式拮抗病原微生物，从而构成一个防止外来病原微生物入侵与定居机体的生物屏障。如肠道中的大肠埃希菌所产生的大肠菌素，能够起到抑制痢疾志贺菌生长的作用。正常菌群的生物拮抗作用在防御感染方面起着重要作用。

（2）营养作用：正常菌群参与机体的物质代谢、营养物质转化与合成。如肠道中的大肠埃希菌能够产生维生素B族和维生素K等，可经肠壁吸收后供机体利用。

（3）免疫作用：正常菌群作为抗原既能促进机体免疫器官的发育与成熟，也可以刺激机体免疫系统进行免疫应答。

（4）抗衰老作用：正常菌群中的乳杆菌、双歧杆菌及肠球菌等均具有抗衰老作用。

此外，正常菌群还具有一定的抗肿瘤作用。

知识链接

双歧杆菌的作用

①维持肠道正常菌群平衡，抑制病原微生物生长，防止便秘、腹泻和胃肠功能障碍等；②减轻乳糖不耐受症状，提高乳制品消化率；③增强人体免疫功能，预防抗菌药物副作用，抗衰老；④抗肿瘤；⑤在肠道内合成维生素、氨基酸，促进机体对钙离子的吸收；⑥降低血液中胆固醇含量，防治高血压。双歧杆菌在正常人体肠道中分布的数量，随着年龄的增长而减少，婴儿肠道中双歧杆菌占总肠道菌群约60%，而60岁以上者该比例仅有7.9%。因此，在日常生活中常进食含有双歧杆菌的食品（如酸奶）会起到促进身体健康的作用。

2. 正常菌群的病理意义　通常情况下正常菌群与机体之间相对稳定平衡，对机体有益无害。但在某些特定条件下，正常菌群与宿主之间、正常菌群内各种微生物之间的生态平衡被破坏，正常菌群也可使机体致病。这类正常条件下不致病，特定条件下致病的细菌或真菌，称为机会致病菌或条件致病菌。其致病的特定条件主要有：

（1）正常菌群寄居部位发生改变：正常菌群在人体通常有特定的寄居部位，当某一部位的正常菌群由于一些特殊原因进入其他非正常寄居部位时，可引起疾病。如肠道中的大肠埃希菌，由于手术、外伤、留置导尿管等原因进入腹腔、血液或泌尿生殖道时，可引起腹膜炎、败血症或泌尿道感染。

（2）机体免疫功能下降：过度疲劳、慢性消耗性疾病、恶性肿瘤、使用免疫抑制剂、大面积烧伤等原因，可造成机体免疫功能下降，破坏正常菌群与机体之间的平衡关系，导致机会性感染的发生。如糖尿病、艾滋病、严重烧伤等患者常伴有白念珠菌、铜绿假单胞菌感染。

（3）菌群失调：是指由于某些原因使正常菌群的种类、数量和比例发生较大幅度的改变，导致微生态失去平衡。在临床上，菌群失调多为抗菌药物使用不当所引起。由于严重菌群失调而产生的一系列临床症状称二重感染，通常是在抗菌药物治疗原有疾病过程中产生的另一种新的感染，又称菌群失调症。如长期大量使用广谱抗菌药物的患者，其体内对抗菌药物敏感的微生物受药物作用被抑制，而对抗菌药物不敏感的微生物，如白念珠菌、葡萄球菌等趁机大量繁殖成为优势菌群，临床上多表现为假膜性结肠炎、鹅口疮、肺炎、尿路感染或败血症等。

二、药品中微生物污染的来源

药品的质量受到外界环境和原料的影响。除灭菌药物制剂外，大多数药品都含有微生物，特别是生物药品与微生物之间的关系尤为密切。药品被微生物污染，会导致药品变质，降低疗效，甚至引发患者感染、危及生命。即使是经过灭菌或消毒处理的药品，也有可能因曾被微生物污染而存在致热原，若被患者使用则会引起发热等不良反应。

在药品生产过程中，药品原材料、制药用水、空气、制药设备、包装材料、操作人员等因素，都可能导致药品的微生物污染。

（一）药品原材料

天然来源的植物、动物、生化制剂等药品原材料，通常带有一定种类和数量的微生物，在生产过程中如果处理不当，这些微生物将会进入到药品中。来源于植物的原料药或敷料（如淀粉）可能被多种细菌、真菌所污染。中药制剂可能带有土壤微生物。来源于动物的原料药或敷料（如明胶）可能被多种动物病原微生物所污染。化学合成原料药，由于生产工艺中多用有机溶剂处理，同时这类药物缺少微生物生长繁殖所需的营养物质，故微生物含量较少。但有些化学合成原料药，如乳酸钙、磷酸钙等也容易受到微生物污染，应在低温、干燥环境下储存，以控制微生物的生长繁殖。

（二）制药用水

水是药品生产过程中不可缺少的材料，制剂的配制、中药材的炮制、物品的洗涤等，均需要选用适合的水。水源不同，其受微生物污染的程度也有所不同。因此应针对不同情况采取相应措施，定期进行水质检查，保证制药用水严格符合卫生标准。

🔗 知识链接 ···

水中病原微生物污染状况检测

细菌菌落总数和大肠菌群数是体现水中病原微生物污染状况的指标，同时也是粪便污染水源的卫生学指标。由于大肠菌群主要来源于人和动物的粪便，所以水中的细菌菌落总数、大肠菌群数越多，说明水源被粪便污染的程度越严重，也预示着肠道致病菌污染的可能性越大。

（三）空气

空气中微生物的含量与洁净度、温度、湿度、人员活动、机械振动等诸多因素有关。因此须根据药品生产的不同环节、不同种类与剂型，采取相应措施，以控制空气中的微生物（表7-2）。

表7-2　药品生产区对空气洁净度的要求

洁净度级别	尘粒最大允许数 /m³		微生物最大允许数	
	粒径≥ 0.5μm	粒径≥ 5μm	浮游菌 /m³	沉降菌 / 皿
100 级	3 500	0	5	1
1 万级	350 000	2 000	100	3
10 万级	3 500 000	20 000	500	10
30 万级	10 500 000	60 000	1 000	15

药品生产区对空气洁净度的要求

不同药品种类与剂型对其生产环境的空气洁净度都有特定要求，因此应将制药车间合理划分为不同区域，每种制剂在相应的生产区域生产才能确保质量，否则很容易受到污染。

一般生产区：无洁净度要求。成品检漏、灯检等，在此区域进行。

控制区：洁净度要求10万~30万级。原料的称量、精制、压片、包装等，在此区域进行。

洁净区：洁净度要求1万级。灭菌、安瓿的存放、封口等，在此区域进行。

无菌区：洁净度要求100级。水针、粉针、输液、冻干制剂的灌封，在此区域进行。

（四）制药设备与包装材料

药品生产所使用的容器、生产工具、设备等均可能有微生物存在，尤其是构造复杂、不易清洗的部位，药品若与之接触就难免不被污染。因此要求制药设备的设计、安装等应符合生产要求，易于清洗、消毒和灭菌。与药品直接接触的设备应光滑、平整、耐腐蚀、易清洁。

包装材料，特别是直接接触药品的容器，是微生物污染的又一重要来源。如玻璃容器、硬纸板等常检出青霉菌、曲霉等微生物。因此药品包装材料在使用前应彻底进行清洁或消毒灭菌处理，若使用新型无菌包装材料，则应进行合理封装，减少微生物的污染。

（五）操作人员

在药品生产的各个环节，操作人员都存在直接或间接污染药品的可能。为保证药品质量，要求操作人员必须无传染病，具有良好个人卫生习惯，按要求进行手部清洗和消毒，穿着专用工作服、佩戴工作帽及口罩，减少流动与说话，严格遵守操作流程。

三、微生物污染对药品的影响

药品中常含有保湿剂、表面活性剂、赋形剂等多种适宜微生物生长繁殖的成分，若环境条件适宜，污染药品的微生物即可生长繁殖，使药品发生理化性状的改变，导致药品变质。

（一）药品被微生物污染后的变化

药品被微生物污染后，其理化性状可发生变化，而具体的变化与药物本身的物理性质、化学结构，以及受微生物污染的程度有关。

1. 物理性质的改变　药品受微生物污染而变质后，会表现出药品外观及物理性质的变化。如糖浆剂形成聚合性黏丝；乳剂出现团块或砂砾；片剂、丸剂等固体制剂表面出现变色、潮解、粘连、斑点等；澄清透明的液体制剂出现混浊、沉淀或膜状物等。

2. 化学性质的改变　几乎所有的有机物均可被微生物降解。微生物污染药品后，可通过降解作用引起药品化学性质的改变，如出现泥腥味、苦味、酸味、芳香味等异常气味。一些微生物在代谢过程中可产生气体，使塑料包装膨胀，甚至引起玻璃容器爆炸。

（二）药品变质的判断依据

不同药品受到微生物污染后的改变不尽相同，但通常情况下出现下述现象，即可判断药品已被微生物污染：①从规定无菌制剂（如注射剂、输液剂）中检出微生物；②从非规定无菌制剂（如口服液、外用药等）中检出的微生物总数超过限度标准；③从药品中检出病原微生物或不应存在的特定种类的微生物；④药品中虽未检出活的微生物，但检出微生物所产生的毒性代谢产物，如致热原、真菌毒素等；⑤药品出现理化性状改变。

（三）变质药品对人体的危害

药品受微生物污染后，除产生理化性状改变而引起药品失效外，药品中的微生物及其代谢产物也可能对人体造成严重危害。

1. 药源性感染　根据药品的给药途径以及受微生物污染程度的不同，感染发生的部位和程度各异。如规定无菌的制剂被微生物污染，进入机体后，可引发局部感染、全身感染甚至造成死亡；被铜绿假单胞菌污染的眼用制剂，使用后可引起严重的眼部感染甚至角膜溃疡、穿孔；被微生物污染的外用制剂，使用后可引起皮肤病患者和烧伤患者的感染；消毒不彻底的冲洗液可引起尿路感染等。

2. 产生毒性代谢产物　微生物污染药品后，可利用药物成分进行代谢活动，其中部分代谢产物具有致病性。如注射剂、输液剂若被革兰氏阴性菌污染，其产生的致热原进入机体后，可导致热原反应，轻者发热，重者可出现休克甚至造成死亡；药品若被黄曲霉污染，其产生的黄曲霉毒素进入机体可诱发肝癌。

3. 降低药物疗效或增加不良反应　药物可被微生物降解，导致药效降低或毒副作用增加。如青霉素被产酶细菌降解后，在失去药理作用的同时还大大增加了药物致敏性；被真菌污染后，可使药物中的有效成分遭到破坏，失去药效。

第二节　药品中微生物的控制

微生物的控制就是采取不利于微生物生长繁殖，甚至可导致其死亡的条件与方法，来抑制或杀死微生物，从而达到切断微生物传播途径、防止传染病发生、防止药品污染等的目的。

一、基本概念

1. 消毒　是指杀死物体上或环境中病原微生物的方法，但不一定杀死细菌产生的芽孢。

2. 灭菌　是指杀死物体上所有微生物的方法，包括芽孢与繁殖体。

3. 防腐　是指抑制或防止微生物生长繁殖的方法。

4. 无菌　是指物体上没有活微生物的存在，多为灭菌的结果。

5. 无菌操作　是指防止微生物进入机体或其他操作对象的方法。在进行微生物实验、制备无菌制剂、外科手术时，必须严格执行无菌操作以防止微生物的污染和感染。

二、物理控制法

一些物理因素，如温度、辐射、过滤、干燥、超声波等，可对微生物起到控制和杀灭的作用。实践中常利用这些因素，通过一定的方法来对物体或环境进行消毒灭菌处理。

（一）热力灭菌法

热力灭菌是利用高温来杀死微生物的方法。高温可使微生物的蛋白质（包括酶类）变性凝固、核酸结构被破坏，从而导致微生物死亡。微生物对热的耐受能力随其种类而异，多数无芽孢细菌在55~60℃条件下，经30~60分钟后死亡。在100℃条件下，经数分钟内死亡；细菌芽孢耐高温，如炭疽杆菌的芽孢可耐受5~10分钟煮沸，破伤风梭菌的芽孢煮沸1小时才被破坏。

热力灭菌法可分为湿热灭菌法和干热灭菌法（表7-3）。湿热灭菌法在流通蒸汽或水中进行。相同温度下，湿热灭菌法的灭菌效果比干热灭菌法更好，这是因为：①湿热比干热穿透力强，能较快提高被灭菌物体内部的温度；②湿热时微生物吸收水分，蛋白质易凝固变性；③湿热的蒸汽有潜热效应存在，水由气态变为液态时放出大量潜热，可迅速提高被灭菌物体的温度。在实践中应根据具体情况加以选择。

表7-3　热力灭菌法种类、方法、用途

种类		方法	用途	备注
干热灭菌法	焚烧法	燃烧	废弃的污物、有传染性的尸体	
	烧灼法	直接用火焰灭菌	接种环、试管口	
	干烤法	烤箱中热空气，160℃2小时或170℃1小时	耐高温物品如玻璃器皿、瓷器等	也可用红外线、强光照射等
湿热灭菌法	煮沸法	煮沸100℃5分钟可杀死细菌的繁殖体	一般外科器械、注射器和食具等的消毒	若水中加入2%碳酸氢钠，可提高沸点至105℃，并可防止金属器械生锈
	巴氏消毒法	61.1~62.8℃加热30分钟或71.7℃加热15~30秒	牛奶、酒类	可杀死致病菌或特定微生物而不破坏营养物质
	高压蒸汽灭菌法	高压蒸汽灭菌器，103.4kPa，温度121.3℃，维持15~20分钟	适用于耐高温和不怕潮湿的物品，如培养基、生理盐水、手术器械、注射器、手术衣、敷料和橡皮手套等	是灭菌效果最好、目前应用最广泛的灭菌方法
	流通蒸汽消毒法	用蒸笼或蒸锅，80~100℃加热15~30分钟	一般外科器械、注射器和食具等的消毒	不能破坏芽孢

种类	方法	用途	备注
湿热灭菌法	间歇灭菌法	流通蒸汽灭菌15~30分钟，移入37℃培养箱过夜，如此连续3次	不耐高温的含糖、牛奶、血清、卵黄的培养基	可达灭菌效果

（二）辐射灭菌法

辐射是能量通过空间传递的一种物理现象。可分为非电离辐射（如紫外线）和电离辐射（如高速电子、X射线、γ射线等）。

1. 紫外线　紫外线的波长在200~300nm时有杀菌作用，其中265~266nm波长的紫外线杀菌作用最强。其原理是紫外线易被核蛋白吸收，改变DNA构型，干扰DNA复制，导致微生物死亡。紫外线穿透力弱，玻璃、纸张、尘埃、水蒸气等均能阻挡紫外线，故只适用于物体表面和空气消毒。杀菌波长的紫外线对人体皮肤、眼睛有损伤作用，应注意防护，避免直接照射。

课堂问答

使用紫外线进行消毒时应注意防护，不可直接在紫外线灯照射下进行工作。日晒是有效的杀菌方法，日光的杀菌作用主要靠紫外线。将衣服、被褥等在日光下暴晒2小时以上，可杀死其中大部分微生物。

想一想，室内紫外灯的开关装在哪里较为合适？

2. 电离辐射　高速电子、X射线、γ射线等具有较高的能量与穿透力，在足够剂量时，对微生物有较强的致死作用。其作用机制是干扰DNA合成、破坏细胞膜、引起酶系统紊乱及水分子经辐射后产生游离基和新分子，如过氧化氢等。常用于大量的一次性医用塑料制品（如注射器、试管、导管和手套等）的消毒；亦能用于食品、生物制品和中草药等不耐热物品的消毒。

（三）滤过除菌法

滤过除菌法是利用物理阻留的方法将液体或气体中细菌、真菌除去，以达到无菌的目的。此方法只适用于空气及不耐高温的血清、抗毒素、抗生素、维生素等液体的除菌。但不能除去病毒、支原体和某些L型细菌。

空气的滤过除菌

空气的滤过除菌是采用生物洁净技术，即通过三级过滤除掉空气中直径大于0.3μm的微粒、尘埃，选用合理的气流方式以达到空气洁净的目的。初级过滤采用塑料泡沫海绵，过滤率在50%以下；中效过滤使用无纺布，过滤率在50%~90%；高效或亚高效过滤用超细玻璃滤纸，过滤率可达到99.95%~99.99%。这种经高度净化的空气可形成一种稀薄的气流，以均匀的速度按设定的同一方向输送，空气持续向外流动，从而保持无菌环境。

现代的药品生产线、医院的手术室和无菌制剂室等，已逐步采用高效细菌过滤器除去空气中的微粒，从而保持室内的无菌环境。

（四）其他物理方法

1. 超声波　声波频率高于20 000Hz者称为超声波。超声波可引起细胞破裂，内含物外溢，导致细胞死亡。主要用于细胞粉碎，但非理想的灭菌方法。

2. 干燥　干燥可引起细胞脱水和胞内的盐类浓度升高，从而干扰代谢、抑制生长，导致死亡。药材、食品等经干燥后，水分降至低点（3%左右），可有效抑制微生物的生长繁殖。

三、化学控制法

化学控制法是利用适宜种类和浓度的化学药物杀死或抑制微生物生长繁殖的方法。用于杀灭病原微生物的化学药物称为消毒剂。用于抑制微生物生长繁殖的化学药物称为防腐剂。消毒剂和防腐剂之间无严格界限，高浓度下是消毒剂，低浓度下是防腐剂，一般统称为消毒防腐剂。消毒剂对人体细胞有害，只可外用，不可内服。主要用于物体表面、体表（皮肤、浅表伤口等）、排泄物和周围环境的消毒。

（一）常用消毒剂的作用原理、种类及用途

化学消毒剂的作用原理主要有以下3种：①使蛋白质变性或凝固，如重金属盐类、氧化剂、酸、碱、醇类、酚类等；②干扰酶系统和代谢，如氧化剂、重金属盐类等；③改变细胞膜的通透性，如表面活性剂、酚类等。常用消毒剂的种类、作用机制、浓度及用途详见表7-4。

表 7-4　常用消毒剂的种类、作用机制、浓度及用途

种类	作用机制	常用消毒剂浓度	用途
酚类	损伤细胞膜，通透性改变，蛋白质变性	3%~5%苯酚 0.01%~0.05%氯己定	地面、器具表面消毒 术前洗手、阴道冲洗等
醇类	蛋白质变性与凝固，干扰代谢	70%~75%乙醇	皮肤、体温计消毒（不用于伤口和黏膜）
重金属盐类	氧化作用，蛋白质变性与沉淀，灭活酶类	0.05%~0.1%氯化汞 2%汞溴红 0.1%硫柳汞 1%硝酸银	非金属器皿的消毒 皮肤、黏膜、小创伤消毒 皮肤消毒、手术部位消毒 新生儿滴眼，预防淋病奈瑟菌感染
氧化剂	氧化作用，蛋白质沉淀	0.01%~0.1%高锰酸钾 3%过氧化氢 0.2%~0.5%过氧乙酸 2%~2.5%碘伏 2%~2.5%碘酒 10%~20%漂白粉 0.2%~0.5%氯胺 3%二氯异氰尿酸钠	皮肤、尿道、果蔬消毒 创口、皮肤、黏膜消毒 塑料、玻璃器皿消毒 皮肤、伤口消毒 皮肤消毒 地面、厕所与排泄物消毒 室内空气及表面消毒，浸泡衣服 空气及排泄物消毒
表面活性剂	损伤细胞膜，灭活氧化酶等酶活性，蛋白质沉淀	0.05%~0.1%苯扎溴铵 0.05%~0.1%度米芬	外科手术洗手，皮肤黏膜消毒，浸泡手术器械 皮肤创伤冲洗，金属器械、棉织物、塑料、橡皮类消毒
烷化剂	菌体蛋白质及核酸烷基化	10%甲醛 2%戊二醛 50mg/L环氧乙烷	浸泡物品，空气消毒 精密仪器、内镜等消毒 手术器械、敷料等消毒
染料	抑制细菌繁殖，干扰氧化过程	2%~4%甲紫	浅表创伤消毒

种类	作用机制	常用消毒剂浓度	用途
酸碱类	破坏细胞膜和细胞壁，蛋白质凝固	$5\sim10ml/m^3$醋酸加等量水蒸发 生石灰（按1∶4∼1∶8加水配成糊状）	空气消毒 地面、排泄物消毒

（二）影响消毒剂作用的因素

消毒剂的作用效果受消毒剂性质、微生物种类及消毒环境等因素影响。常见影响因素有以下几种：

1. 消毒剂的性质、浓度与作用时间　各种消毒剂的理化性质不同，对微生物的作用效果也有差异。一般浓度越大，作用时间越长，效果越好。但乙醇除外，70%～75%浓度的乙醇比95%的消毒效果好。

2. 微生物的种类、数量与状态　不同种类的微生物对消毒剂的敏感程度不同。细菌芽孢比繁殖体抵抗力强；幼龄菌比老龄菌对消毒剂敏感；微生物数量越多，所需消毒时间越长。

3. 环境因素的影响　环境中有机物的存在对细菌有保护作用，还能与消毒剂结合，会降低消毒剂的杀菌效果。消毒皮肤及器械时应先清洁再消毒；对痰液、粪便等的消毒，宜选择受有机物影响较小的消毒剂，如漂白粉及酚类化合物，也可使用高浓度消毒剂或适当延长消毒时间。

4. 温度、酸碱度　升高温度可提高消毒剂的杀菌效果，酸碱度的变化可影响消毒剂的杀菌效果。戊二醛在碱性环境中杀灭微生物效果较好；酚类和次氯酸盐则在酸性条件下杀灭微生物的作用较强。

四、控制微生物污染药品的措施

为确保药品的稳定性和质量，必须积极采取有效措施，防止微生物污染，使药品生产与管理符合《药品生产质量管理规范》（Good Manufacturing Practice，GMP）标准。

（一）加强药品生产的管理

目前我国和世界上一些较先进国家都已实施GMP制度，旨在通过严格的科学管理，把微生物污染的可能性降至最低程度，保证药品质量。如药厂必须环境整洁；生产车间的建筑结构、装饰和生产设备应便于清洗和消毒、灭菌；按标准操作规程进行生产；按不同药品种类的要求进行包装和储存等。

（二）严格进行微生物学检查

在生产过程中，应按GMP规定不断进行各项微生物学指标检查。如对规定灭菌制剂进行无菌检查；对非规定灭菌制剂进行细菌和真菌的活菌数测定和控制菌检查；对注射剂进行致热原测定等。通过各项检查来评价药品是否被微生物污染，以及受污染与破坏的程度，确保药品的卫生学质量。

（三）合理使用防腐剂

非规定灭菌制剂如口服剂不需要严格无菌，但该类药品微生物总数需在一定限量以内且不得含有致病菌。为抑制药品中微生物的生长繁殖，减少微生物对药品的破坏，可在药品中添加合适的防腐剂。理想的防腐剂应对微生物有良好的控制作用，对人没有毒性和刺激性，稳定性好，不受处方中其他成分的影响。常用的防腐剂有尼泊金、苯甲酸、山梨酸、季铵盐、氯己定等。

总之，微生物与药品质量关系密切。目前，药品生产中如何更好地控制微生物污染，提高药品质量，还存在诸多亟待解决的问题，尚需专业人员不断进行探索与研究。

●·····**章末小结**·········

1. 微生物广泛分布于自然界和正常人体，是引起药品污染的重要来源。

2. 正常菌群通常对人有益无害，但特定条件下会变为条件致病菌，表现出对人体的致病作用。

3. 药品受微生物污染发生变质后，可在物理性状、化学性质等方面发生改变。降低药效或失效，还可能产生有毒物质，增加毒副作用。

4. 药品原材料、制药用水、空气、制药设备、包装材料、操作人员等因素，都可能导致药品的微生物污染。

5. 常用物理控制法有热力灭菌法、辐射灭菌法、过滤除菌法等，其中高压蒸汽灭菌法效果最好，使用范围最广。

6. 化学控制法是利用消毒剂进行杀菌。影响消毒剂使用效果的因素主要有：消毒剂性质，微生物的种类、数量与状态，环境因素，温度、酸碱度等。

7. 变质药品危害很大，制药工业中应加强药品生产管理、严格进行微生物学检查、合理使用防腐剂，从而防止微生物污染药品。

思考题

一、 单项选择题

1. 自然界中微生物数量最多的环境是（　　）

   A. 土壤　　　　　　　B. 空气　　　　　　　C. 自来水

   D. 地壳深层　　　　　E. 蒸馏水

2. 正常菌群对机体的生理意义不包括（　　）

   A. 拮抗作用　　　　　　　　　　B. 免疫调节作用

   C. 营养作用　　　　　　　　　　D. 抗衰老作用

   E. 治疗传染病作用

3. 长期大量使用广谱抗菌药物最易引起（　　）

   A. 自身免疫疾病　　　　　　　　B. 药物中毒

   C. 神经功能障碍　　　　　　　　D. 菌群失调症

   E. 败血症

4. 杀死物体上所有微生物（包括芽孢与繁殖体）的方法是（　　）

   A. 消毒　　　　　　　B. 灭菌　　　　　　　C. 防腐

   D. 无菌操作　　　　　E. 卫生清理

5. 手术器械最常用、最有效的灭菌方法是（　　）

   A. 高压蒸汽灭菌法　　　　　　　B. 巴氏消毒法

   C. 煮沸法　　　　　　　　　　　D. 流通蒸汽法

   E. 紫外线杀菌法

6. 用于消毒的乙醇最适宜的浓度是（　　）

   A. 100%　　　　　　　B. 95%　　　　　　　C. 75%

   D. 55%　　　　　　　 E. 25%

7. 关于紫外线杀菌法，下列说法错误的是（　　）

   A. 波长为265~266nm时具有最强杀菌作用

   B. 常用于室内空气的消毒

   C. 穿透力强

   D. 可干扰DNA合成

   E. 直接照射可损伤皮肤和眼睛

8. 《药品生产质量管理规范》的缩写为（　　　）

    A. GLP   B. GNP   C. GCP

    D. GMP   E. GAP

9. 药品被微生物污染的最大危害是（　　　）

    A. 经济损失   B. 药物失效   C. 药物变质

    D. 产生有毒气体   E. 损害人体健康

10. 属于药品变质后化学性质改变的是（　　　）

    A. 片剂潮解   B. 产生气体   C. 丸剂变色

    D. 片剂出现斑点   E. 透明液体药剂出现沉淀

二、　多项选择题

1. 正常人体存在正常菌群的部位有（　　　　　）

    A. 血液   B. 内脏   C. 消化道

    D. 皮肤表面   E. 眼结膜

2. 正常菌群转变为条件致病菌的特定条件包括（　　　　　）

    A. 菌群失调   B. 过度疲劳   C. 恶性肿瘤

    D. 使用免疫抑制剂   E. 寄居部位发生改变

3. 药品生产过程中，微生物污染的来源主要有（　　　　　）

    A. 操作人员   B. 制药用水   C. 环境空气

    D. 药物原材料   E. 制药设备

4. 药品被微生物污染而导致其变质的判断依据是（　　　　　）

    A. 检出病原微生物

    B. 检出微生物的毒性代谢产物

    C. 检出活菌

    D. 药物出现理化性状的改变

    E. 口服药中检出微生物总数超过限度标准

5. 影响化学消毒剂作用效果的因素包括（　　　　　）

    A. 消毒剂浓度   B. 细菌状态   C. 环境温度

    D. 微生物的数量   E. 有机物的存在

三、 简述题

1. 简述消毒、灭菌、防腐、无菌概念有何不同，并举例说明。

2. 试述药品变质的判断依据。

（于慧颖）

第八章
微生物药物

学习目标

- 掌握　抗生素的概念及分类。
- 熟悉　医用抗生素的基本要求；常见的微生物药物的种类。
- 了解　微生物在医药工业其他方面的重要应用。
- 培养　学生能运用"两面性"的科学思维分析问题。

情境导入

情境描述：

　　患者，女，25岁，早上吃了路边小吃后，出现腹痛、轻微腹泻的症状，到药店咨询、购买药品。患者购买药品时提出以下要求：尽量不吃西药，认为西药的副作用大；也不喜欢吃中成药，中药味太浓烈，难以吞咽。

　　结合患者要求，药店营业员给患者推荐地衣芽孢杆菌活菌胶囊，该药批准文号是"国药准字S********"，是一种微生态制剂，用于细菌或真菌引起的急、慢性肠炎、腹泻，也可用于其他原因引起的胃肠道菌群失调的防治。

学前导语：

　　什么是微生态制剂？微生态制剂有哪些？本章将带领大家走进微生物药物的世界，认识微生物药物的种类和作用。

微生物药物是指微生物在其生命活动中产生、在低微浓度下能选择性地影响（抑制、杀灭、协调、激活）他种生物功能的一类天然有机化合物及衍生物，包括初级代谢产物、次级代谢产物和结构药物。具体地说，抗生素、维生素、氨基酸、微生态制剂、酶及酶制剂、菌苗、疫苗、类毒素等，都是利用微生物发酵制成或生产的。

目前，基因工程技术迅速发展，利用"工程菌"作为制药工业的发酵产生菌可生产更多低成本、高质量的基因工程药物，使得微生物在制药工业中的应用前景更加广阔。

🔗 知识链接

基因工程菌

糖尿病是患者胰脏的胰岛 β 细胞不能正常分泌胰岛素，血糖过高所致。科学家们把人的胰岛素基因送到大肠埃希菌的细胞里，让胰岛素基因和大肠埃希菌的遗传物质相结合。人的胰岛素基因在大肠埃希菌的细胞里指导大肠埃希菌合成胰岛素。随着大肠埃希菌的繁殖，胰岛素基因也一代代地相传，子代大肠埃希菌也能够合成胰岛素。这种带上人工给予的新的遗传性状的细菌，称为基因工程菌。

第一节　抗生素

一、抗生素的概念

抗生素是指某些微生物（包括细菌、放线菌、真菌）在代谢过程中产生的，具有抑制或杀灭其他病原微生物作用的化学物质。自1929年Fleming首先发现由青霉菌产生的青霉素以来，又从微生物代谢产物中发现了一大批应用于临床的抗生素。目前，已发现不少抗生素除具有抗微生物作用外，还有其他多种生理活性，如抗肿瘤、免疫调节、降低胆固醇的作用。

二、抗生素的分类

目前从自然界发现和分离的抗生素已有9 000多种，实际应用于生产和医疗上的抗生素有100多种，连同各种半合成衍生物及其盐类共约300种。抗生素种类繁多，目前尚无统一的分类方法。习惯上以生物来源、化学结构、作用对象、作用机制等作为分类依据。

1. 根据抗生素的生物来源分类

（1）放线菌产生的抗生素：放线菌是产生抗生素的主要来源，目前广泛应用的抗生素约三分之二由放线菌产生，其中以链霉菌产生的抗生素最多，其次是小单孢菌属和诺卡菌属。放线菌产生抗生素主要有链霉素、卡那霉素、四环素、红霉素、庆大霉素、利福霉素、制霉菌素、两性霉素B、放线菌素D、平阳霉素等。

（2）真菌产生的抗生素：真菌是产生抗生素的第二大生物来源，目前临床广泛应用的有青霉菌属产生的青霉素、头孢菌属产生的头孢菌素、灰黄青霉产生的灰黄霉素等。

（3）细菌产生的抗生素：产生抗生素的细菌主要是多黏芽孢杆菌和枯草芽孢杆菌、假单胞菌属的铜绿假单胞菌和肠道细菌等。如多黏芽孢杆菌产生的多黏菌素、枯草芽孢杆菌产生的杆菌肽等。

2. 根据抗生素的化学结构分类

（1）β-内酰胺类抗生素：含有一个四元内酰胺环，如青霉素、头孢菌素类及其衍生物。

（2）四环素类：以四并苯为母核，如四环素、金霉素、土霉素、替加环素等。

（3）氨基糖苷类抗生素：含有氨基糖和氨基环醇的结构，如链霉素、卡那霉素、庆大霉素、妥布霉素、阿米卡星等。

（4）大环内酯类抗生素：以一个大环内酯作为配糖体并以糖苷键和1~3个糖分子相连，如红霉素、螺旋霉素、克拉霉素、阿奇霉素等。

（5）多肽类抗生素：由多种氨基酸组成的小分子多肽，如多黏菌素、杆菌肽等。

3. 根据抗生素的作用对象分类

（1）抗革兰氏阳性菌的抗生素：青霉素、红霉素、新生霉素、杆菌肽等。

（2）抗革兰氏阴性菌的抗生素：链霉素、多黏菌素等。

（3）广谱抗生素：四环素类、氯霉素类、广谱青霉素类、第三代头孢菌素等。

（4）抗真菌的抗生素：制霉菌素、灰黄霉素、两性霉素B等。

（5）抗肿瘤的抗生素：丝裂霉素C、放线菌素D、平阳霉素、多柔比星等。

（6）抗病毒、噬菌体及原虫的抗生素：大蒜素、巴龙霉素等。

4. 根据抗生素的作用机制分类

（1）抑制细胞壁合成的抗生素：青霉素类、头孢菌素类、万古霉素、杆菌肽和环丝氨酸等。

（2）影响细胞膜功能的抗生素：多黏菌素类、制霉菌素、两性霉素B等。

（3）抑制细胞蛋白质合成的抗生素：大环内酯类、四环素类、氨基糖苷类等。

（4）抑制细胞核酸合成的抗生素：新生霉素、灰黄霉素、利福平等。

三、医用抗生素的基本要求

1. 选择毒性强　选择毒性是对微生物或癌细胞有强大的抑制或杀灭作用，而对人体和动物体只有轻微损害或完全没有损害。如青霉素类抗生素能抑制G^+菌细胞壁的合成，而人与哺乳动物的细胞无细胞壁，故不会受青霉素作用的影响，因此，抗生素的选择毒性越强，临床应用越安全。

2. 抗菌活性强　抗菌活性是指药物抑制或杀灭微生物的能力。抗菌活性的强弱常以最低抑菌浓度（MIC）来衡量。MIC指抗生素能抑制微生物生长的最低浓度。MIC值越小，表示抗生素的作用越强。

3. 有不同的抗菌谱　所谓抗菌谱是指某种抗菌药物所能抑制或杀灭的微生物种类。抗菌范围广者称为广谱抗生素，即对多种致病菌（如细菌、真菌等）有抑制和杀灭作用；抗菌范围狭窄者称窄谱抗生素，如青霉素主要抑制G^+菌，多黏菌素只能抑制G^-菌。而抗肿瘤抗生素的抗肿瘤范围则称为抗瘤谱。

4. 不易产生耐药性　耐药性，指微生物、寄生虫以及肿瘤细胞等对于药物作用的耐受性。耐药性一旦产生，药物的治疗作用就明显下降。良好的抗生素应不易使病菌产生耐药性。

5. 不良反应少和副作用小　安全、有效是用药的基本原则，良好的抗生素对机体应无毒性或毒性很小。

🔗 知识链接

正确使用抗生素

自从发明了抗生素，用抗生素救活的人不计其数。但抗生素副作用也不可低估，特别是"滥用"，即超时、超量、不对症使用或未严格规范使用，抗生素会引起各种不良反应，有的甚至相当严重。例如，链霉素、卡那霉素可引起眩晕、耳鸣、耳聋等；庆大霉素、卡那霉素、多黏菌素、万古霉素、杆菌肽可损害肾脏；氯霉素可引起白细胞减少，甚至发生再生障碍性贫血；有研究证明，链霉素、氯霉素、红霉素、多黏菌素、头孢菌素能抑制免疫功能，削弱机体抵抗力；抗生素在长期使用时，还会引起二重感染，使人体菌群失调；在少数情况下，抗生素也会致人死亡，如青霉素过敏性休克死亡；更为严重的是抗生素的滥用催生了"超级细菌"。

要合理用药，防止滥用抗生素，在生活中我们要注意以下几个原则：①严格掌握适应证，凡可用可不用者尽量不用，一种抗生素可治愈的就不用第二种；②避免长期用药，在已知感染致病菌时，最好用窄谱抗生素，不用广谱抗生素，以免对其他正常菌群的杀灭使得体内菌群失调；③不要盲目选用高级抗生素，以降低产生超级细菌的诱导频率，延长抗生素的有效使用寿命；④选用合理的用药时间。

第二节　其他微生物药物

一、维生素

维生素是人类必需的营养物质，在医疗方面有着众多的用途。维生素可经化学合成、动植物提取或微生物发酵等方法制成。采用微生物发酵法生产维生素不仅产量高、成本低、质量好，而且污染少、易处理。目前，工业上应用微生物发酵法生产的有维生素C、维生素B_2和维生素B_{12}，其中以维生素C的生产规模最大。

1. 维生素C　又名抗坏血酸，临床上主要用于治疗败血症，或作为抗感染等辅助用药。采用微生物法使L-山梨醇转化成2-酮基-L-古龙酸，然后再酸化生成维生素C。该方法与化学合成法比较，具有工艺简单、设备投资小、成本低、节约大量有毒化工原料和减少"三废"等优点。

2. 维生素B_2　又名核黄素，能合成维生素B_2的微生物有细菌和真菌。工业上主要以阿舒假囊酵母为生产菌种，采用二级发酵，维生素B_2产量可达4 000~8 000μg/ml。

临床用于口角炎、皮炎等维生素B_2缺乏症。

3. 维生素B_{12} 又称钴胺素，可从肝脏中提取，也可用化学合成法合成，但这两种方法的生产成本太高，不适于工业生产，现在已用短小棒状杆菌等直接进行发酵生产。临床用于治疗恶性贫血、肝炎、神经炎等。

二、氨基酸

氨基酸是蛋白质的基本构成单位，是人体合成蛋白质、酶和免疫物质等的基础原料，参与人体的代谢和各种生理活性。氨基酸在医药上主要用来制备复方氨基酸注射液，也用作治疗药物和合成多肽药物。1957年日本科学家木下祝郎首创利用发酵法生产谷氨酸获得成功，推动了其他氨基酸的研究开发。

采用微生物发酵法生产的氨基酸有谷氨酸、脯氨酸、缬氨酸、赖氨酸、瓜氨酸、亮氨酸、鸟氨酸、苯丙氨酸、甲硫氨酸、苏氨酸、高丝氨酸、酪氨酸、色氨酸和组氨酸等，其中谷氨酸的发酵规模和产量最大，赖氨酸次之；利用酶转化生产的氨基酸有天冬氨酸、丙氨酸、甲硫氨酸、苯丙氨酸、色氨酸、赖氨酸、酪氨酸、半胱氨酸、谷氨酰胺及天冬酰胺等。

三、核酸类药物

核酸类药物是具有药用价值的核酸、核苷酸、核苷或者碱基的统称，包括其类似物、衍生物或这些类似物、衍生物的聚合物。这类药物有助于改善机体的物质代谢和能量平衡，加速受损组织的修复，促使缺氧组织恢复正常生理功能。也可作为食品工业领域中重要的风味强化剂。

现已用发酵法或酶转化法进行研究和生产的核酸类药物有肌苷和肌苷酸、鸟苷和鸟苷酸、腺苷和腺苷酸、三磷腺苷（ATP）等，主要的核苷酸产生菌一般属于产氨短杆菌和枯草杆菌。利用微生物发酵生产，通过控制适当的发酵条件，打破菌体对核酸类物质的代谢调控，使之发酵生产大量的某一种核苷或核苷酸。

四、微生态制剂

微生态制剂又称微生态调节剂，是利用正常微生物或促进微生物生长的物质制成的活的微生物制剂。微生态制剂可以调整微生态失调，保持微生态平衡，提高机体的健康水平，有其他药不可替代的优点。微生态制剂的有效成分是益生菌，包括活性菌、死菌体及其代谢产物。常见种类有乳杆菌、双歧杆菌、粪肠球菌、粪链球菌、蜡样芽孢杆菌和枯草芽孢杆菌等。主要作用是维持生态平衡、生物拮抗、合成营养物质、降解有毒物质和提高免疫力等。有的益生菌能促进机体生长、发育，如双歧杆菌。

微生态制剂已被广泛应用于农业、医药保健和食品等各领域，在医药领域中主要应用于胃肠道疾病、肝脏疾病、高脂血症、癌症和妇科疾病的预防、治疗，成为微生物药物中重要种类之一。

五、酶和酶制剂

酶是一种具有生物催化作用的活性蛋白质。19世纪末日本开始采用固态发酵技术生产微生物酶制剂——真菌α淀粉酶。目前，已经能够大规模工业化生产的商品酶制剂，大部分是通过微生物发酵生产的。医药领域中常用的微生物酶制剂有链激酶、透明质酸酶、青霉素酶、蛋白酶、脂肪酶、溶菌酶、天冬酰胺酶等。

🔗 知识链接

微生物制药的发展前景

自1898年人类首次发现病毒至今，已发现病毒种类达4 000多种。世界卫生组织表示，这是一个面临传染病威胁的时代，没有一个国家可以独善其身，应对公共危机的疫苗和药物的研发更是刻不容缓。

当今，新型疾病不断涌现，环境污染日益突出，传统医药发展瓶颈日趋严重，随着能源日益稀缺，高效绿色生产面临严峻的挑战。微生物制药技术作为一项新兴的技术，在世界各国卫生医疗、环境保护、食品加工、工业生产等领域已经取得了卓越的成绩。丰富的微生物资源、微生物药物创制、微生物制品为基础的诊断技术都使微生物在生物医药领域显现出极大的发展潜力。

●···· 章末小结 ····

1. 抗生素是指某些微生物（包括细菌、放线菌、真菌）在代谢过程中产生的，具有抑制或杀灭其他病原微生物作用的化学物质。

2. 抗生素种类繁多，习惯上以生物来源、化学结构、作用对象、作用机制等作为分类依据。

3. 医用抗生素的基本要求：选择毒性强；抗菌活性强；有不同的抗菌谱；不易产生耐药性；不良反应少和副作用小。

4. 微生物药物除抗生素外，还有氨基酸、维生素、核酸类药物、微生态制剂和酶制剂等，都是微生物生命活动过程中产生的合成代谢产物或由微生物本身制成的（活菌剂）。

●····· 思考题 ··

一、 单项选择题

1. 链霉素属于（   ）

   A. β-内酰胺类抗生素   B. 氨基糖苷类抗生素   C. 大环内酯类抗生素

   D. 四环素类抗生素   E. 多肽类抗生素

2. 产抗生素最多的生物来源是（   ）

   A. 细菌   B. 真菌   C. 放线菌

   D. 动物   E. 植物

3. 抗菌谱是（   ）

   A. 药物的治疗指数

   B. 药物的抗菌范围

   C. 药物的抗菌能力

   D. 抗菌药物的治疗效果

   E. 抗菌药物的适应证

二、 多项选择题

1. 医用抗生素的基本要求有（   ）

   A. 选择毒性强   B. 抗菌活性小   C. 副作用小

   D. 有不同的抗菌谱   E. 不易产生耐药性

2. 微生物药物有（   ）

   A. 氨基酸   B. 维生素   C. 细菌素

   D. 酶制剂   E. 核酸类药物

三、 简述题

1. 常见的微生物药物有哪些?

2. 什么叫抗生素?医用抗生素应具有哪些要求?

3. 临床中应如何正确使用抗生素?

（李锦霞）

第九章
药品的微生物检查

学习目标

- 掌握 药品无菌检查的方法和原则。
- 熟悉 药品的微生物限度检查的基本原则和方法。
- 了解 药品微生物限度检查的项目和微生物限度标准。
- 培养 学生具有严谨科学的工作态度，具有强烈的工作责任感，敬畏生命。

情境导入

情境描述：

2006年8月，某公司生产的"克林霉素磷酸酯葡萄糖注射液"在灭菌过程中擅自增加灭菌柜装载量，由5层增至7层，灭菌温度由105℃30分钟降至100℃5分钟、99.5℃4分钟、104℃4分钟或1分钟不等，致使产品未能彻底灭菌，经药监部门检查，无菌检查和热原检查均不合格，导致涉及16个省市发生93例严重反应和11例死亡的重大药品不良事件。

学前导语：

药品中污染的某些微生物可能导致药物活性降低，甚至使药品丧失疗效，从而对患者健康造成潜在的危害。药品本应治病救人，但不合格的药品就是谋财害命，故药品质量极其重要。因此，在药品生产、贮藏和流通各个环节中，药品生产企业应严格遵循GMP的指导原则，以确保药品质量。药品的微生物检查是保证药品质量的重要措施之一。本章将学习药品的无菌检查和微生物限度检查有关知识。

第一节 无菌检查

无菌检查是用于检测药典要求无菌的药品、生物制品、医疗器械、原料、辅料及其他品种是否无菌的一种方法。若供试品符合无菌检查法的规定，仅表明了供试品在该检验条件下未发现微生物污染。无菌检查包括需氧菌、厌氧菌和真菌的检查。

一、无菌检查的基本原则

1. 严格进行无菌操作　无菌检查应在洁净度B级背景下的局部A级单向流空气区域内或隔离系统中进行，其全过程必须严格遵守无菌操作，防止微生物污染。

2. 正确采集样品　无菌检查是对整体中部分样品进行随机抽检，来推断整体是否有菌的情况（无菌或染菌）。因此，在一批药品的无菌检查中，取样量越少，染菌的检出率越小；取样越多，染菌的检出率越大，该药品通过无菌检查的概率越小。无菌检查时取样量和比例必须严格按《中华人民共和国药典》（2020年版）规定执行，以表9-1、表9-2、表9-3为例。

表9-1　批出厂产品及生物制品的原液和半成品最少检验数量

供试品	批产量 N/ 个	每种培养基最少检验数量
注射剂		10%或4个（取较多者）
	≤100	10个
	100<N≤500	2%或20个（取较少者）
	>500	20个（生物制品）
大体积注射剂（>100ml）		2%或10个（取较少者）
		20个（生物制品）
眼用及其他非注射产品	≤200	5%或2个（取较多者）
	>200	10个
冻干血液制品>5ml	每柜冻干≤200	5个
	每柜冻干>200	10个
≤5ml	≤100	5个
	100<N≤500	10个
	>500	20个

供试品	批产量 N/ 个	每种培养基最少检验数量
桶装无菌固体原料		每个容器
	≤4	20%或4个容器（取较大者）
	4<N≤50	2%或10个容器（取较大者）
	>50	
抗生素固体原材料（≥5g）		6个容器
生物制品原液或半成品		每个容器（每个容器制品的取样量为总量的0.1%或不少于10ml，每开瓶一次，应如上法抽验）

注：若供试品每个容器内的装量不够接种两种培养基，那么表中的最少检验数量应增加相应倍数。

表 9-2　供试品的最少检验数量

供试品	供试品装量	每支供试品接入每种培养基的最少量
液体制剂	V<1ml	全量
	1ml≤V≤40ml	半量，但不得少于1ml
	40ml<V≤100ml	20ml
	V>100ml	10%，但不少于20ml
固体制剂	M<50mg	全量
	50mg≤M<300mg	半量，但不得少于50mg
	300mg≤M≤5g	150mg
	M>5g	500mg
		半量（生物制品）
生物制品的原液及半成品		半量

表 9-3　上市抽验样品的最少检验数量

供试品	供试品最少抽验量/瓶或支
液体制剂	10
固体制剂	10

供试品	供试品最少抽验量 / 瓶或支
血液制品 V<50ml	6
V ≥ 50ml	2

注：①若供试品每个容器内的装量不够接种两种培养基，那么表中的最少检验数量应增加相应倍数。②抗生物粉针剂（≥5g）及抗生物原料药（≥5g）的最少检验数量为6瓶（或支）。桶装固体原料的最少检验数量为4个包装。

二、无菌检查法

（一）培养基

硫乙醇酸盐流体培养基主要用于厌氧菌的培养，也可用于需氧菌的培养；胰酪大豆胨液体培养基用于真菌和需氧菌的培养。

（二）无菌检查的具体方法

无菌检查法包括薄膜过滤法和直接接种法。《中华人民共和国药典》（2020年版）规定：只要供试品性状允许，应采用薄膜过滤法。进行供试品无菌检查时，检查方法和检查条件应与验证的方法相同。不同的供试品，所采用的方法也不尽相同，可根据需要选用。

1. 薄膜过滤法　应采用封闭式薄膜过滤器，滤膜孔径应不大于0.45μm，直径约为50mm。滤器及滤膜使用前应采用适宜的方法灭菌，使用时应保证滤膜在过滤前后的完整性。

> **知识链接**
>
> 选择滤膜材质时应考虑供试品及其溶剂的特性，如抑菌性供试品采用具有疏水性边缘及低吸附性的滤膜。水溶性供试液过滤前，一般应先将少量冲洗液过滤，以润湿滤膜。油类供试品，其滤膜和过滤器在使用前应充分干燥。为发挥滤膜的最大过滤效率，应注意保持供试品溶液及冲洗液覆盖整个滤膜表面。供试液经薄膜过滤后，若需要用冲洗液冲洗滤膜，每张滤膜每次冲洗量一般为100ml，总冲洗量一般不超过500ml，最高不得超过1 000ml，以避免滤膜上的微生物受损伤。

（1）水溶性液体供试品：取供试品规定量，直接过滤，或混合至含不少于100ml适应稀释液的无菌容器中，混匀，立即过滤。如供试品具有抑菌作用，须用冲洗液冲洗滤膜，冲洗次数一般不少于三次。除生物制品外，一般样品冲洗后，1份滤器中加入100ml硫乙醇酸盐流体培养基，1份滤器中加入100ml胰酪大豆胨液体培养基，1份滤器中接种阳性对照菌做阳性对照用。生物制品样品冲洗后，2份滤器中加入100ml硫乙醇酸盐流体培养基，1份滤器中加入100ml胰酪大豆胨液体培养基，1份滤器中接种阳性对照菌做阳性对照用。

（2）水溶性固体和半固体供试品：取供试品规定量，加适宜的稀释液溶解或按标签说明复溶，然后按照水溶性液体供试品项下的方法操作。

（3）非水溶性供试品：取供试品规定量，直接过滤；或混合溶于适量含聚山梨酯80或其他适宜乳化剂的稀释液中，充分混合，立即过滤。用含0.1%~1%聚山梨酯80的冲洗液冲洗滤膜至少3次。加入含或不含聚山梨酯80的培养基。接种培养基按照水溶性液体供试品项下的方法操作。

2. 直接接种法 适用于无法用薄膜过滤法进行无菌检查的供试品，即取规定量供试品分别接种至各含硫乙醇酸盐流体培养基和胰酪大豆胨液体培养基中。除生物制品外，一般样品无菌检查时两种培养基接种的瓶或支数相等；生物制品无菌检查时硫乙醇酸盐流体培养基和胰酪大豆胨液体培养基接种的瓶或支数为2∶1。除另有规定外，每个容器中培养基的用量应符合接种的供试品体积不得大于培养基体积的10%，同时，硫乙醇酸盐流体培养基每管装量不少于15ml，胰酪大豆胨液体培养基每管装量不少于10ml。供试品检查时，培养基的用量和高度同方法验证试验。

（三）培养及观察

将上述接种供试品后的培养基容器分别按各培养基规定的温度培养不少于14天。接种生物制品的硫乙醇酸盐流体培养基的容器应分成两等份，一份置30~35℃培养，一份置20~25℃培养。培养期间应逐日观察并记录是否有菌生长。如在加入供试品后或在培养过程中，培养基出现混浊，培养14天后，不能从外观上判断有无微生物生长，可取该培养液不少于1ml转种至同种新鲜培养基中，将原始培养物和新接种的培养基继续培养不少于4天，观察接种的同种新鲜培养基是否再出现混浊；或取培养液涂片，染色，镜检，判断是否有菌。

（四）无菌检查的结果判断

阴性对照管不得有菌生长，阳性对照管生长良好的情况下：①若供试品管均澄清，或虽显混浊但经确证无菌生长，判供试品符合规定；②若供试品管中任何一管显示混浊并确证有菌生长，判供试品不符合规定，除非能充分证明试验结果无效，即生长的微生物非供试品所含。

但要注意，供试品管及阳性对照管均无菌生长，可能是供试品中含抗菌物质，应在消除抗菌、抑菌活性处理后重新检验。

只有符合下列至少一个条件时方可认为试验无效：①无菌检查试验所用的设备及环境的微生物监控结果不符合无菌检查法的要求；②回顾无菌试验过程，发现有可能引起微生物污染的因素；③在阴性对照中观察到微生物生长；④供试品管中生长的微生物经鉴定后，确证是因无菌试验中所使用的物品和/或无菌操作技术不当引起的。

试验若经评估确认无效后，应重试。重试时，重新取同量供试品，依法检查，若无菌生长，判供试品符合规定；若有菌生长，判供试品不符合规定。

第二节　微生物限度检查

一、微生物限度检查的概念

药品的微生物限度检查是指非规定无菌制剂（如口服药及外用制剂）及其原料、辅料受到微生物污染程度的一种检查方法，是对单位质量、单位体积或单位面积的药品所含的微生物数量和控制菌种类进行检查，以确保其必须在规定允许的范围。微生物限度的检查项目包括需氧菌总数、霉菌数、酵母菌数及控制菌检查。

二、微生物限度检查的基本原则

1. 严格进行无菌操作　微生物限度检查应在受控洁净环境下（不低于D级）的局部不低于B级单向流空气区域内进行。检验全过程必须严格遵守无菌操作，防止再污染。

2. 采样量　为使检验结果具有代表性，被检药品的采样应有一定数量。检验量即一次试验所用的供试品量（g、ml或cm^2），一般应随机抽取不少于2个最小包装的供试品，混合，取规定量供试品进行检验。除另有规定外，一般供试品的检验量为10g或10ml；膜剂、贴剂和贴膏剂为100cm^2。检验时，应从2个以上最小包装单位中抽取供试品，大蜜丸还不得少于4丸，膜剂、贴剂和贴膏剂还不得少于4片。贵重药品、微量包装药品的检验量可以酌减。

3. 检查前包装要求　被检药品在检查前，应保持原包装状态，不得开启，以免污染，应放置阴凉干燥处，防止微生物繁殖而影响检查结果。

4. 供试液制备　供试液制备若需加温时，应均匀加热，且温度不应超过45℃。供试液从制备至加入检验用培养基，不得超过1小时，以防微生物继续繁殖或死亡。

5. 设立阳性对照　为排除制剂中所含防腐剂或抑菌成分对试验结果的干扰，应同时利用已知阳性对照菌设立阳性对照。

6. 设立阴性对照　以稀释剂代替供试液进行阴性对照试验，阴性对照试验应无菌生长。如果阴性对照有菌生长，应进行偏差调查。

三、微生物限度检查方法

微生物限度检查方法主要有控制菌检查法和微生物计数法。

控制菌检查法指在规定的试验条件下，检查供试品中是否污染有特定的微生物。控制菌检查法是药品微生物限度检查的重要组成部分，是控制药品安全性的重要指标之一。《中华人民共和国药典》（2020年版）规定药品检测的控制菌包括耐胆盐革兰氏阴性菌、大肠埃希菌、沙门菌、铜绿假单胞菌、金黄色葡萄球菌、梭菌和白念珠菌七种。对某一制剂这七种菌不必全部检测，需检测的种类与药品的剂型、给药途径、原料来源和医疗目的等有关。

微生物计数法是用于能在有氧条件下生长的嗜温细菌和真菌的计数，即需氧菌总数、霉菌和酵母菌总数的测定。下面主要介绍微生物限度检查的微生物计数法。

计数方法包括平皿法、薄膜过滤法和最可能数法（most-probable-number method，简称MPN法）。MPN法用于微生物计数时精确度较差，但对于某些微生物污染量很小的供试品，MPN法可能是更适合的方法。

供试品检查时，应根据供试品理化特性和微生物限度标准等因素选择计数方法，检测的样品量应能保证所获得的试验结果能够判断供试品是否符合规定。所选方法的适用性须经确认。

1. 培养基　胰酪大豆胨琼脂培养基或胰酪大豆胨液体培养基用于测定需氧菌总数；沙氏葡萄糖琼脂培养基用于测定霉菌和酵母菌总数。

pH 7.0无菌氯化钠-蛋白胨缓冲液，或pH 7.2磷酸盐缓冲液，或胰酪大豆胨液体培养基用于稀释。

2. 平皿法　包括倾注法和涂布法，是以平板上生长的菌落为基础，即一个菌落代表一个活菌，测定时先将供试品稀释，使药品中的微生物细胞充分分散，然后在平板中定位，经培养后繁殖形成肉眼可见的菌落再计数，以点计的平均菌落数乘以稀释倍数即为单位药品中的活菌数。但因许多微生物分布具有的簇团性，制备供试液时不能保证所有细菌分散为单细胞，因此实际上平板上生长的一个菌落可能由一个或多个细菌细胞生长繁殖而成，代表的是一个菌落形成单位（colony forming unit，CFU）。下面以需氧菌总数平皿法为例作简单介绍（图9-1）。

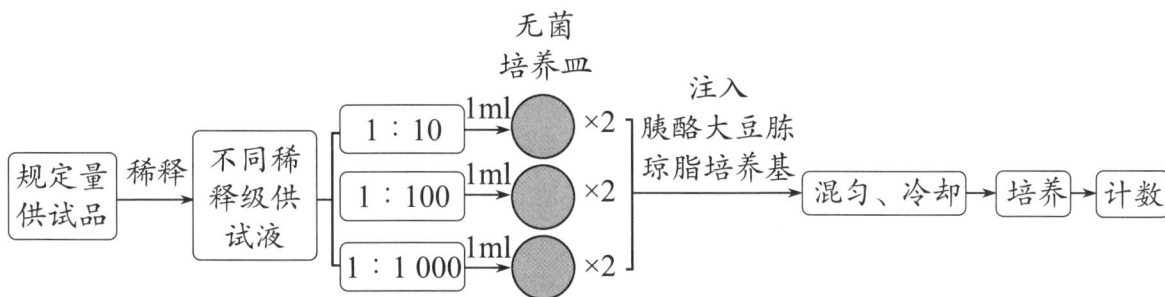

图9-1 需氧菌总数平皿法

3. 培养条件（表9-4）

表9-4 微生物限度检查的培养条件

检查项目	培养温度/℃	培养时间/天
需氧菌总数检查	30~35	3~5
霉菌和酵母菌总数检查	20~25	5~7

4. 计数及报告

（1）计数：观察菌落生长情况，点计平板上生长的所有菌落数，计数并报告。菌落蔓延生长成片的平板不宜计数。点计菌落数后，计算各稀释级供试液的平均菌落数，按菌数报告规则报告菌数。若同稀释级两个平板的菌落数平均值不小于15，则两个平板的菌落数不能相差1倍或以上。

（2）菌数报告规则：需氧菌总数测定宜选取平均菌落数小于300cfu的稀释级、霉菌和酵母菌总数测定宜选取平均菌落数小于100cfu的稀释级，作为菌数报告的依据。取最高的平均菌落数，计算1g、1ml或10cm^{2}供试品中所含的微生物数，取两位有效数字报告。

如各稀释级的平板均无菌落生长，或仅最低稀释级的平板有菌落生长，但平均菌落数小于1时，以<1乘以最低稀释倍数的值报告菌数。

四、微生物限度标准

根据药品给药途径和使用要求不同，《中华人民共和国药典》（2020年版）对药品的微生物限度标准规定：①制剂通则、品种项下要求无菌的及标示无菌的制剂和原辅料应符合无菌检查法规定；②用于手术、严重烧伤、严重创伤的局部给药制剂应符合无菌检查法规定；③非无菌化学药品制剂、生物制品制剂、不含药材原粉的中药制剂的微生物限度标准如表9-5所示。

表9-5 非无菌化学药品制剂、生物制品制剂、不含药材原粉的
中药制剂的微生物限度标准

给药途径	需氧菌总数[1]	霉菌、酵母菌数总数[1]	控制菌
口服给药[2]			不得检出大肠埃希菌（1g或1ml）；含脏器提取物的制剂还不得检出沙门菌（10g或10ml）
固体制剂	10^3	10^2	
液体及半固体制剂	10^2	10^1	
口腔黏膜给药制剂 齿龈给药制剂 鼻用制剂	10^2	10^1	不得检出大肠埃希菌、金黄色葡萄球菌、铜绿假单胞菌（1g、1ml或10cm²）
耳用制剂 皮肤给药制剂	10^2	10^1	不得检出金黄色葡萄球菌、铜绿假单胞菌（1g、1ml或10cm²）
呼吸道吸入给药制剂	10^2	10^1	不得检出大肠埃希菌、金黄色葡萄球菌、铜绿假单胞菌、耐胆盐革兰氏阴性菌（1g或1ml）
阴道、尿道给药制剂	10^2	10^1	不得检出金黄色葡萄球菌、铜绿假单胞菌、白念珠菌（1g、1ml或10cm²）；中药制剂还不得检出梭菌（1g、1ml或10cm²）
直肠给药			不得检出金黄色葡萄球菌、铜绿假单胞菌（1g或1ml）
固体及半固体制剂	10^3	10^2	
液体制剂	10^2	10^2	

给药途径	需氧菌总数[1]	霉菌、酵母菌数总数[1]	控制菌
其他局部给药制剂	10^2	10^2	不得检出金黄色葡萄球菌、铜绿假单胞菌（1g、1ml或10cm^2）

注：①单位为 cfu/g、cfu/ml 或 cfu/10cm^2；②化学药品制剂和生物制品制剂若含有未经提取的动植物来源的成分及矿物质，还不得检出沙门菌（10g 或 10ml）。

●⋯⋯ 章末小结

1. 无菌检查是用于检测药典要求无菌的药品、生物制品、医疗器械、原料、辅料及其他品种是否无菌的一种方法。
2. 药品的无菌检查只要供试品性状允许，应采用薄膜过滤法。
3. 无菌检查包括需氧菌、厌氧菌和真菌的检查。
4. 微生物限度检查法是检查非规定灭菌制剂及其原、辅料受到微生物污染的程度，严格按照基本原则执行是控制药品卫生质量的重要环节。
5. 药品微生物限度的检查项目包括需氧菌总数、霉菌数、酵母菌数及控制菌检查。
6. 微生物限度检查的方法主要有微生物计数法和控制菌检查法。
7. 药品的微生物限度标准规定：口服给药不得检出大肠埃希菌（1g或1ml）；含脏器提取物的制剂还不得检出沙门菌。

●⋯⋯ 思考题

一、 单项选择题

1. 药品的微生物学检查细菌培养温度为（　　　）
   A. 35℃　　　　　　B. 28℃　　　　　　C. 25℃
   D. 20℃　　　　　　E. 常温
2. 使用薄膜过滤法对供试品进行无菌检查时，滤膜的孔径不大于（　　　）
   A. 0.22μm　　　　　B. 0.1μm　　　　　C. 0.5μm
   D. 0.05μm　　　　　E. 0.45μm

3. 无菌检查指的是药品中的微生物情况（　　　），算合格

A. 可以活的病毒存在

B. 无任何活的微生物存在

C. 可以有少量细菌存在

D. 可以少量非致病菌存在

E. 可以有少量的致热原存在

二、 多项选择题

1. 药品无菌检查的一般原则有（　　　　）

A. 严格进行无菌操作　　　B. 建立方法的验证　　　C. 相关试剂及培养条件

D. 正确采集样品　　　　　E. 检查结果判断

2. 药品无菌检查的常用方法有（　　　　）

A. 中和法　　　　　　　　B. 薄膜过滤法　　　　　C. 稀释法

D. 直接接种法　　　　　　E. 试验要设阳性对照

三、 简述题

1. 药品无菌检查法指的是什么？无菌检查法包括哪些检查项目？

2. 药品微生物限度检查法指的是什么？微生物限度检查法包括哪些检查项目？

3. 简述0.9%氯化钠注射液采用薄膜过滤法进行无菌检查的操作过程。

（李锦霞　于慧颖）

第三篇

医学免疫学

第十章
免疫学基础

学习目标

- 掌握　免疫、抗原、抗体、免疫系统、免疫应答的概念和功能；免疫系统的组成；抗原的分类和特异性；各类免疫球蛋白的主要特性。
- 熟悉　影响抗原免疫原性的因素、医学上重要的抗原、免疫球蛋白的基本结构；适应性免疫应答的分类和生物学效应。
- 了解　佐剂的概念及在药学中的应用，免疫球蛋白的水解片段、单克隆抗体及多克隆抗体的特点；参与固有免疫应答的主要成分。
- 培养　学生具有良好的人文精神，珍爱生命，维护健康。激发学生学习科学的兴趣，关注体液免疫与人类健康的关系，树立学好免疫学基础知识的信心。

情境导入

情境描述：

　　患儿，男，5岁，反复咳嗽、感冒。近几天食欲差，腿发酸来诊。平日挑食偏食，不喜欢吃肉、鱼、虾、动物肝脏，喝牛奶少，蔬菜一般，偶尔口服葡萄糖酸钙锌溶液，未补充鱼肝油，身高103cm、体重15kg，均不达标。

　　患儿挑食偏食，很可能缺乏钙、铁、锌、维生素A、维生素C等，且生长发育缓慢，并使免疫力受到影响，从而易感冒、咳嗽。

　　医师建议：增强免疫力。①避免偏食挑食，每天摄入适量绿叶菜和水果、少量红肉、一个鸡蛋、纯牛奶400~500ml；②多饮白开水，多晒太阳，多运动，保证充足睡眠；③做微量元素检查，明确缺乏的营养素，给予针对性补充。

学前导语：

　　何为免疫？人体免疫功能正常时有何表现？人体免疫功能异常（过高或过低）时又有何表现？本章将带领大家开启学习免疫学知识的大门。

第一节 免疫学概述

一、免疫的概念

传统的免疫概念局限于"免除疫病"，即对传染病的抵抗力。随着免疫学研究的深入和发展，现代免疫的概念是指机体识别和排除抗原性异物，以维持自身生理平衡和稳定的功能。免疫通常对机体是有益的，但某些情况下也会造成机体组织的损伤。

二、免疫的功能

免疫功能是机体免疫系统在识别和排除不同种类抗原性异物的过程中所产生的一系列生物学效应的总称，包括以下三个方面（表10-1）。

表 10-1　免疫功能的表现

免疫功能	正常表现（有利）	异常表现（有害）
免疫防御	清除病原生物及其有害代谢产物、寄生虫等	超敏反应（过高），反复感染或免疫缺陷病（过低）
免疫稳定	识别、清除自身衰老、损伤和死亡细胞	自身免疫性疾病
免疫监视	识别、清除突变细胞和病毒感染细胞	发生肿瘤，病毒持续性感染

（一）免疫防御

免疫防御是指清除进入机体的病原生物及其有害代谢产物、寄生虫等的能力。在正常情况下能发挥有效的抗感染作用；若免疫防御功能过强可引起超敏反应，造成生理功能紊乱和组织损伤；免疫防御低下可导致机体发生反复感染或免疫缺陷病。

（二）免疫稳定

免疫稳定是机体免疫系统识别和清除自身衰老、损伤和死亡细胞，维持内环境的平衡和稳定的功能。这种功能失调会引起自身正常的组织损伤，发生自身免疫性疾病。

（三）免疫监视

免疫监视是机体免疫系统及时识别和清除体内发生突变细胞和病毒感染细胞的功能。此功能低下时可发生肿瘤或病毒持续性感染。

第二节　免疫系统的组成

免疫系统是机体在长期进化过程中形成的，是执行免疫功能的物质基础，由免疫器官、免疫细胞和免疫分子三部分组成。

一、免疫器官

免疫器官是指实现免疫功能的器官或组织。根据发生的时间顺序和功能差异，可分为中枢免疫器官和外周免疫器官两部分。

（一）中枢免疫器官

中枢免疫器官是免疫细胞发生、分化、发育和成熟的场所。人或其他哺乳类动物的中枢免疫器官包括骨髓和胸腺。

1. 骨髓　骨髓是造血器官，骨髓中的多能干细胞分化为髓样干细胞和淋巴干细胞，前者进一步发育成熟为红细胞、单核细胞、粒细胞和血小板等；后者发育为各种淋巴细胞。其中某些淋巴干细胞发育成熟为B淋巴细胞，简称B细胞。因此，骨髓亦是人和哺乳类动物B细胞发育成熟的场所。

2. 胸腺　胸腺是T细胞分化、发育、成熟的场所。胸腺位于胸腔纵隔上部，胸骨后方。经骨髓发育的部分淋巴干细胞进入胸腺，继续发育成熟为T淋巴细胞，简称T细胞。胸腺的大小和结构随年龄不同而有明显差异。新生儿期胸腺重15~20g，青春期可达30~40g，以后逐渐萎缩被脂肪组织取代，功能衰退导致细胞免疫功能下降。

（二）外周免疫器官

外周免疫器官是成熟的免疫细胞定居、增殖和发生特异性免疫应答的场所，包括淋巴结、脾脏及黏膜相关的淋巴组织。

1. 淋巴结　淋巴结沿淋巴管道广泛分布于全身各处，人体全身有500~600个淋巴结。淋巴结分皮质区和髓质区，靠近被膜的皮质为浅皮质区，称为非胸腺依赖区，是B细胞定居的场所；靠近髓质的皮质为深皮质区，称胸腺依赖区，是T细胞定居的部位。定居的淋巴细胞中T细胞约占75%，B细胞约占25%。同时，淋巴结是淋巴细胞接受抗原刺激、分化、增殖和发生特异性免疫应答的场所，在免疫过程中起着过滤和净化淋巴液、贮存淋巴细胞的作用。

2. 脾　脾是人体内最大的外周免疫器官。脾中淋巴细胞总数大约60%为B细胞，约40%为T细胞。脾也是淋巴细胞接受抗原刺激并产生免疫应答的主要场所，还可清除血液中的病原体、衰老死亡的细胞、免疫复合物等，起到过滤和净化血液的作用。此外，脾脏可合成并分泌如补体、干扰素等生物活性物质，也是机体储存血细胞的血库。

3. 黏膜相关的淋巴组织　黏膜相关的淋巴组织指呼吸道、消化道、泌尿生殖道黏膜固有层、黏膜下散在的无被膜的淋巴组织以及某些带有生发中心的器官化的淋巴组织（如扁桃体、阑尾和小肠集合淋巴结等）。机体近50%的淋巴组织存在于黏膜系统，在局部抗感染免疫防御中发挥关键作用。

🔗 知识链接 ···

淋巴结为什么会肿大？

淋巴结属于外周免疫器官，是成熟的免疫细胞定居、增殖和发生特异性免疫应答的场所，淋巴结肿大是指淋巴结内免疫细胞增生，使淋巴结超过原来的大小，肿大的淋巴结能及时反映身体局部的健康状况。

淋巴结肿大原因一般分为以下几种：

（1）急、慢性炎症：当机体受到细菌、病毒等病原生物感染时会诱发急、慢性炎症，引起淋巴结肿大，随着原发病或炎症好转，肿大现象可消失。

（2）某些原发肿瘤：如淋巴瘤，就是淋巴细胞发生恶性变化，可引起全身性淋巴结肿大。

（3）转移性肿瘤：肺癌、肝癌、乳腺癌、鼻咽癌等恶性肿瘤转移引发的淋巴结肿大，如鼻咽癌转移至颈部淋巴结并使其肿大，胃癌转移至左锁骨上淋巴结并使其肿大。

（4）其他因素：化学因素、超敏反应性刺激，如血清病。

出现淋巴结肿大不必恐慌，多数为炎症反应增生性淋巴结肿大。但也不能忽略，一旦发现持续异常肿大的淋巴结，并伴有其他的异常症状，应及时就医，及早干预治疗，以免延误。

二、免疫细胞

免疫细胞指与免疫有关的所有细胞，包括T细胞、B细胞、自然杀伤细胞（NK细胞）、抗原提呈细胞及其他免疫细胞（粒细胞、肥大细胞、红细胞、血小板等）。其中T细胞、B细胞接受抗原刺激后，能被活化，继而增殖、分化，介导特异性免疫应答，又称为免疫活性细胞。

（一）T细胞

T细胞在胸腺中发育成熟，故又称为胸腺依赖性淋巴细胞，主要介导细胞免疫应答。

1. 主要表面标志　包括抗原识别受体和分化抗原（CD分子）（图10-1）。

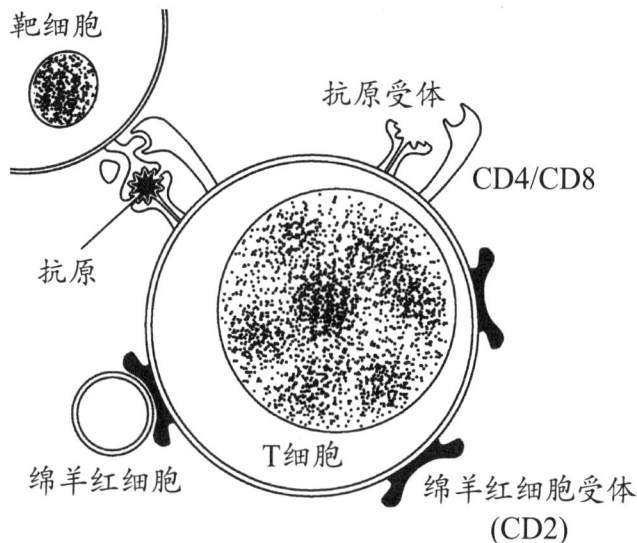

图10-1　T细胞表面分子

（1）T细胞受体（TCR）：是成熟T细胞共有的特征性表面标志，也是T细胞特异性识别和结合抗原的受体。T细胞通过TCR与抗原物质特异性结合，构成启动免疫应答的信号。

（2）CD4：为T细胞的辅助识别受体，表达CD4的T细胞被称为CD4$^+$T细胞。

（3）CD8：为T细胞的辅助识别受体，表达CD8的T细胞被称为CD8$^+$T细胞。

（4）CD2（绵羊红细胞受体）：是人类T细胞特有的重要标志之一。在一定的实验条件下，T细胞表面的绵羊红细胞受体与绵羊红细胞结合，经瑞氏染色后镜下呈玫瑰花环状（E玫瑰花环），称为E玫瑰花环形成试验（图10-2）。

2. 分类　根据T细胞表面标志和免疫功能不同分为CD4$^+$T细胞和CD8$^+$T细胞（表10-2）。

（1）CD4$^+$T细胞：主要为辅助性T细胞（Th cell），按其产生细胞因子不同又分为Th1和Th2细胞。Th1细胞受到抗原刺激后，可通过释放γ干扰素（IFN-γ）、白细胞介素-2（IL-2）和肿瘤坏死因子β（TNF-β）等引起炎症或Ⅳ型超敏反应，主要参与细胞免疫应答；Th2细胞可通过释放IL-4、IL-5、IL-6、IL-10等诱导B细胞增殖、分化、分泌抗体，主要参与体液免疫应答。

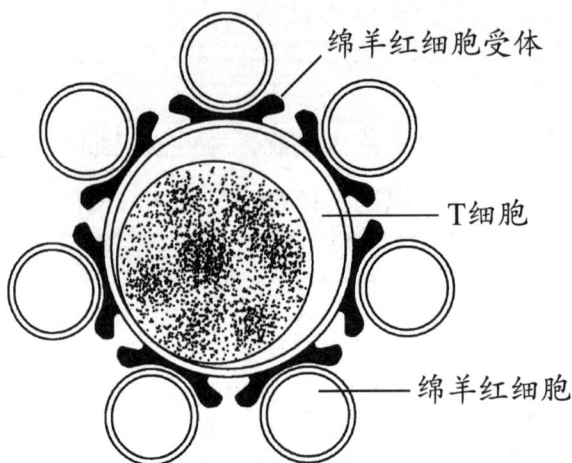

图10-2　E玫瑰花环

（2）CD8+T细胞：按其功能不同分为细胞毒性T细胞（Tc cell或CTL）和抑制性T细胞（Ts cell）。Tc细胞经抗原致敏后，能特异性杀伤带有相应抗原的靶细胞（病毒感染细胞及肿瘤细胞等）；Ts细胞可抑制特异性免疫应答。

表 10-2　T 细胞分类及功能

分类	细胞	功能
CD4+T 细胞	辅助T细胞1（Th1细胞）	介导Ⅵ型超敏反应
	辅助T细胞2（Th2细胞）	促进淋巴细胞发生免疫应答
CD8+T 细胞	细胞毒性T细胞（Tc细胞）	发挥细胞毒作用
	抑制性T细胞（Ts细胞）	抑制淋巴细胞发生免疫应答

（二）B 细胞

B细胞在骨髓中分化成熟，故又称为骨髓依赖性淋巴细胞，主要介导体液免疫应答。

1. 主要表面标志　B细胞受体（BCR）是B细胞特异性识别和结合抗原的主要结构，也是B细胞的特征性表面标志，BCR为B细胞膜表面的膜免疫球蛋白（图10-3）。

2. 分类　根据B细胞表面是否表达CD5，可将B细胞分为表达CD5的B1细胞和不表达CD5的B2细胞，介导体液免疫的主要是后者。人类T细胞与B细胞的比较见表10-3。

（三）自然杀伤细胞

自然杀伤细胞（NK细胞）来源于骨髓的淋巴干细胞，占外周血淋巴细胞总数的5%~10%，主要分布于外周血和脾中。NK细胞可直接杀伤靶细胞（如肿瘤细胞和病毒感染细胞等），其杀伤作用是非特异性的，故称为自然杀伤细胞。NK细胞杀伤靶细胞的方式包括直接杀伤靶细胞和抗体依赖细胞介导的细胞毒作用（ADCC）。

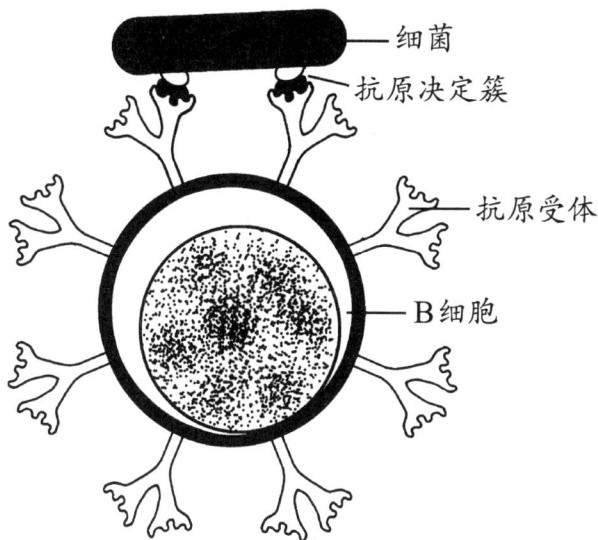

图10-3　B细胞受体

表10-3　人类T细胞与B细胞的比较

要点	T细胞	B细胞
来源	胸腺	骨髓
分布	淋巴结中约占75%、脾脏中约占40%	淋巴结中约占25%、脾脏中约占60%
表面标志	TCR、CD4、CD8、CD2	BCR（膜表面免疫球蛋白，即mIg）
分类	CD4$^+$T细胞、CD8$^+$T细胞	B1细胞、B2细胞
功能	介导细胞免疫、参与辅助体液免疫	介导体液免疫、参与抗原提呈

（四）抗原提呈细胞

抗原提呈细胞指能摄取、加工、处理抗原，并将处理后的抗原肽提呈给T细胞的一类免疫细胞。主要包括单核巨噬细胞、树突状细胞和B细胞。天然抗原只有经抗原提呈细胞加工处理后表达在抗原提呈细胞表面，才能被T细胞识别，从而诱导免疫应答发生。

此外，免疫细胞还包括中性粒细胞、嗜酸性粒细胞、嗜碱性粒细胞、肥大细胞、红细胞和血小板等，它们在免疫应答中发挥不同的作用。

三、免疫分子

免疫分子包括存在于体液中的抗体、补体和细胞因子等多种参与免疫应答的生物活性物质。它们既是免疫应答的效应分子，又是免疫应答过程的各个环节相互调节及相互作用的物质。

第三节　抗原

案例分析

案例

患者，女，19岁，咽部不适3周，眼睑水肿、尿少1周。3周前咽部不适，轻咳，无发热，自服药物无好转。近1周感双腿发胀，双眼睑水肿，晨起时明显，伴尿量减少，200~500ml/d，尿色较红。于外院查尿蛋白（++），血压升高，口服"阿魏酸哌嗪片"症状无好转来诊。发病以来精神食欲可，轻度腰酸、乏力。青霉素过敏，既往体健，否认家族遗传病史。

查体：体温36.5℃，脉搏80次/min，呼吸18次/min，血压160/96mmHg，眼睑水肿，巩膜无黄染，咽红，扁桃体不大，双肾区无叩痛，双下肢可凹性水肿。

化验：血红蛋白值为140g/L，白细胞计数$7.7×10^9$/L，尿蛋白（++），尿红细胞20~30/高倍视野。

临床诊断：急性肾小球肾炎（链球菌感染后）。

分析

呼吸道感染乙型溶血性链球菌可引起咽炎、咽峡炎、扁桃体炎等化脓性感染，患者尤其是儿童应早期彻底治疗，以防风湿热、急性肾小球肾炎等疾病发生。那么乙型溶血性链球菌反复感染后为什么会诱发急性肾小球肾炎？原因与该细菌作为嗜异性抗原引起的交叉反应有关。免疫是机体针对抗原的一场"战争"，这场战争的始动因素和必备条件就是抗原进入机体或在机体内出现。

一、抗原的概念与特性

（一）抗原的概念

抗原（antigen，Ag）是指能与免疫活性细胞上的抗原受体结合，促进其增殖、分化，产生抗体或效应T细胞，并能与之（抗体或效应T细胞）发生特异性结合，进而发挥免疫效应的物质。

（二）抗原的特性

抗原具有两种基本特性（图10-4）：①免疫原性，能刺激免疫活性细胞，使之活化、增殖、分化，产生相应抗体或效应T细胞的特性；②抗原性，能与相应抗体或效应T细胞发生特异性结合的特性。

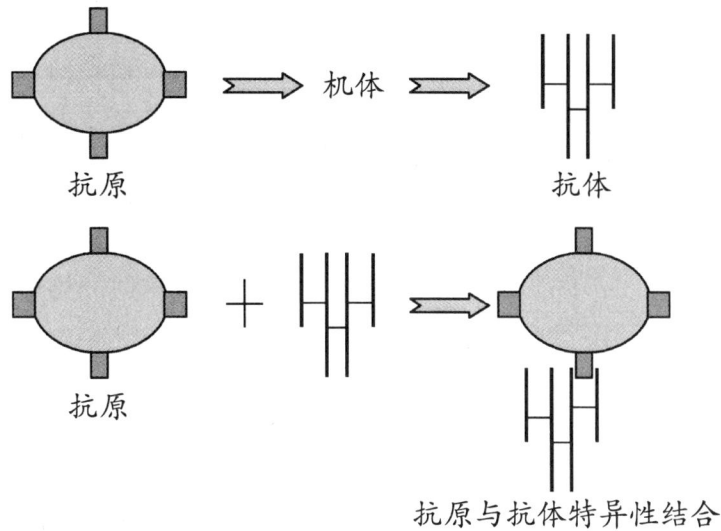

图10-4　抗原的特性示意图

二、抗原的分类

（一）根据抗原的基本性能分类

1. 完全抗原　同时具有免疫原性和抗原性的物质，如病原微生物、异种蛋白质等。

2. 半抗原　只具有抗原性而无免疫原性的物质，又称不完全抗原，这类物质若与蛋白质载体结合，即可获得免疫原性，而成为完全抗原刺激机体发生免疫应答，如多糖、类脂、某些药物（如青霉素）等。

（二）根据诱导抗体产生是否需要T细胞辅助分类

1. T细胞依赖性抗原（TD-Ag）　又称胸腺依赖性抗原，指刺激B细胞产生抗体，需要Th细胞辅助的抗原。

2. 非T细胞依赖性抗原（TI-Ag）　又称非胸腺依赖性抗原，指刺激B细胞产生抗体，无需Th细胞辅助的抗原。

三、抗原的特异性

（一）抗原的特异性概念

特异性即专一性，是指抗原刺激机体只能产生与之相应的抗体或效应T细胞，并且只能与相应的抗体或效应T细胞发生特异性结合。如接种乙型肝炎疫苗只能预防乙型肝炎，而不能预防其他类型肝炎。抗原特异性是机体免疫应答最基本的特征，是免疫学诊断和防治的理论依据。

抗原的特异性的物质基础是抗原决定簇。抗原决定簇（又称抗原表位）是抗原分子中的特殊化学基团，一般由几个到十几个氨基酸构成。它是与抗体、免疫活性细胞的抗原受体特异性结合的部位。

（二）共同抗原与交叉反应

病毒和细菌等天然抗原物质表面可含有多种抗原决定簇，每种决定簇可刺激机体产生一种特异性抗体。不同抗原物质之间存在的相同或相似的抗原决定簇，称为共同抗原，能与同一抗体发生反应。某些抗原（或抗体）除与其相应抗体（或抗原）发生特异性反应外，还与其他抗体（或抗原）发生的反应，称为交叉反应（图10-5）。

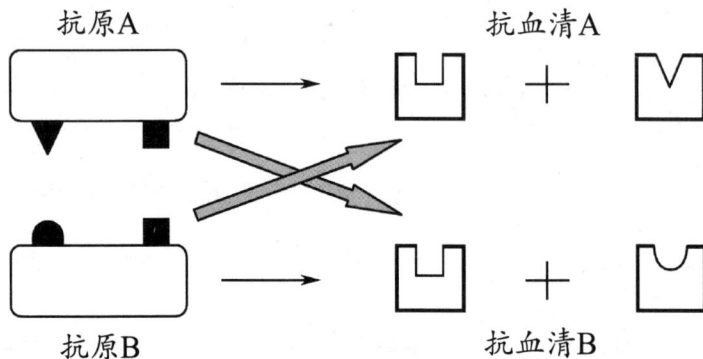

图10-5　共同抗原与交叉反应示意图

四、影响抗原免疫原性的因素

某种物质是否具有免疫原性，能否诱导机体免疫系统产生免疫应答，受很多方面因素的影响，但主要与下列因素有关。

（一）异物性

异物性是决定抗原具有免疫原性的首要条件。异物即"非己"物质，凡是胚胎期从未与机体的免疫活性细胞接触过的物质，均视为异物。异物性物质主要有以下几类。

1. 异种物质　异种蛋白质、各种病原生物及其毒性代谢产物对人体而言均属于异种物质，具有强的免疫原性。生物之间亲缘关系越远，分子结构差异越大，其免疫原性越强。

2. 同种异体物质　高等动物的同种不同个体之间，由于遗传差异，其组织细胞的化学结构也存在差异。因此同种异体物质也可以是抗原物质。如人类血型抗原、主要组织相容性抗原等。将这些同种异型抗原输送或移植给另一个体，即可能发生免疫应答。

3. 自身物质　自身组织结构发生改变或隐蔽物质释放，可成为自身抗原。

（二）理化性状

1. 分子大小与化学组成　抗原的相对分子量一般在10kD以上，且分子量越大，免疫原性越强。抗原物质必须有复杂的化学结构，如蛋白质中含有大量芳香族氨基酸尤其是酪氨酸时，免疫原性就强；以非芳香族氨基酸为主的蛋白质，免疫原性较弱，如明胶。

2. 分子构象和易接近性　抗原决定簇是决定抗原分子与淋巴细胞抗原受体结合的关键，其空间构型与受体之间越吻合，免疫原性越强。抗原决定簇在分子表面时，易与淋巴细胞抗原受体结合，其免疫原性就强；若存在于大分子内部，则表现不出免疫原性。

（三）免疫途径

抗原免疫原性的强弱与其进入机体的途径和剂量有关，免疫途径以皮内免疫最佳，皮下免疫次之。两次免疫的间隔时间、次数以及是否使用免疫佐剂等均可影响免疫应答的强弱。

（四）机体因素

决定某一物质是否具有免疫原性，除与上述条件有关外，还受机体的遗传、性别、年龄、健康状态、生理状态、个体差异等诸多因素的影响。

五、医学上重要的抗原

（一）异种抗原

异种抗原是指来自另一物种的抗原物质。主要包括以下几种：

1. 病原生物　细菌、病毒等病原微生物及人体寄生虫等都是良好的异种抗原。微生物的结构虽然简单，但其化学组成很复杂，含有多种蛋白质、多糖、类脂等成分，具有较强的免疫原性。因此，用病原微生物制成相应的疫苗进行预防接种可控制传染病的流行，也可测定患者血清中相应抗体，辅助诊断疾病。

2. 细菌外毒素和类毒素　外毒素是某些细菌合成并分泌到细胞外的一种毒性蛋白质，具有较强的免疫原性。外毒素经0.3%~0.4%甲醛处理后，可失去毒性，但仍保留免疫原性，成为类毒素。类毒素可作为人工自动免疫制剂，用于疾病的预防，如破伤风类毒素和白喉类毒素。注射类毒素可刺激机体产生相应的抗体，称为抗毒素。

3. 抗毒素 是指将类毒素免疫动物，从动物血清中提取免疫球蛋白而制成。抗毒素对人体具有双重作用：一方面，抗毒素作为抗体，可中和外毒素的毒性作用，用于紧急预防或治疗外毒素引起的疾病；另一方面，其成分是异种动物的血清蛋白，具有很强的免疫原性，可刺激机体产生免疫应答，甚至还可导致超敏反应的发生。因此，在使用抗毒素之前应做皮肤过敏试验。

4. 嗜异性抗原 存在于不同种属生物之间的共同抗原称为嗜异性抗原。某些嗜异性抗原与疾病有关，如乙型溶血性链球菌的某些菌体成分与人的肾小球基底膜及心肌组织之间存在共同抗原，故链球菌感染后有可能引起急性肾小球肾炎或心肌炎的发生。大肠埃希菌OX14型与人的结肠黏膜之间存在共同抗原，其感染可导致溃疡性结肠炎的发生。

（二）同种异型抗原

同一种属不同个体之间存在的特异性抗原称为同种异型抗原。常见的人类同种异型抗原有血型抗原和人类白细胞抗原。

1. 血型抗原 血型抗原指存在于红细胞表面的同种异型抗原。主要有ABO血型抗原系统和Rh血型抗原系统。

（1）ABO血型抗原：根据人类红细胞表面A、B血型抗原的不同，可分为A型、B型、AB型和O型。因血清中存在天然血型抗体，ABO血型不符的个体之间相互输血，会发生严重输血反应。因此，临床输血前必须进行血型鉴定和交叉配血试验。

（2）Rh血型抗原：在人类红细胞表面具有与印度恒河猴红细胞膜上相同的抗原成分，称为Rh抗原。大多数人红细胞表面存在Rh抗原，称为Rh阳性（Rh^+），少数人无Rh抗原，称为Rh阴性（Rh^-）。人类血清中不存在抗Rh抗原的天然抗体。如母亲为Rh^-，胎儿为Rh^+，可引起流产和新生儿溶血症。

2. 人类白细胞抗原 人类白细胞抗原（HLA）存在于白细胞、淋巴细胞等有核细胞表面，主要参与免疫应答、免疫调节、移植排斥反应，且与某些疾病的发生相关，是反映个体特异性和遗传的标志。

（三）自身抗原

能引起机体发生免疫应答的自身成分称为自身抗原。正常情况下，人体的自身组织成分不会刺激机体的免疫系统产生免疫应答。但在以下两种情况下可成为自身抗原。

1. 修饰的自身抗原 在感染、药物、电离辐射等因素的作用下，自身成分的分子结构可发生改变，使之成为具有免疫原性的"非己"物质，成为修饰的自身抗原，可引起自身免疫性疾病。

2. 隐蔽的自身抗原　由于外伤、手术、感染等原因，使某些处于被隔离状态（由于屏障作用与免疫活性细胞相隔绝）的自身组织和成分释放入血，而这些从未与机体免疫系统接触过的成分被识别为"非己"物质，成为隐蔽的自身抗原，如眼晶状体蛋白、眼葡萄膜色素、甲状腺球蛋白、精子等，可引起自身免疫性疾病。

（四）肿瘤抗原

肿瘤抗原是细胞在癌变过程中新出现的及过度表达的具有免疫原性的一些大分子物质的总称，分为肿瘤特异性抗原（TSA）和肿瘤相关抗原（TAA）。

1. 肿瘤特异性抗原　指某一肿瘤细胞特有的抗原，正常细胞和其他肿瘤细胞均不表达，如黑色素瘤、结肠癌和乳腺癌细胞表面的TSA。

2. 肿瘤相关抗原　无肿瘤细胞特异性，但与某种肿瘤的发生有关，正常细胞上也可微量表达，但在细胞癌变时其含量可明显增高。如甲胎蛋白（AFP）与原发性肝癌相关，故通过检测人血清中AFP的含量，可辅助诊断原发性肝癌。

（五）超抗原

超抗原指一类只需要极低浓度（1~10ng/ml）即可激活2%~20%某些亚型的T细胞克隆，产生极强的免疫应答的抗原。超抗原分为外源性超抗原（如金黄色葡萄球菌肠毒素A~E）和内源性超抗原（如小鼠乳腺肿瘤病毒蛋白）。

六、佐剂

佐剂是指与抗原一起或预先注入机体，能够非特异性增强机体对该抗原的免疫应答或改变其免疫应答类型的物质。常用的佐剂有生物性佐剂（如脂多糖）、无机佐剂（如氢氧化铝）、合成佐剂（如双链多聚核苷酸）、油剂（如弗氏佐剂）、新型佐剂等。

佐剂通过改变抗原的物理性状，延长抗原在体内的存留时间，增强了抗原提呈细胞对抗原的处理和提呈能力，刺激淋巴细胞增殖分化，从而增强和扩大免疫应答。由于佐剂具有增强机体免疫应答的作用，故广泛应用于医药行业，如制备动物免疫血清，在免疫动物时加用佐剂可获得高效价的抗体；接种疫苗时加用佐剂则可增强免疫效果；佐剂作为免疫增强剂还可用于肿瘤、过敏性疾病、慢性感染的辅助治疗。

第四节 免疫球蛋白

案例分析

案例

患儿，男，6岁，左腕关节疼痛1年余。患儿1年前无明显诱因出现左腕关节间断性疼痛、肿胀、活动受限，期间反复多次发生咽痛、咳嗽、发热等上呼吸道感染。在乡镇卫生院就诊（具体不详），治疗效果不理想就诊上级医院。追溯患儿家族史，发现母系家族中有类似表现的两位男性患儿，因为感染性疾病而夭折。

体格检查：患儿口腔中腭扁桃体缺如，左腕关节红、肿、压痛及活动痛，局部皮温增高。辅助检查：IgG 1.38g/L（6岁正常值为5.90~14.30g/L），IgA 0.08 g/L（6岁正常值为0.45~2.08g/L），IgM 0.23g/L（6岁正常值为0.38~2.22g/L），IgE未测出（6岁至9岁正常值为0~0.92g/L）；血清蛋白电泳显示丙种球蛋白比例极低；外周血中B细胞未测出；T细胞数目正常。

分析

结合现病史、家族史、体格检查及辅助检查，患儿有患先天性免疫不全症的可能，极有可能患X连锁无丙种球蛋白血症。该病的发病原因是在B细胞活化早期，患者骨髓中存在前B细胞，但B细胞胞质所特有的布鲁顿酪氨酸激酶（Btk）基因突变，影响前B细胞分化成熟，则外周血几乎测不到成熟B淋巴细胞，使血清各类免疫球蛋白降低或缺少。B细胞介导的体液免疫功能降低，T细胞介导的细胞免疫功能正常，机体易反复患各种感染性疾病，静脉注射免疫球蛋白治疗效果好。于是开始定期给予患儿静脉注射免疫球蛋白400mg/kg，并将其IgG值维持在10g/L以上。经上述治疗，患儿关节炎很快获得改善。

免疫球蛋白（Immunoglobulin，Ig）是指具有抗体活性或化学结构与抗体相似的球蛋白。抗体（Antibody，Ab）是B细胞接受抗原刺激后分化为浆细胞，由浆细胞合成分泌的一类能与相应抗原特异性结合的球蛋白。抗体主要存在于血清、组织液和分泌液中。

所有的抗体都是免疫球蛋白，而免疫球蛋白却不一定都具有抗体活性。如多发性骨髓瘤患者血清中的异常免疫球蛋白无抗体活性，不能称为抗体。

一、免疫球蛋白的基本结构

（一）基本结构

免疫球蛋白的基本结构是由四条多肽链组成的，通过二硫键连接而成的单体。其中两条相同的长链称重链（H链），两条相同的短链称轻链（L链），每条多肽链均有一个氨基端（N端）和一个羧基端（C端）（图10-6）。

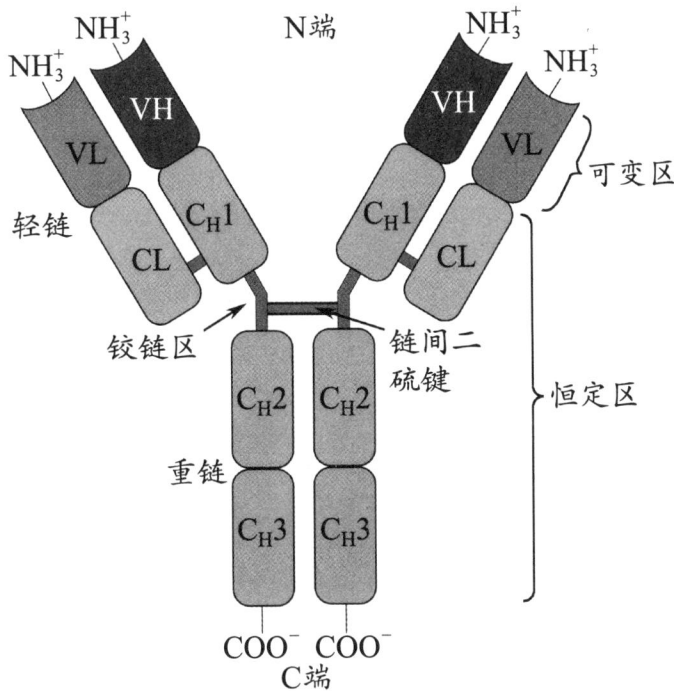

图10-6　免疫球蛋白基本结构示意图

1. 可变区　在N端L链的1/2与H链约1/4或1/5组成的区域，其氨基酸的种类和排列顺序多变，称可变区（V区），能与抗原特异性结合。

2. 恒定区　在C端L链的1/2与H链的3/4或4/5，其氨基酸的组成和排列顺序相对稳定，称恒定区（C区）。其中H链的三个恒定区从N端向C端排列为C_H1、C_H2、C_H3，分别具有不同的功能。

3. 铰链区　位于C_H1和C_H2之间。

（二）免疫球蛋白的分类

根据重链恒定区结构的差别，将免疫球蛋白分为五类，分别用希腊字母γ、α、μ、δ、ε表示。与之相应的免疫球蛋白分别命名为IgG、IgA、IgM、IgD、IgE。IgG、IgD、IgE和血清型IgA均由单体组成；分泌型IgA由连接链（J链）连接两个单体和一个分泌片构成；IgM由J链连接五个单体构成（图10-7）。

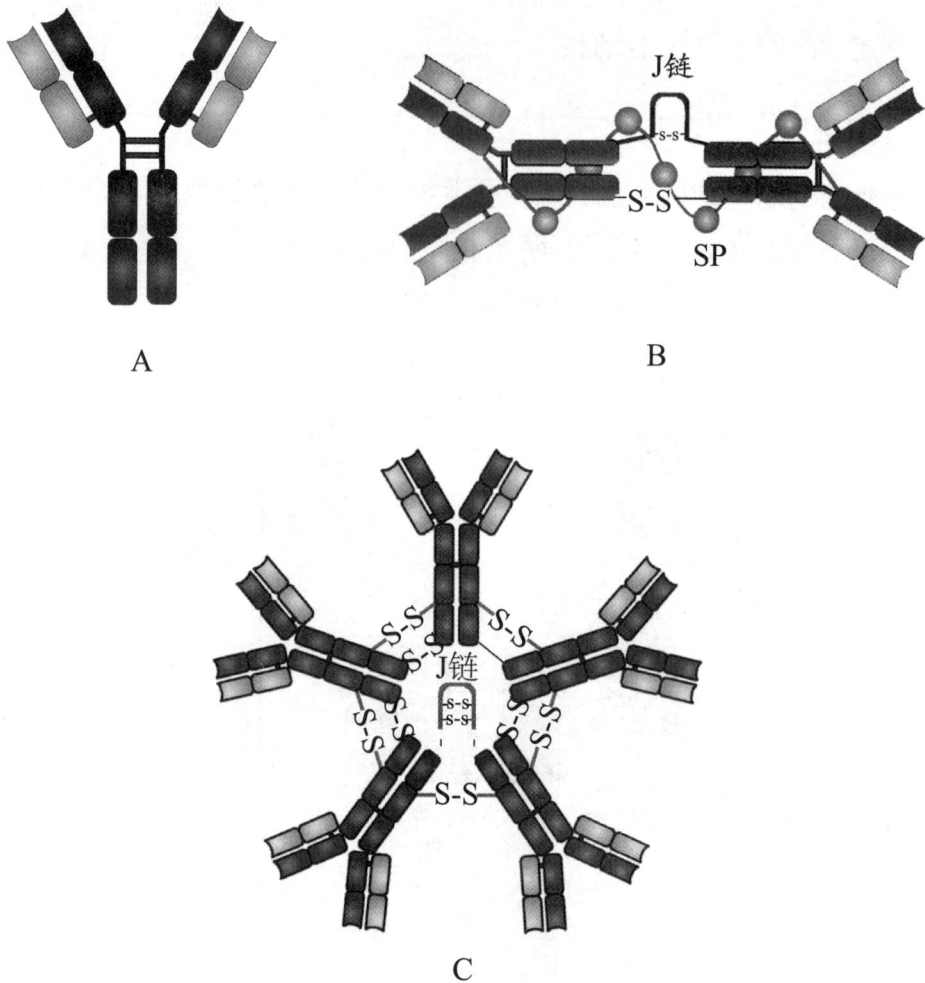

图10-7　五类免疫球蛋白的结构

A. IgG、IgD、IgE、血清型IgA；B. 分泌型IgA；C. IgM

二、免疫球蛋白的水解片段

在一定条件下，Ig分子的铰链区易被蛋白酶水解产生不同的片段。通过研究不同的结构片段可进一步了解Ig的结构和功能。下面以IgG为例说明免疫球蛋白的水解片段（图10-8）。

1. 木瓜蛋白酶水解片段　木瓜蛋白酶水解IgG铰链区连接两条重链的二硫键近N端部位，裂解后得到三个水解片段：

（1）两个相同的Fab片段：抗原结合片段，每个Fab只有一个抗原结合部位，只能与一个抗原决定簇结合，为单价。

（2）一个Fc片段：可结晶片段，因其在低温下可结晶而得名，该片段具有激活补体、结合细胞等生物学活性。

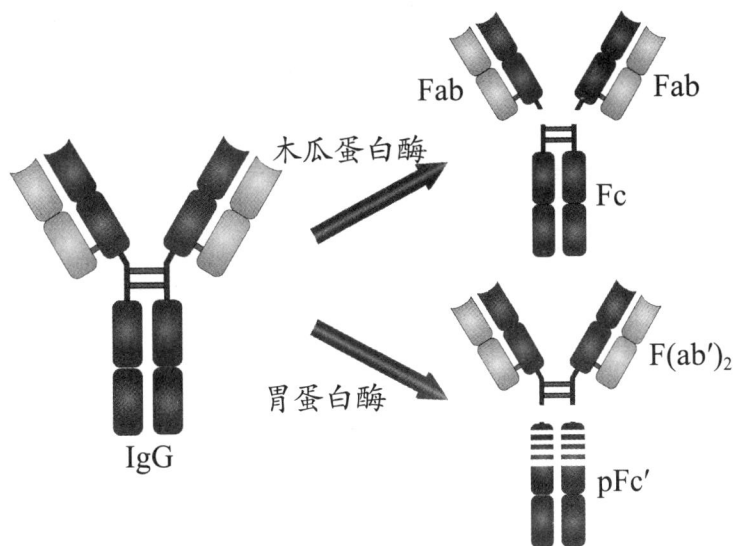

图10-8　免疫球蛋白的水解片段

2. 胃蛋白酶水解片段　胃蛋白酶水解IgG铰链区连接重链的二硫键近C端部位，裂解后获得一个F(ab′)$_2$片段，具有两个抗原结合部位，能与两个抗原决定簇结合，为双价；其余部分被裂解为若干小分子碎片（pFc′），无生物学活性。

三、各类免疫球蛋白的主要特性

（一）IgG

IgG由脾和淋巴结内的浆细胞合成，五类Ig中，IgG含量最多，占全身Ig总量的75%~80%；半衰期最长；是机体抗感染免疫的主要抗体，大多数抗菌、抗病毒、抗毒素抗体都属于IgG；此外，IgG是唯一能通过胎盘的抗体，在新生儿抗感染免疫中起重要作用。

（二）IgM

IgM由五个单体构成，分子量最大。IgM是个体发育过程中最早合成和分泌的抗体，在胚胎发育晚期即可产生。具有很强的结合抗原能力、激活补体能力及调理作用，是机体早期重要的抗感染抗体。若脐带血中出现特异性IgM升高，提示胎儿在子宫内有相应病原体的感染。出生后，在机体的体液免疫应答中，IgM是最早产生的抗体，半衰期短，如果血清中IgM水平升高，提示近期有感染发生，可作为早期诊断的依据。天然ABO血型抗体、类风湿因子等都是IgM类抗体。

（三）IgA

IgA有血清型和分泌型两种。血清型IgA主要为单体，在血清中含量较少，其免疫作用较弱。分泌型IgA（sIgA）由两个单体构成，主要存在于呼吸道、消化道、泌尿生殖道等黏膜的外分泌液中，如初乳、泪液、唾液、支气管和胃肠道分泌液等，在黏膜局部抗感染中发挥重要作用。婴儿可从母亲初乳中获得sIgA，因此应提倡母乳喂养。

（四）IgD

IgD在血清中含量极低，为B细胞膜上的抗原受体，功能尚未清楚。

（五）IgE

IgE在血清中含量最少，为亲细胞抗体，介导I型超敏反应。此外，IgE还参与抗寄生虫免疫。

五类免疫球蛋白的比较见表10-4。

表10-4　五类免疫球蛋白的比较

	IgG	IgA	IgM	IgD	IgE
存在形式	单体	单体、双体	五聚体	单体	单体
血清比例/%	75~80	10~15	5~10	<1	<0.002
合成时间	出生后3个月	4~6个月	胚胎末期	较晚	较晚
半衰期/天	20~23	6	5	3	2
生物学特性	抗感染免疫的主要抗体；唯一能穿过胎盘	sIgA对黏膜局部抗感染发挥重要作用；初乳中含有	早期重要的抗感染抗体	功能尚未清楚	介导Ⅰ型超敏反应；抗寄生虫感染

四、人工抗体的制备

天然抗原常含有多种不同的抗原决定簇，每一种抗原决定簇均可刺激机体内一个相应的B细胞克隆产生一种特异性抗体。传统方法制备抗体是用天然抗原免疫动物，刺激多种具有相应抗原识别受体的B细胞克隆发生免疫应答，从而产生多种针对不同抗原决定簇的抗体，分泌到体液之中。这样获得的动物免疫血清实际上是含有多种抗体的混合物，称为多克隆抗体。该抗体特异性不高，易出现交叉反应，故应用受限。

单克隆抗体指由识别一种抗原决定簇的一个B细胞克隆增殖分化产生的特异性抗体。制备单克隆抗体采用杂交瘤技术，其产生的单克隆抗体具有高度特异性、高度均一性、高效价、高产量等特点，临床应用单克隆抗体作为免疫学诊断试剂，克服了多克隆抗体易产生交叉反应的缺点，大大提高了感染性疾病诊断的准确率；单克隆抗体还可与放射性核素、毒素、化学药物偶联，制成生物导弹应用于肿瘤的诊断或治疗。

第五节　免疫应答

免疫应答（immune response）是免疫系统识别和排除病原生物等抗原性异物的整个过程。它是由多种免疫细胞和免疫分子参与的一系列复杂排斥反应的生理过程，免疫应答的生物学意义是及时清除入侵体内的病原生物等抗原性异物，维持机体生理平衡和稳定。但在某些情况下，过强或不适宜的免疫应答，可造成机体组织损伤。

免疫应答有两种类型，即固有（非特异性）免疫应答及适应性（特异性）免疫应答。机体一旦遭受病原生物的侵袭或抗原的刺激，首先由固有免疫应答迅速发挥防御及清除作用，通常不能完全清除病原体或抗原。之后，机体则启动适应性免疫应答，从而更有效地彻底清除病原体或抗原。

一、固有免疫应答

固有免疫应答又称为非特异性免疫应答，是生物体在长期种系进化过程中逐渐形成的天然防御机制。其特点是：①先天就有，受遗传基因控制，能遗传给后代，故又称先天免疫；②其强弱有个体差异，有种属特异性；③无特异性，对所有的病原生物都有一定的防御功能，作用迅速、广泛；④无免疫耐受和免疫记忆性。参与固有免疫应答的主要成分包括：

（一）生理屏障

1. 皮肤黏膜屏障　是机体抵御微生物侵袭的第一道防线，由物理屏障、化学屏障和微生物屏障构成。

（1）物理屏障：由上皮组织构成的皮肤黏膜由于细胞排列紧密，具有机械屏障作用，正常情况下能有效阻止病原微生物的入侵。此外，呼吸道上皮细胞纤毛的定向摆动、黏膜表面分泌液的冲洗作用，都有助于清除黏膜表面的病原体。

（2）化学屏障：皮肤黏膜的分泌物中含有多种抑菌、杀菌物质，如皮脂腺分泌的脂肪酸，汗液中的乳酸，唾液、泪液中的溶菌酶、胃酸、蛋白酶等对多种病原体均有不同程度的抑制及杀伤作用。

（3）微生物屏障：皮肤黏膜部位的正常菌群可通过拮抗作用或通过分泌某些抑菌、杀菌物质防御病原生物的感染。而滥用抗生素则可能抑制或杀死大部分正常菌群，破坏对致病菌的制约作用，从而引发菌群失调症。

2. 血脑屏障　血脑屏障在于机体血液与脑组织之间，由软脑膜、脉络丛毛细血管壁和毛细血管壁外的星形胶质细胞组成。该屏障结构致密，可阻止母体内病原体及毒性代谢产物经血液进入脑组织或脑脊液，以保证机体中枢神经系统的正常发育和功能。婴幼儿血脑屏障发育尚未完善，易发生中枢神经系统感染，如脑炎、脑膜炎等。

3. 胎盘屏障　由母体子宫内膜的底蜕膜和胎儿绒毛膜滋养层细胞共同组成。此屏障不妨碍母子间营养物质交换，但可阻止母体感染的病原生物及其代谢产物进入胎儿体内。妊娠早期（3个月内）胎盘屏障发育尚未完善，孕妇若感染风疹病毒、巨细胞病毒及弓形虫等，可导致胎儿畸形、流产或死胎，孕妇服用某些药物也会引起类似情况。因此妊娠早期要特别注意避免感染，在医师指导下合理用药。

（二）固有免疫细胞

1. 吞噬细胞　吞噬细胞主要包括中性粒细胞和单核吞噬细胞两类。

（1）中性粒细胞：中性粒细胞占血液白细胞总数的60%~70%，具有很强趋化作用和吞噬功能，当病原体突破皮肤黏膜屏障侵入组织引发局部感染时，它们可迅速穿越血管内皮细胞进入感染部位，对入侵的病原体发挥吞噬杀伤作用。中性粒细胞表面表达有IgG Fc受体和补体C3b受体，也可通过调理作用增强中性粒细胞的吞噬、杀菌作用。

🔗 知识链接 ··

完全吞噬与不完全吞噬

完全吞噬是指吞噬细胞将吞噬的病原体彻底杀死、破坏。如化脓性球菌被吞噬后，一般于5~10分钟死亡，30~60分钟被破坏。不完全吞噬指病原体被吞噬细胞吞噬后，没能被杀死破坏。吞噬细胞使病原体受到保护，有的甚至能在吞噬细胞内生长繁殖，免受体液中的多种抗微生物物质及药物的破坏，有时还可导致吞噬细胞死亡；或通过游走的吞噬细胞经血液或淋巴液将原体扩散到其他部位，引起病变播散。另外，吞噬细胞的溶酶体释放的多种酶也可造成周围正常组织损伤。

（2）单核吞噬细胞：单核吞噬细胞包括血液中的单核细胞和组织中的巨噬细胞。单核细胞约占血液中白细胞总数的3%~8%。其体积较淋巴细胞略大，胞质中富含溶酶体。单核细胞在血液中仅停留12~24小时，其进入表皮棘层，可分化为朗格汉斯细胞；进入结缔组织或器官，可分化为巨噬细胞。巨噬细胞胞质内含有丰富的溶酶体及线粒体，具有强大的吞噬、杀菌、清除凋亡细胞的能力。巨噬细胞可通过氧依赖和氧非依赖杀菌途径杀伤病原体，并具有促进炎症、杀伤靶细胞、加工与抗原提呈、杀伤肿瘤细胞以及免疫调节等多种生物学功能，不仅执行固有免疫应答的效应功能，也在适应性免疫应答的各阶段发挥作用（图10-9）。

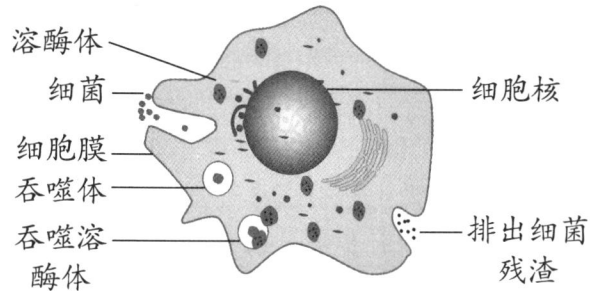

图10-9　吞噬细胞的吞噬过程

2. 自然杀伤细胞（NK细胞）　NK细胞具有非特异性抗肿瘤和抗病毒感染作用，可直接杀伤肿瘤细胞、病毒或胞内寄生菌感染的靶细胞。

（1）细胞毒作用：NK细胞的细胞毒作用的机制主要是抗体依赖细胞介导的细胞毒作用（ADCC）和分泌穿孔素、颗粒酶等，主要杀伤感染了胞内寄生微生物（如病毒、李斯特菌等）的靶细胞，干扰素等细胞因子可促进NK细胞的细胞毒作用，增强其抗感染效应。

（2）产生细胞因子：活化的NK细胞可分泌IFN-γ和TNF-α等多种细胞因子，通过干扰病毒复制和进一步活化吞噬细胞，增强机体抗感染免疫能力，在机体针对病毒的抗感染免疫早期发挥重要作用。

3. γδT细胞　γδT细胞是执行固有免疫功能的T细胞，其T细胞受体由γ和δ链组成。此类T细胞主要分布于肠道、呼吸道及泌尿生殖道等黏膜和皮下组织中，以非主要组织相容性复合体（MHC）限制性方式直接识别某些完整多肽抗原，在机体抗感染免疫中，尤其是皮肤黏膜表面的免疫防御中发挥重要作用。

（三）正常体液中的抗菌物质

体液中的一些分子也具有非特异性抗感染作用，这些分子主要有补体、细胞因子、抗菌肽、溶菌酶等，其中最重要的是补体。

1. 补体

（1）概念：存在于正常人或动物体液中，主要存在于血清中的一组具有酶活性的球蛋白。补体包括多种成分，亦称补体系统。

（2）性质：不稳定，易受各种理化因素影响而失去活性，称为灭活。正常情况下补体没有活性，需要激活后才能发挥免疫作用。

（3）作用：可通过经典途径、旁路途径和甘露糖结合凝集素（MBL）途径激活补体。补体激活后发挥的生物学作用有：①溶菌、溶解细胞作用；②调理吞噬作用；③免疫黏附作用；④炎症介质作用；⑤中和病毒作用；⑥趋化作用。

🔗 **知识链接**

补体的发现

1894年，Pfeiffer发现免疫溶菌现象。将霍乱弧菌注射到已被该菌免疫的豚鼠腹腔内，则新注入的霍乱弧菌迅速溶解。此外，取细菌免疫血清与相应细菌注入正常豚鼠腹腔也得到同样结果。

1895年，Bordet在实验时将新鲜免疫血清加热30分钟后，再加入相应细菌只出现凝集，丧失溶菌能力；加入新鲜非免疫血清可恢复其活性。Ehrlich同时也发现了类似现象，并将其命名为补体（complement）。

Bordet通过实验，证明免疫血清中可能存在两种与溶菌有关的物质：一种是对热稳定的物质即抗体，能与相应细菌或细胞特异性结合，引起凝集；另一种是对热不稳定的物质，称为补体，是正常血清中的成分，无特异性，具有协助抗体溶解细菌或细胞的作用。

2. 细胞因子 病原体感染机体后，由免疫细胞和感染细胞分泌的具有生物学活性的小分子蛋白质的统称。是参与固有和适应性免疫应答的重要效应和调节分子。如干扰素具有抗病毒、抗肿瘤和免疫调节作用，能通过诱导细胞产生抗病毒蛋白，抑制病毒复制和扩散，还可激活NK细胞、单核吞噬细胞和T细胞，有效杀伤肿瘤细胞和病毒感染的靶细胞；白细胞介素具有激活与调节免疫细胞，介导T细胞、B细胞活化、增殖与分化过程中发挥重要作用，参与适应性免疫应答，还可刺激黏膜上皮细胞分泌防御素等抗菌物质，增强黏膜的抗感染作用；趋化因子可活化吞噬细胞，增强机体抗感染免疫应答能力。

3. 其他抗菌物质 抗菌肽是可被诱导产生的一类能够杀伤多种细菌、某些真菌、病毒和原虫的小分子碱性多肽；溶菌酶是体液、外分泌液和吞噬细胞溶酶体中的一种不耐热的碱性蛋白质，能溶解G^+菌细胞壁的肽聚糖，从而使细菌溶解，杀伤细菌；乙型溶素是血浆中一种对热较稳定的碱性多肽，可破坏G^+菌的细胞膜，发挥抗菌作用。

二、适应性免疫应答

（一）概述

1. 概念和类型

（1）概念：适应性免疫应答又称为特异性免疫应答，是指机体的免疫细胞（特指T细胞和B细胞）接受抗原刺激后活化、增殖、分化，以及产生免疫效应的全过程。

（2）类型：根据在适应性免疫应答中起主导作用的免疫细胞和效应机制的不同，可分为B细胞介导的体液免疫应答和T细胞介导的细胞免疫应答。

2. 基本过程　适应性免疫应答根据发生的过程可分为3个阶段：感应阶段、反应阶段和效应阶段（图10-10）。

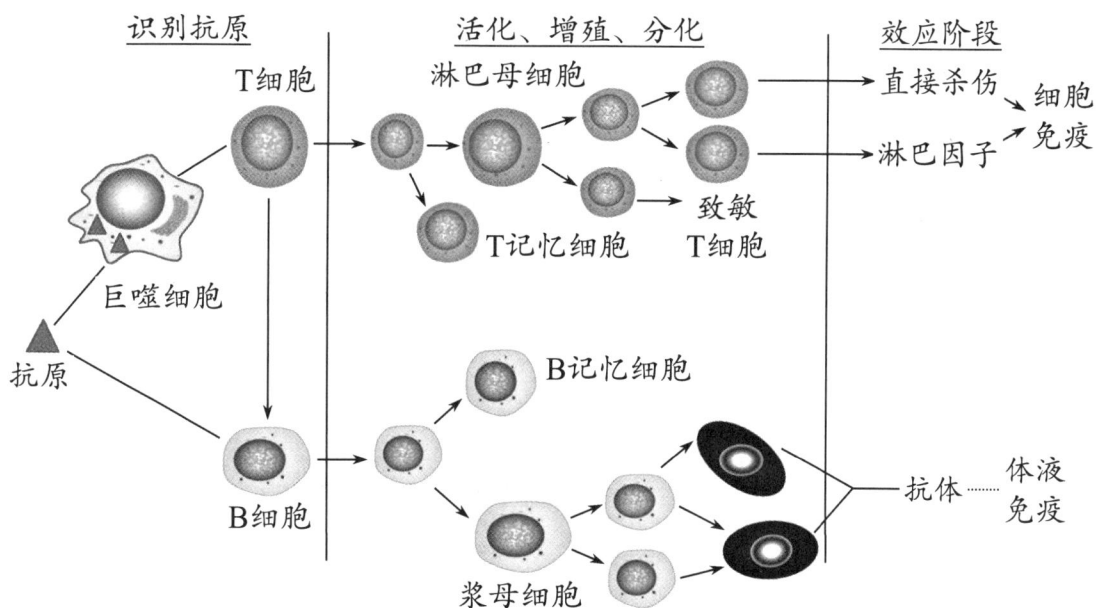

图10-10　免疫应答的基本过程

（1）感应阶段（抗原提呈与识别阶段）：是指抗原在机体出现后，被抗原提呈细胞摄取、加工、处理并提呈抗原，以及T细胞特异性识别抗原、启动活化的过程，此阶段分别由巨噬细胞、T细胞和B细胞完成。

（2）反应阶段（活化、增殖、分化阶段）：是指T细胞、B细胞接收抗原刺激后，增殖、分化，产生效应淋巴细胞的阶段。B细胞特异性识别抗原后，活化、增殖、分化成并分泌抗体的浆细胞。T细胞特异性识别抗原后，活化、增殖、分化为效应T细胞，有部分的T细胞和B细胞中途停止分化，成为长寿的T记忆细胞、B记忆细胞。当细胞再次遇到相同抗原时，可迅速增殖、分化为效应淋巴细胞发挥免疫效应。

（3）效应阶段：是浆细胞分泌抗体或效应T细胞释放淋巴因子，并发挥特异性体液免疫效应或细胞免疫效应，可以产生对机体有利的免疫保护作用和对机体不利的免疫病理损伤。

（二）体液免疫应答

1. 概念　体液免疫应答指B细胞接受抗原刺激后转化为浆细胞，分泌抗体发挥的特异性免疫效应。由于抗体存在于血清等各种体液中，故其称为体液免疫应答。

2. 抗体产生的一般规律

（1）初次应答：抗原初次进入机体引起的免疫应答称为初次应答。特点是：潜伏期长，经1~2周才在血液中出现特异性抗体；抗体效价低；维持时间短；首先产生IgM，随后才出现IgG；抗体亲和力低（图10-11）。

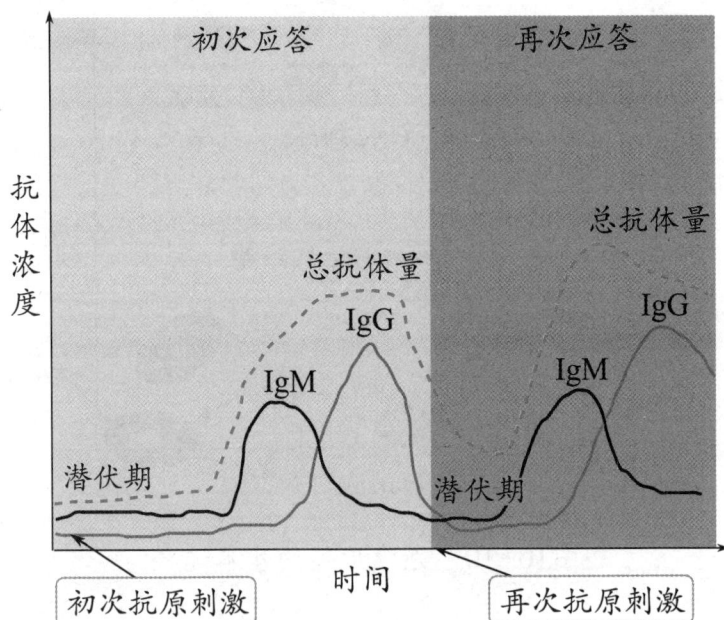

图10-11　初次应答和再次应答的抗体浓度

（2）再次应答：机体再次接受相同抗原刺激产生的免疫应答称为再次应答。特点是：潜伏期较短，一般为1~3天；抗体效价高；维持时间长；以高亲和力的IgG为主，IgM与初次应答相似。

初次应答和再次应答的抗体浓度见图10-11，其抗体产生规律比较见表10-5。

表 10-5　初次应答和再次应答抗体产生规律比较

	初次应答	再次应答
潜伏期	长（1~2周）	短（1~3天）
抗体效价	低	高
抗体主要类型	IgM	IgG
抗体维持时间	短	长
抗体亲和力	低	高

（3）抗体的产生规律对于传染病的诊断和预防具有重要的意义：①检测特异性 IgM 作为传染病的早期诊断指标。在病原体感染引起的免疫应答中，最早产生的抗体是 IgM，因此检测 IgM 有助于传染病的早期诊断。②指导预防接种，制订计划免疫方案，以产生高浓度、高亲和力抗体，获得良好的免疫效果。在疫苗接种或制备免疫血清时，常需两次以上接种，以诱发机体的再次应答。③某些传染病需采取早期和恢复期双份血清测其抗体效价，若效价增高四倍或四倍以上有诊断意义。根据抗体含量的变化，可了解病程并评估疾病转归。

> **? 课堂问答**
>
> 根据我国计划免疫程序，百白破混合疫苗全程接种4次，即出生后3月龄、4月龄、5月龄及24月龄时分别接种疫苗。请思考百白破混合疫苗多次接种的临床意义。

3. 生物学效应

（1）中和作用：通过与病毒或外毒素结合，发挥重要的抗感染作用。抗体与病毒特异性结合后可以阻止病毒入侵细胞，使病毒失去感染能力；抗毒素与外毒素结合可以中和外毒素的毒性作用。

（2）调理作用：通过调理作用增强吞噬细胞的吞噬功能。抗体与病原体特异性结合后，借助抗体 Fc 片段与吞噬细胞表面 Fc 受体结合，从而促进对病原体吞噬作用。

（3）溶菌作用：抗体与抗原结合后形成免疫复合物，通过经典途径激活补体形成膜攻击复合物，发挥杀菌、溶菌作用。

（4）ADCC：通过 ADCC（抗体依赖细胞介导的细胞毒作用），抗体与带有相应抗原的靶细胞（如病毒感染细胞、肿瘤细胞）结合后，其 Fc 片段可以与 NK 细胞、巨噬细胞、中性粒细胞表面相应的 Fc 受体结合，直接杀伤靶细胞。

（5）免疫病理损伤：在特定情况下，抗体可参与Ⅰ、Ⅱ、Ⅲ型超敏反应和自身免疫疾病等发生等，引起机体病理性损伤。

（三）细胞免疫应答

1. 概念　由T细胞介导的免疫应答称为细胞免疫应答。免疫效应的产生主要通过效应T细胞及单核吞噬细胞完成，故称其为细胞免疫。

2. 效应T细胞的细胞免疫效应机制

（1）效应Th1细胞介导的炎症反应：效应Th1细胞再次接受相同抗原刺激，可释放多种细胞因子作用于单核吞噬细胞和淋巴细胞，吸引单核细胞、中性粒细胞、淋巴细胞等迁移至局部组织并活化和增强其吞噬活性，从而产生以单核细胞和淋巴细胞浸润为主的慢性炎症反应或Ⅳ型超敏反应。

（2）效应Tc细胞介导的细胞毒作用：效应Tc细胞主要杀伤胞内寄生病原体（如病毒、胞内寄生菌等）寄生的宿主细胞、肿瘤细胞等。效应Tc细胞主要通过以下途径杀伤靶细胞（图10-12）。

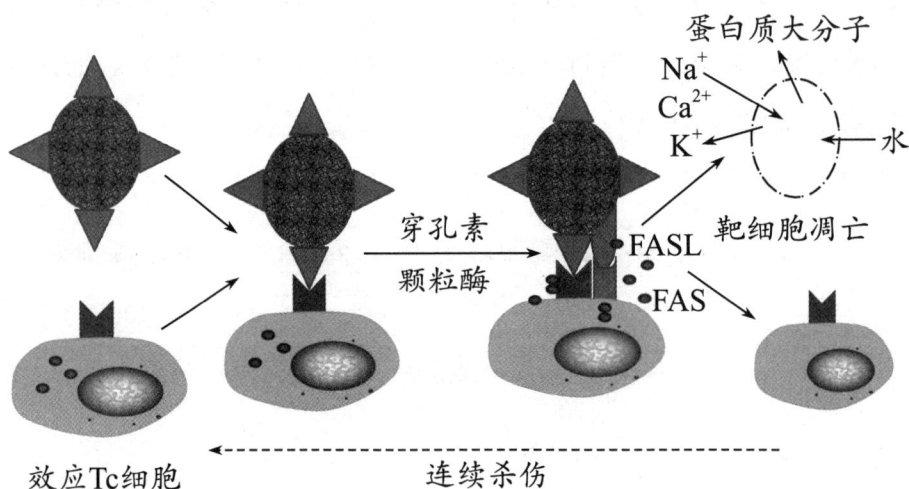

图10-12　效应Tc细胞对靶细胞的杀伤作用

1）脱颗粒释放穿孔素和颗粒酶途径：穿孔素是储存于胞质颗粒中的细胞毒素，其生物学效应类似补体激活后形成的膜攻击复合物。穿孔素插入细胞膜形成孔道，使水、电解质迅速进入细胞，导致靶细胞裂解。颗粒酶通过穿孔素在靶细胞膜上形成的孔道进入靶细胞，通过激活凋亡相关的酶系统导致细胞凋亡。

2）Fas/FasL途径：效应Tc细胞表面的Fas配体（FasL）与靶细胞Fas受体结合，激活细胞内与凋亡相关的酶系统，导致靶细胞凋亡。效应Tc细胞在杀伤靶细胞的过程中，本身无任何损害，可连续杀伤特异性靶细胞。

3. 生物学效应　细胞免疫主要针对存在于细胞内的抗原发挥免疫效应。

（1）对胞内寄生病原体的抗感染作用：主要针对胞内寄生菌（如结核分枝杆菌、伤寒沙门菌、麻风分枝杆菌等）、真菌、病毒及寄生虫感染。

（2）抗肿瘤作用：Tc细胞可直接杀伤带有相应抗原的肿瘤细胞；效应Th1细胞释放的细胞因子可以直接或间接杀伤肿瘤细胞，并增强巨噬细胞和NK细胞的抗肿瘤作用；某些淋巴因子在抗肿瘤免疫中也可发挥一定作用。

（3）免疫损伤作用：效应T细胞可参与Ⅳ型超敏反应、自身免疫病、移植排斥反应等病理性细胞免疫应答。

> ●‥‥‥ **章末小结**‥‥‥‥‥‥‥‥‥‥‥‥‥‥‥‥‥‥‥‥‥
>
> 1. 现代免疫的概念是指机体识别和排除抗原性异物，以维持自身生理平衡和稳定的功能；免疫通常对机体是有益的，但某些情况下也会造成机体组织的损伤；免疫功能包括免疫防御、免疫稳定和免疫监视。
>
> 2. 免疫系统由免疫器官、免疫细胞和免疫分子三部分组成；中枢免疫器官包括骨髓和胸腺；骨髓是B细胞发育成熟的场所，胸腺是T细胞发育成熟的场所；外周免疫器官包括淋巴结、脾脏及黏膜相关的淋巴组织；T细胞和B细胞称为免疫活性细胞；TCR是T细胞特异性识别和结合抗原的受体；BCR是B细胞特异性识别和结合抗原的受体；NK细胞的杀伤作用是非特异性的。
>
> 3. 抗原是指能与免疫活性细胞上的抗原受体结合，促进其增殖、分化，产生抗体或效应T细胞，并能与之发生特异性结合，进而发挥免疫效应的物质；抗原具有两种基本特性即免疫原性和抗原性；同时具有免疫原性和抗原性的物质称为完全抗原；只具有抗原性而无免疫原性的物质称为半抗原或不完全抗原；抗原的免疫原性与其异物性、理化性状、免疫途径，以及机体的遗传因素、性别、年龄、健康状态、生理状态、个体差异等诸多因素有关；医学上重要的抗原主要有异种抗原（病原生物、外毒素、类毒素、抗毒素、嗜异性抗原）、同种异型抗原（ABO血型抗原、Rh血型抗原、人类白细胞抗原）、自身抗原、肿瘤抗原和超抗原。
>
> 4. 抗体是B细胞接受抗原刺激后分化为浆细胞，由浆细胞合成分泌的一类能与相应抗原特异性结合的球蛋白；免疫球蛋白的基本结构是由四条多肽链组成的，通过二硫键连接而成的单体，其中两条相同的长链称重链（H链），两条相同的短链称轻链（L链）；免疫球蛋白分为五类，IgG、IgA、IgM、IgD、IgE；IgG含量最多，半衰期最长，是机体抗感染免疫的主要抗体，是唯一能通过胎盘的抗体；IgM分

子量最大，是个体发育过程中最早合成和分泌的抗体，可作为早期诊断的依据，天然ABO血型抗体属于IgM类抗体；sIgA在黏膜局部抗感染发挥重要作用，婴儿可从母亲初乳中获得sIgA；IgE介导Ⅰ型超敏反应，参与抗寄生虫免疫。

5. 固有免疫应答是生物体在长期进化过程中形成的防御机制，包括生理屏障、吞噬细胞、体液中的抗菌物质；适应性免疫应答分为由B细胞介导的体液免疫应答和由T细胞介导的细胞免疫应答；适应性免疫应答的基本过程包括感应、反应和效应三个阶段；抗体产生的规律对于传染病的诊断和预防具有指导意义。

思考题

一、单项选择题

1. 现代免疫的概念是（   ）

    A. 机体清除自身衰老、死亡细胞的功能　　　　B. 机体抗病原微生物感染的功能

    C. 机体识别和排除抗原性异物的功能　　　　　D. 机体清除肿瘤细胞的功能

    E. 机体进行组织移植排斥反应

2. 免疫对机体（   ）

    A. 有益　　　　　　　　B. 有害　　　　　　　　C. 无益也无害

    D. 有害无益　　　　　　E. 正常情况下有益，异常情况下有害

3. 机体免疫防御功能过低时，可引起（   ）

    A. 自身免疫性疾病　　　B. 肿瘤发生　　　　　　C. 免疫耐受性

    D. 超敏反应性疾病　　　E. 反复发生病原生物的感染

4. 免疫监视功能下降可引起（   ）

    A. 反复感染　　　　　　B. 超敏反应性疾病　　　C. 自身免疫性疾病

    D. 肿瘤发生　　　　　　E. 免疫耐受性

5. 免疫活性细胞是（   ）

    A. T细胞和B细胞　　　　B. NK细胞　　　　　　　C. 巨噬细胞

    D. 单核细胞　　　　　　E. T细胞和NK细胞

6. B细胞分化成熟的场所是（   ）

    A. 胸腺　　　　　　　　B. 肝脏　　　　　　　　C. 脾脏

    D. 淋巴结　　　　　　　E. 骨髓

7. 胸腺发育不良，则可致产生不足的细胞是（　　）

    A. B 细胞　　　　　　　B. T 细胞　　　　　　　C. NK 细胞

    D. 单核细胞　　　　　　E. 红细胞

8. 能与绵羊红细胞结合形成花环的是（　　）

    A. T 细胞　　　　　　　B. 巨噬细胞　　　　　　C. B 细胞

    D. NK 细胞　　　　　　E. 抗原提呈细胞

9. 下列不属于外周免疫器官的是（　　）

    A. 扁桃体　　　　　　　B. 淋巴结　　　　　　　C. 脾

    D. 阑尾　　　　　　　　E. 胸腺

10. 半抗原的特点是（　　）

    A. 既有免疫原性，又有抗原性

    B. 既没有免疫原性，也没有抗原性

    C. 只有免疫原性，而没有抗原性

    D. 只有抗原性，而没有免疫原性

    E. 与蛋白质载体结合后，可获得抗原性

11. 决定抗原特异性的是（　　）

    A. 大分子物质　　　　　B. 抗原决定簇　　　　　C. 自身物质

    D. 同种异体物质　　　　E. 异种物质

12. 对人体而言，ABO 血型抗原是（　　）

    A. 异种抗原　　　　　　B. 自身抗原　　　　　　C. 嗜异性抗原

    D. 共同抗原　　　　　　E. 同种异型抗原

13. 嗜异性抗原属于（　　）

    A. 完全抗原　　　　　　B. 共同抗原　　　　　　C. 自身抗原

    D. 同种异型抗原　　　　E. 半抗原

14. 类毒素的性质是（　　）

    A. 有免疫原性，有毒性

    B. 有免疫原性，无毒性

    C. 无免疫原性，有毒性

    D. 无免疫原性，无毒性

    E. 与外毒素完全相同

15. 动物免疫血清是（   ）

    A. 半抗原　　　　　　　B. 抗原　　　　　　　C. 抗体

    D. 既是抗原又是抗体　　E. 既不是抗原也不是抗体

16. 关于抗体和免疫球蛋白的描述正确的是（   ）

    A. 抗体不是免疫球蛋白

    B. 抗体就是免疫球蛋白，免疫球蛋白就是抗体

    C. 抗体均为免疫球蛋白

    D. 免疫球蛋白都是抗体

    E. 以上均正确

17. 免疫球蛋白单体的基本结构是（   ）

    A. 由4条相同多肽链组成

    B. 由2条相同多肽链组成

    C. 由2条重链和2条轻链组成

    D. 由4条各不相同的多肽链组成

    E. 由2条相同的重链和2条相同的轻链组成的四肽链结构

18. 抗体分子与抗原结合的部位是（   ）

    A. Fab 片段　　　　　　B. Fc 片段　　　　　　C. C_H1

    D. C_H2　　　　　　　E. C_H3

19. IgG 的木瓜蛋白酶水解产物是（   ）

    A. Fab　　　　　　　　B. Fc　　　　　　　　C. Fab+Fc

    D. 2Fab+ Fc　　　　　　E. $F(ab')_2$+pFc'

20. 正常人血清中含量最多的 Ig 为（   ）

    A. IgE　　　　　　　　B. IgD　　　　　　　C. IgM

    D. IgG　　　　　　　　E. IgA

21. 能通过胎盘的免疫球蛋白是（   ）

    A. IgA　　　　　　　　B. IgE　　　　　　　C. IgM

    D. IgG　　　　　　　　E. IgD

22. 分子量最大的 Ig 为（   ）

    A. IgG　　　　　　　　B. IgE　　　　　　　C. IgD

    D. IgM　　　　　　　　E. sIgA

23. 临床上常作为传染病早期诊断指标的是（　　　）

    A. IgM   B. IgG   C. IgE

    D. IgA   E. IgD

24. 天然血型抗体为（　　　）

    A. IgG   B. IgA   C. IgM

    D. IgD   E. IgE

25. 产妇初乳中含量最多的免疫球蛋白是（　　　）

    A. IgG   B. IgE   C. IgD

    D. IgM   E. sIgA

26. 参与黏膜局部免疫的主要抗体是（　　　）

    A. IgG   B. IgE   C. IgD

    D. IgM   E. sIgA

27. 机体抵抗病原体入侵的第一道防线是（　　　）

    A. 胎盘屏障   B. 血脑屏障   C. 皮肤黏膜屏障

    D. 补体   E. 吞噬细胞

28. 下列不参与体液免疫应答的是（　　　）

    A. B 细胞   B. 中性粒细胞   C. 树突状细胞

    D. 巨噬细胞   E. T 细胞

29. 初次应答抗体产生的特点是（　　　）

    A. 为低亲和性抗体   B. 以 IgG 为主   C. IgG 和 IgM 同时产生

    D. 抗体维持时间长   E. 抗体含量高

30. 再次应答时，抗体产生的特点是（　　　）

    A. 潜伏期较长   B. 抗体维持时间长   C. 抗体浓度较低

    D. 抗体亲和力较低   E. IgM 显著升高

31. 关于固有免疫的特点，错误的是（　　　）

    A. 对所有微生物都发挥作用

    B. 无特异性

    C. 经微生物感染后才出现

    D. 可遗传

    E. 作用迅速

二、 多项选择题

1. 免疫学中的"非己"物质包括（　　　　　　）

   A. 修饰的自身物质

   B. 同种异体物质

   C. 胚胎时期未与免疫活性细胞接触过的物质

   D. 异种物质

   E. 胚胎时期与免疫活性细胞接触过的物质

2. 新生儿可从母体获得的抗体有（　　　　　　）

   A. IgG　　　　　　　B. IgE　　　　　　　C. IgD

   D. IgM　　　　　　　E. sIgA

3. 体液免疫应答的生物学效应有（　　　　　　）

   A. 中和作用　　　　　B. 调理作用　　　　　C. 溶菌作用

   D. ADCC　　　　　　E. 免疫病理损伤

4. 固有免疫细胞或分子与适应性免疫应答的相互关系包括（　　　　　　）

   A. 某些固有免疫细胞参与适应性免疫应答的启动

   B. 固有免疫细胞及其分泌的细胞因子可影响适应性免疫应答的类型

   C. 某些固有免疫细胞及其分泌的细胞因子可协助效应T细胞进入感染发生部位

   D. 某些固有细胞及其分泌的细胞因子可增强机体适应性免疫应答的能力

   E. 补体系统可协助效应CTL细胞对病毒感染或肿瘤靶细胞产生杀伤作用

三、 简述题

1. 简述免疫功能及其表现。

2. 简述免疫器官的组成及其主要作用。

3. 列出医学上重要的抗原。

4. 简述五类免疫球蛋白的主要特性。

5. 适应性免疫应答的基本过程是什么？

6. 简述固有免疫应答的生理屏障及其作用。

（王　燕　徐苏炜）

第十一章
临床免疫与免疫学应用

学习目标

- 掌握 超敏反应的概念和类型；I型超敏反应防治原则；计划免疫的程序及常用制剂。
- 熟悉 I型超敏反应的发生机制；各型超敏反应的特点和常见疾病；人工免疫的概念、特点。
- 了解 II、III、VI型超敏反应的发生机制；抗原抗体检测方法。
- 培养 学生具有良好的人文精神，珍爱生命，维护健康，激发学生学习科学的兴趣。

情境导入

情境描述：

　　患者，男，25岁，受凉感冒3天，发热、咳嗽、咽喉疼痛到医院就诊。医师查体：体温39℃，心率80次/min，咽喉充血，扁桃体II度肿大，伴有脓性分泌物，其他无异常。医师初步诊断为：化脓性扁桃体炎，询问患者以往是否注射过青霉素？有无过敏反应？患者告诉医师注射青霉素未发生过敏反应。医师给患者直接进行青霉素80万U肌内注射。注射5分钟后，患者出现胸闷气紧、呼吸困难，继而面色苍白、出冷汗、手足发凉、头晕。

　　问题：1. 患者对青霉素可能发生什么反应？其发生机制是什么？

　　　　　2. 医师直接给患者注射青霉素正确吗？如何预防青霉素过敏反应？

学前导语：

　　和许多的生命现象一样，免疫系统也有两面性，它不但能排除外来因素的侵袭，而且能因失控导致疾病的发生。在免疫系统受损时，免疫力低下，机体易患病；但当免疫力过强时，也会导致机体组织细胞损伤或功能障碍，引发疾病，危害健康。超敏反应和免疫学防治知识是临床免疫与免疫学应用的重要内容，本章将带领大家走进临床免疫与免疫学应用的大门。

第一节　超敏反应

　　超敏反应又称变态反应，是指机体再次接受相同抗原刺激后，发生的以组织细胞损伤或生理功能紊乱为主的特异性免疫应答。超敏反应的本质属于异常或病理性免疫应答，具有特异性和记忆性。

　　引起超敏反应的抗原称为变应原（allergen）。常见的变应原有：①吸入物变应原，有机尘土、尘螨、花粉、动物皮毛、真菌等；②食物变应原，主要为动物蛋白（鱼、蛋、乳等），少数植物性食物也可引起超敏反应；③药物变应原，抗生素（青霉素、磺胺类）、麻醉剂、生物制品（血液制品、酶制剂）等；④接触物变应原，油漆、塑料及橡胶等；⑤职业性变应原，可引起职业性过敏性哮喘和职业性皮肤炎，常见的有蚕丝、木尘、粮尘、麻尘等。

　　根据超敏反应发生的机制和临床特征，将其分为四型：Ⅰ型超敏反应，又称速发型超敏反应；Ⅱ型超敏反应，又称细胞毒型或细胞溶解型超敏反应；Ⅲ型超敏反应，又称免疫复合物型超敏反应；Ⅳ型超敏反应，又称迟发型超敏反应。

🔗 知识链接

超敏反应与适应性免疫应答

　　超敏反应与适应性免疫应答本质上都是机体对某些抗原物质所产生的特异性免疫应答，两者均具有特异性和记忆性。适应性免疫应答属于生理性免疫应答，其免疫应答强度正常，应答结果能清除异物但不对机体造成损害，对机体有利；但超敏反应属于异常的或病理的免疫应答，反应程度增高，导致机体的组织损伤和/或生理功能紊乱，对机体有害。

一、Ⅰ型超敏反应

　　Ⅰ型超敏反应又称过敏反应，由特异性IgE介导产生，可发生于局部，也可发生于全身。因症状出现迅速，故又称为速发型超敏反应，是临床上最常见的一类超敏反应。

　　（一）发生机制

　　Ⅰ型超敏反应的发生过程分为三个阶段，即致敏阶段、发敏阶段和效应阶段（图11-1）。

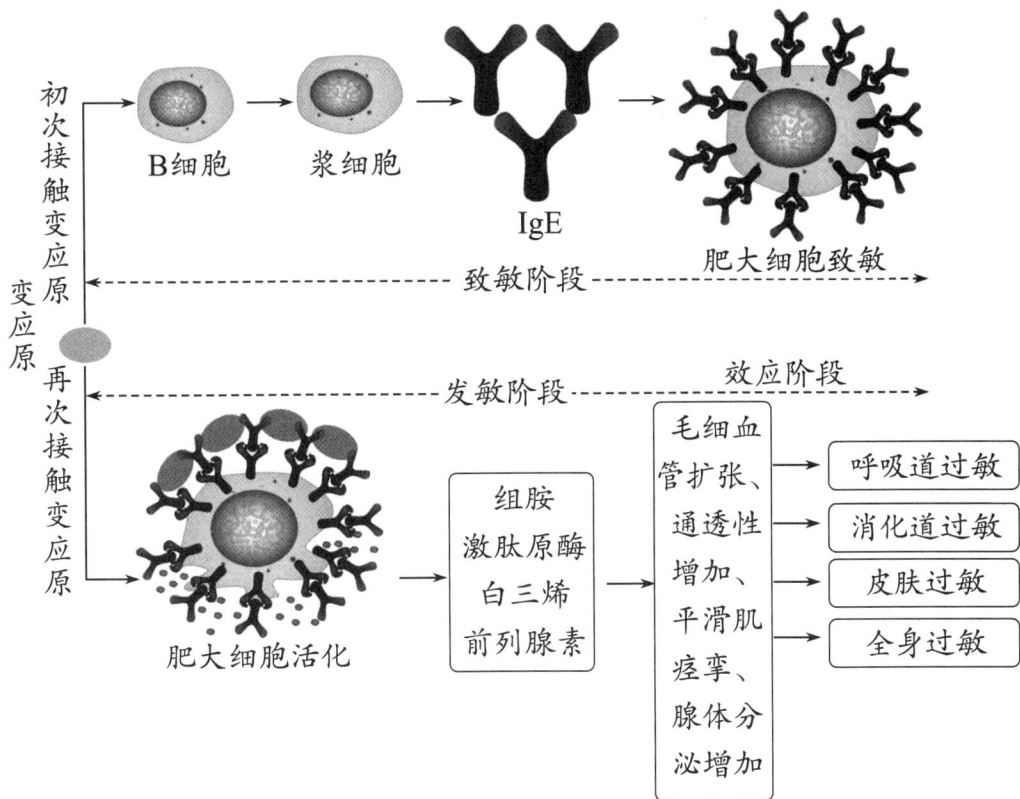

图11-1 Ⅰ型超敏反应示意图

1. 致敏阶段　引起Ⅰ型超敏反应的变应原种类繁多，常见的有吸入性变应原（如植物花粉、真菌、尘螨及排泄物、动物皮屑等）、食物变应原（如鱼、虾、蛋、奶及食品添加剂等）、药物（如青霉素、普鲁卡因等）及某些化学物质等。变应原通过不同途径初次进入机体，可刺激B细胞分化为浆细胞，产生特异性IgE类抗体。IgE通过其Fc片段与肥大细胞和嗜碱性粒细胞表面的IgE的Fc受体结合，使机体处于对该变应原的致敏状态。此阶段为Ⅰ型超敏反应发生的先决条件，机体不表现出任何症状。致敏状态一般在机体接受变应原刺激后10~12天形成，致敏状态的持续时间可因变应原及个体差别而异，一般可维持半年至数年之久。在此期间，若无相同变应原再次刺激，致敏状态可逐渐消失。

2. 发敏阶段　处于致敏状态的机体再次接触相同变应原，变应原即与致敏的肥大细胞或嗜碱性粒细胞表面IgE结合，并使膜表面的2个或2个以上IgE分子"桥联"（图11-2）。IgE分子一旦"桥联"，肥大细胞或嗜碱性粒细胞膜的稳定性下降，通透性增强，

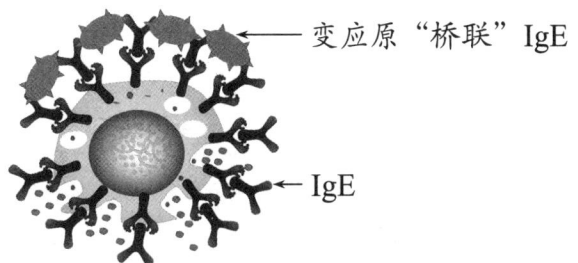

图11-2 IgE"桥联"与肥大细胞脱颗粒

细胞内颗粒脱出，颗粒再释放组胺、激肽原酶、白三烯、前列腺素和血小板活化因子等生物活性介质。

知识链接

Ⅰ型超敏反应的速发相和迟发相

Ⅰ型超敏反应依效应发生的快慢和持续时间可分为速发相和迟发相两个阶段。①速发相反应：通常在接触变应原后数秒至30分钟内发生，可持续数小时，其特征为血管通透性增强，主要生物介质是组胺。②迟发相反应：多在接触变应原6~12小时发生，可持续1~2天或更长，其特征是以嗜酸性粒细胞炎性浸润、平滑肌持续痉挛为主，主要生物介质是白三烯、血小板活化因子及某些细胞因子。

3. 效应阶段　由肥大细胞和嗜碱性粒细胞释放的生物活性介质作用于效应组织和器官，迅速使机体出现生理功能紊乱，引起：①平滑肌收缩，以气管、支气管及胃肠道平滑肌为甚，表现为呼吸困难、腹痛等；②毛细血管扩张，通透性增加，导致血浆外渗，局部水肿，血压下降，严重的可致休克；③黏膜腺体分泌增加，表现为流泪、流涕、痰多、腹泻等；④刺激感觉神经，引起强烈瘙痒。

（二）特点

其主要特点是：①速发，症状出现快，消退也快，症状可出现在局部，也可发生在全身；②主要参与物质，抗体为IgE，效应细胞是肥大细胞或嗜碱性粒细胞，补体不参与；③通常只导致机体生理功能紊乱，极少引起组织损伤，也一般不遗留组织损伤；④具有明显个体差异和遗传倾向。

（三）常见疾病

1. 过敏性休克　过敏性休克是最严重的Ⅰ型超敏反应，致敏患者往往在接触变应原后数秒至数分钟内即出现严重的临床症状，主要表现为胸闷、气急、呼吸困难、面色苍白、脉搏细速、血压下降等，严重者如不及时抢救可致死亡。常见的有药物和异种动物免疫血清导致的过敏性休克。

（1）药物过敏性休克：如青霉素、普鲁卡因、链霉素、头孢菌素、有机碘等药物均可引起过敏性休克，但以青霉素过敏性休克最为常见。青霉素是小分子半抗原，本身无免疫原性，但其降解产物青霉噻唑醛酸和青霉烯酸极易与人体组织蛋白结合而成为完全抗原，刺激机体产生特异性IgE类抗体，使机体致敏；当致敏机体再次接触青霉素时即可诱发Ⅰ型超敏反应，严重者导致过敏性休克，甚至死亡。

青霉素在弱碱性溶液中易降解成青霉烯酸，因此使用青霉素时应临用前配制，放置后不可使用。

🔗知识链接 ··

初次注射青霉素也可发生过敏性休克

少数人在初次注射青霉素时也发生过敏性休克，是其既往接触过青霉素变应原成分使机体致敏所致。如曾经使用被青霉素污染的注射器等医疗器械，皮肤、黏膜接触过青霉素降解物，吸入空气中青霉菌孢子等。

（2）血清过敏性休克：临床上应用动物免疫血清如破伤风抗毒素、白喉抗毒素治疗或紧急预防疾病时，有些患者因曾经注射过相同的血清制剂已被致敏而发生过敏性休克，严重者可在短时间内死亡，所以使用前一定要做皮试。近年来由于使用纯化精制的抗血清，血清过敏性休克发生率已明显降低。

2. **呼吸道过敏反应**　少数人吸入花粉、尘螨、真菌孢子、动物皮屑等，可出现过敏性鼻炎或支气管哮喘等过敏性疾病。前者由于鼻黏膜水肿、腺体分泌增加而出现流涕、喷嚏等症状，后者由于支气管平滑肌痉挛而表现出呼吸困难、哮喘。

3. **消化道过敏反应**　少数人在进食鱼、虾、蛋、奶等食物，或服用某些药物后，可发生过敏性胃肠炎，出现恶心、呕吐、腹痛、腹泻等症状，严重者也可发生过敏性休克。

4. **皮肤过敏反应**　有些人因摄入或接触某些食物、花粉、药物、受到寒冷刺激或肠道内存在寄生虫等原因，而出现皮肤过敏反应，引起荨麻疹、湿疹和血管神经性水肿等疾病，一般可在15~20分钟或数小时后消失。

（四）防治原则

1. 查明变应原、避免接触是预防超敏反应的最有效的方法。

（1）询问病史：可通过详细询问患者及家庭成员有无过敏史，如已查明患者对某种物质过敏，则应避免再次接触。

（2）皮肤过敏试验：临床上在使用可能引起过敏反应的药物时须进行皮肤过敏试验，以皮内试验最为常见。

具体方法：将可疑变应原稀释后，取0.1ml在受试者前臂内侧做皮内注射，15~20分钟后观察结果。若注射局部出现红晕、硬结，且直径>1cm为皮试阳性，表示受试者对该物质过敏，使用该物质可发生Ⅰ型超敏反应。

2. 脱敏治疗　将特异性变应原制成变应原提取液并配制成不同浓度的制剂，经反复注射或通过其他给药途径与患者反复接触，剂量由小到大，浓度由低到高，从而提高患者对该种变应原的耐受性，当再次接触此种变应原时，不再产生过敏现象或过敏现象得以减轻。因这种方法往往不能完全解除致敏状态，故又称为减敏疗法。

（1）异种免疫血清脱敏治疗：对必须使用抗毒素血清治疗疾病而皮肤试验又呈阳性反应的患者，可采用小剂量、短间隔（20~30分钟）、多次注射的方法进行脱敏治疗。但这种脱敏状态是暂时的，经一定时间后，肥大细胞和嗜碱性粒细胞又重新形成新的颗粒，机体又恢复致敏状态。因此，以后再次使用抗毒素血清时，仍须做皮肤过敏试验。

（2）特异性变应原脱敏治疗：对已查明而难以避免接触的变应原如花粉、尘螨等，患者可采用小剂量，间隔一周左右，反复多次皮下注射变应原的方法，使机体产生大量特异性IgG抗体，该抗体可阻止经自然途径进入机体的变应原与致敏细胞表面的IgE结合，从而防止Ⅰ型超敏反应的发生，这种特异性IgG抗体被称为封闭性抗体。

3. 药物治疗　超敏反应的治疗，应根据超敏反应的发生机制，针对其发生的主要环节选择不同的药物，阻断、干扰或抑制超敏反应的进程，从而达到治疗的目的。相关治疗药物如下所示。

（1）抑制生物活性介质合成与释放的药物：如色甘酸钠可稳定肥大细胞膜，减少活性介质的释放；肾上腺素、异丙肾上腺素、甲基黄嘌呤、氨茶碱等药物能提高细胞内cAMP浓度，抑制组胺等活性物质的释放。

（2）生物活性介质拮抗药物：如苯海拉明、氯苯那敏、异丙嗪等抗组胺药物，可与组胺竞争结合效应细胞表面的组胺受体，抑制组胺活性。

（3）改善效应器官反应性的药物：如肾上腺素可收缩小血管、毛细血管并解除支气管平滑肌痉挛，还可使外周毛细血管收缩升高血压从而快速缓解休克症状，用于过敏性休克的抢救；葡萄糖酸钙、氯化钙、维生素C可解除痉挛，降低毛细血管通透性，减轻皮肤黏膜的炎症反应。

◎ 案例分析 --

案例

患者，女，16岁，居住在北方，每年初秋出现打喷嚏、流鼻涕，伴有流泪、眼痒、结膜充血等症状。既往曾按照季节性感冒治疗3年，服用复方氨酚烷胺片、维C银翘片等药物治疗无效。

分析

该患者每年同一季节发病，且连续2年以上，可考虑是花粉过敏。为进一步明确诊断，应检测变应原，结合药物治疗和特异性免疫治疗。

二、Ⅱ型超敏反应

Ⅱ型超敏反应是发生于细胞膜上的抗原抗体反应。其结果是导致细胞或组织的破坏，因此又称为细胞毒型或细胞溶解型超敏反应。

（一）发生机制

1. 靶细胞及其表面抗原　以下细胞常成为Ⅱ型超敏反应中被攻击杀伤的靶细胞：正常组织细胞、改变的自身组织细胞、被抗原结合修饰的自身组织细胞。

2. 抗体、补体和效应细胞的作用　靶细胞表面的抗原刺激机体产生IgG、IgM类抗体。抗体与靶细胞表面的抗原结合形成免疫复合物；或者免疫复合物结合于靶细胞表面，通过调理作用、

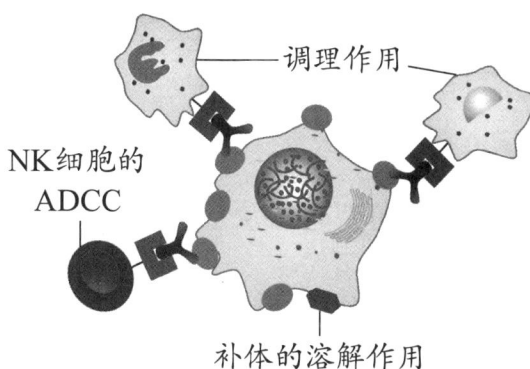

图11-3　Ⅱ型超敏反应的发生机制

NK细胞的ADCC、补体的溶解作用导致靶细胞溶解破裂（图11-3）。

（二）Ⅱ型超敏反应的特点

1. 参与的抗体　IgG、IgM参与。

2. 结果　靶细胞死亡、破裂。

3. 靶细胞　血细胞和某些改变的自身组织细胞。

（三）临床常见的Ⅱ型超敏反应性疾病

1. 药物过敏性血细胞减少症　一些药物如磺胺、安替比林、奎尼丁为半抗原，能吸附于红细胞、白细胞、血小板、粒细胞膜上而成为完全抗原，刺激机体产生抗体，抗体与血细胞膜上的抗原结合后，引起血细胞破坏。

2. 输血反应　多发生于ABO血型不符的输血。输入的红细胞与受血者的血型抗体反应，引起红细胞溶解破裂。因血型抗体天然存在于血清中，故初次输血即可发生输血反应。

3. 新生儿溶血症　因母子间Rh血型不符引起，溶血多发生于第二胎。母体血型为Rh^-，胎儿血型为Rh^+，胎儿血在分娩时进入母体，使母体产生IgG型的Rh^+抗体。

若第二胎血型又为Rh$^+$，母体的Rh$^+$IgG型抗体可通过胎盘进入胎儿，并与胎儿Rh$^+$红细胞结合，导致胎儿红细胞溶解。

4. 自身免疫性溶血性贫血　服用甲基多巴类药物或某些病毒如EB病毒感染后，红细胞膜表面的成分可发生改变，成为自身抗原，刺激机体产生自身抗体。该种抗体与具有自身抗原的红细胞结合后，红细胞溶解破裂，引起贫血。

5. 肺出血肾炎综合征　因感染、药物、吸入有机溶剂等因素诱导机体产生针对肺泡和肾小球基底膜的自身抗体。在肺泡和肾小球基底膜结合该抗原，通过激活补体、ADCC等交叉反应，导致肺出血和肾炎。临床表现为反复咯血、血尿和蛋白尿。

6. 甲状腺功能亢进　患者体内可产生抗促甲状腺刺激素（TSH）受体的自身抗体，能高亲和力结合TSH受体，刺激甲状腺细胞持续大量分泌甲状腺素，引起甲状腺功能亢进。属于Ⅱ型超敏反应的一种特殊表现形式。

三、Ⅲ型超敏反应

Ⅲ型超敏反应是抗原进入机体，与体内相应抗体（IgG、IgM、IgA）结合形成免疫复合物。在某些条件下，免疫复合物未能及时清除，沉积于毛细血管壁等组织，激活补体，吸引中性粒细胞及其他细胞，引起血管及其周围炎症反应和组织损伤，故又称为免疫复合物型超敏反应。

（一）发生机制

1. 免疫复合物沉积　中等大小可溶性免疫复合物常沉积于血压较高且血流缓慢的毛细血管，如肾小球基底膜、关节滑膜、皮下等处的毛细血管。

2. 免疫复合物沉积引起的组织损伤　免疫复合物激活补体，产生C3a、C5a、C3b等，通过以下方式引起血管及其周围组织炎症反应和组织损伤：①吸引中性粒细胞在炎症部位聚集、浸润，释放溶酶体酶，造成血管基底膜和邻近组织损伤。②刺激肥大细胞和嗜碱性粒细胞，释放组胺等活性介质，使局部血管扩张，通透性增加，导致渗出性炎症反应。③使血小板在局部聚集、激活，促进血栓形成，引起局部出血坏死。

（二）Ⅲ型超敏反应的特点

1. 免疫复合物沉积　由中等大小的可溶性免疫复合物沉积引起。

2. 参与的抗体　主要是IgG、IgM、IgA。

3. 补体参与反应　补体激活是引起组织损伤的主要原因。

（三）临床常见的Ⅲ型超敏反应疾病

1. 免疫复合物肾小球肾炎　常发生于A群链球菌感染后2~3周，多数为急性扁桃体炎后。链球菌感染后机体产生相应抗体，链球菌可溶性抗原与相应抗体结合，形成的免疫复合物沉积于肾小球基底膜，导致基底膜炎症反应。

2. 血清病　通常在初次大量注射异种免疫血清1~2周后发生，主要临床症状是发热、全身荨麻疹、淋巴结肿大、关节肿痛、一过性蛋白尿等。其病因是患者体内抗毒素抗体已经产生而抗毒素尚未完全排除，两者结合形成中等大小的可溶性免疫复合物所致。

3. 类风湿关节炎　病因尚未查明，患者体内的IgG可发生变性成为自身抗原，刺激机体产生抗变性IgG的自身抗体（类风湿因子），自身抗体与变性IgG形成免疫复合物，反复沉积于小关节滑膜，引起关节损伤。

4. 局部免疫复合物病　常见的局部免疫复合物病包括两种。

（1）阿蒂斯反应：用马血清经皮下反复免疫家兔数周后，当再次注射马血清时，可在注射局部出现红肿、出血和坏死等剧烈炎症反应。

（2）类阿蒂斯反应：可见于1型糖尿病患者。局部反复注射胰岛素后可刺激机体产生相应IgG类抗体，再注射胰岛素时，局部可出现红肿、出血和坏死等与阿蒂斯反应类似的症状。

四、Ⅳ型超敏反应

Ⅳ型超敏反应属于T细胞介导的免疫应答，没有抗体和补体参与，所导致的组织损伤是以单个核细胞浸润为主的炎症反应。由于该型超敏反应的发生比Ⅰ、Ⅱ、Ⅲ型更缓慢，故又称为迟发型超敏反应。

（一）发生机制

Ⅳ型超敏反应与细胞免疫应答机制基本一致。前者主要引起机体组织损伤，后者则以清除病原体或异物为主，两者可以同时存在。一般来说，应答越强烈，炎症损伤越严重。

1. T细胞致敏　变应原可为微生物、寄生虫和异体组织等，也可以是半抗原。当变应原进入机体后，刺激T细胞转化为致敏淋巴细胞，即CD4$^+$Th1和CD8$^+$Tc。此时机体处于致敏状态，这一阶段需2~3周。

2. 致敏T细胞的效应阶段　当机体再次接触相同变应原时，致敏T细胞中的CD8$^+$Tc和CD4$^+$Th1导致机体病理损伤的机制与细胞免疫的机制一致。

（二）Ⅳ型超敏反应的特点

1. 属于细胞免疫应答　由致敏T细胞介导，无须抗体参与。

2. 发敏迟缓　发生缓慢（24~72小时），消退也慢。

3. 病变特征　以单核细胞浸润为主的炎症反应。

4. 个体差异　部分Ⅳ型超敏反应性疾病个体差异不明显。

（三）临床常见Ⅳ型超敏反应性疾病

1. 传染性超敏反应　当胞内寄生病原体感染时，病原体可刺激机体产生Ⅳ型超敏反应，这种超敏反应是在传染过程中发生的，因此又称为传染性超敏反应。发生了传染性超敏反应的个体，因其体内具有了针对该病原体的致敏T细胞，说明机体对该病原体有了特异性免疫力。当机体再次感染该病原体时，这种特异性免疫力的作用具有两面性，一方面是使病灶局限、不扩散；另一方面是强烈的免疫应答使再次感染的病灶出现坏死、液化和空洞。如结核分枝杆菌、麻风分枝杆菌、布鲁氏菌、大部分真菌和病毒均可引起传染性超敏反应。

2. 接触性皮炎　部分个体的皮肤接触某些小分子物质后，24小时左右出现皮炎，48~72小时后局部皮肤出现红肿、硬结、水疱，严重者出现剥脱性皮炎。其发病机制为小分子物质与皮肤角质蛋白结合形成完全抗原，刺激T细胞致敏，再次接触后在皮肤局部引起Ⅳ型超敏反应。引起接触性皮炎的常见物质有油漆、农药、染料、药物、化妆品等。

3. 移植排斥反应　在进行同种异体组织器官移植时，如果供体与受体之间的组织相容性抗原不一致，供体组织器官进入到受体后，可刺激受体产生致敏淋巴细胞，引起Ⅳ型超敏反应，数周后移植物被排斥、坏死、脱落。

上述四型超敏反应各具特征。在免疫类型方面，Ⅰ～Ⅲ型均有抗体参与，属于体液免疫；Ⅳ型超敏反应由致敏T细胞介导，属于细胞免疫。在反应速度方面，Ⅰ型最快，Ⅳ型最慢。在反应结果方面，Ⅰ型一般只有生理功能紊乱，常无组织损伤；而Ⅱ、Ⅲ、Ⅳ型均有组织损伤。不同类型的超敏反应主要是根据发生机制和临床特点划分的，其主要区别见表11-1。临床实际情况是复杂的，超敏反应常为混合型，但以某一型为主，或者在疾病发展的不同阶段由不同类型超敏反应主宰。另外，一种抗原在不同条件下也可引起不同类型的超敏反应。

表 11-1　四型超敏反应的比较

型别	免疫类型	参与成分	反应速度	发生机制	常见疾病
Ⅰ型（速发型）	体液免疫	IgE、肥大细胞、嗜碱性粒细胞	数秒至30分钟，消退也快	IgE与肥大细胞和嗜碱性粒细胞结合→再次接触变应原→细胞脱颗粒，释放活性介质→作用于效应器官	过敏性休克，过敏性鼻炎，支气管哮喘，食物过敏，荨麻疹等
Ⅱ型（细胞毒型或细胞溶解型）	体液免疫	IgG、IgM、补体、巨噬细胞、NK细胞等	数小时	抗体与靶细胞表面抗原结合→补体、吞噬细胞和NK细胞参与→溶解靶细胞	输血反应，新生儿溶血症，药物过敏性血细胞减少症等
Ⅲ型（免疫复合物型）	体液免疫	IgG、IgM、补体、中性粒细胞	数小时至数天	中等大小的免疫复合物沉积于毛细血管，激活补体，吸引中性粒细胞，释放溶酶体酶，引起炎症反应；血小板聚集，血栓形成，导致缺血和出血	血清病；免疫复合物肾小球肾炎；类风湿关节炎等
Ⅳ型（迟发型）	细胞免疫	CD4$^+$T细胞 CD8$^+$T细胞	1~3天	抗原刺激T细胞致敏，相同抗原再次接触使T细胞活化，直接杀伤靶细胞或产生多种细胞因子，引起炎症反应	传染性超敏反应；接触性皮炎、移植排斥反应等

🅠 课堂问答 —————————————————

患者，男，35岁，建筑工人，因为建筑物砸伤左手紧急入院，经清创缝合后，为预防破伤风，肌内注射破伤风抗毒素。数分钟后，出现脸色苍白、胸闷、血压下降、脉搏细速等症状。

如何防止以上情况的发生？出现上述情况后如何处理？

第二节　免疫学防治

🔍 **课堂问答**

王女士因在劳动中竹刺刺伤手掌部，1周后出现张口困难、全身肌紧张而入院，被诊断为破伤风。

王女士应使用破伤风类毒素还是破伤风抗毒素治疗？为什么？

适应性免疫的获得方式有自然免疫和人工免疫两种。自然免疫主要是指机体感染病原微生物后建立的特异性免疫应答，也包括胎儿或新生儿经胎盘或乳汁获得母体的抗体。人工免疫是人为地给机体输入抗原或抗体，使机体获得特异性免疫的方法，即用人工免疫的方法来预防传染病，是免疫预防的重要手段，包括人工自动免疫和人工被动免疫。免疫预防在人类抵抗传染病的斗争中发挥了巨大作用，使得某些严重危害人类健康和生命的疾病如天花被消灭或得到有效控制。

一、人工免疫

1. 人工自动免疫　是给机体接种疫苗、类毒素等抗原物质，使机体获得特异性免疫力的方法。其特点为：人工自动免疫注射的物质是抗原；抗原进入机体后刺激机体产生免疫力需要一定的时间，因此产生免疫效果较慢；因在一段时间内机体能产生抗体或形成淋巴细胞，故免疫效果维持较长久，一般可维持数月至数年；主要用于传染病的预防。

2. 人工被动免疫　是给机体注射特异性抗体或细胞因子等制剂，使之获得特异性免疫力的方法。其特点为：人工被动免疫注射的物质是抗体或细胞因子，免疫力出现快，免疫效果维持时间较短，主要用于疾病治疗或紧急预防。

人工自动免疫与人工被动免疫的比较见表11-2。

表11-2　人工自动免疫与人工被动免疫的比较

	人工自动免疫	人工被动免疫
接种物质	抗原	主要是抗体
免疫生效时间	慢，接种后2~3周	快，接种后立即生效
免疫维持时间	长，数月至数年	短，约2~3周

	人工自动免疫	人工被动免疫
主要用途	预防传染病	治疗或紧急预防传染病
主要制剂	疫苗、类毒素	抗毒素、免疫球蛋白等

二、生物制剂

用于人工免疫的疫苗、血液制品、免疫血清、生长因子、诊断试剂等均来源于生物体，统称为生物制剂。

（一）人工自动免疫制剂

用于人工自动免疫的细菌制剂、病毒制剂及类毒素等制剂统称为疫苗。疫苗的研制和开发近年来发展非常迅速，出现许多新型疫苗，这些疫苗具有高效、安全、廉价的特点。其应用范围不局限于传染病的预防，已扩展到许多非传染病领域，如肿瘤疫苗用于肿瘤的治疗。用于人工自动免疫的生物制剂有以下几种：

1. 灭活疫苗　是选用免疫原性强的标准株病原体，经人工大量培养后，再用理化方法灭活后制成的生物制剂。灭活疫苗不能感染机体，也不能增殖，因此其免疫效果不如减毒疫苗。但灭活疫苗也有安全、稳定、易保存和运输的优点。

2. 减毒疫苗　是用减毒或无毒力的活病原微生物制成。该疫苗无毒性、无致病性，但能在体内增殖，因此其免疫效果较灭活疫苗好。但减毒疫苗的安全性不如灭活疫苗，稳定性差，需低温保存，且保存时间不长。有毒力恢复突变的可能，孕妇和免疫缺陷者一般不宜接种此类疫苗。灭活疫苗与减毒疫苗的区别见表11-3。

表 11-3　灭活疫苗与减毒疫苗的区别

	灭活疫苗	减毒疫苗
生长繁殖	不能	能
接种次数	多次	一次
接种量	大	小
免疫力维持时间	短（0.5~2年）	长（3~5年）
保存	容易（4℃，一年）	不易（4℃，数周）
常用疫苗	伤寒疫苗、霍乱疫苗、百日咳疫苗、钩端螺旋体疫苗、乙脑疫苗、狂犬病疫苗等	卡介苗、脊髓灰质炎疫苗、麻疹疫苗、腮腺炎疫苗、风疹疫苗等

3. 类毒素　是将细菌外毒素用0.3%~0.4%甲醛处理后，使其失去毒性保留免疫原性。类毒素不具有外毒素的毒性，即不引起中毒反应，但保留免疫原性，接种机体后能诱导产生抗毒素，如破伤风类毒素、白喉类毒素等。类毒素可与灭活疫苗混合制成联合制剂使用，如百白破三联疫苗。类毒素还可接种于动物（如马），从而获得大量抗毒素，经纯化精制后可用于相应疾病的紧急预防和治疗。

4. 新型疫苗　为克服传统疫苗存在的问题，目前正在加紧新一代疫苗的研制工作，部分新型疫苗已取得重大进展。

（1）亚单位疫苗：是去除病原体中与激发保护性免疫无关的成分，保留有效免疫原性制成的疫苗，如乙型肝炎表面抗原疫苗、莱姆病疫苗等。此类疫苗可提高免疫效果，又可减少因病原体中与免疫保护无关的成分所引起的不良反应。

（2）结合疫苗：是将细菌荚膜多糖连接于类毒素或其他抗原上，为细菌荚膜多糖提供蛋白质载体，使其成为T细胞依赖性抗原，如脑膜炎球菌多糖疫苗、肺炎链球菌疫苗等。

（3）其他疫苗：基因工程疫苗（包括DNA疫苗、重组载体疫苗、重组抗原疫苗、转基因植物疫苗）、合成肽疫苗、食用疫苗、黏膜疫苗、治疗性疫苗等。

1）基因工程疫苗：以基因工程技术将天然的或人工合成的编码病原体免疫原的基因借助载体转移并插入至另一生物体基因组中，使之表达产生所需抗原制成的疫苗。如将编码乙型肝炎表面抗原（HBsAg）的基因插入酵母菌基因组中制成的重组乙型肝炎疫苗在国内已广泛使用。

2）合成肽疫苗：用人工合成多肽抗原连接适当载体与佐剂制成的疫苗，如HBsAg的各种合成类似物等。

（二）人工被动免疫制剂

人工被动免疫常见制剂有以下几类：

1. 抗毒素　是用细菌外毒素或类毒素免疫动物制备的免疫血清，具有中和外毒素毒性的作用，主要用于细菌外毒素性疾病的治疗及紧急预防。常用的有破伤风抗毒素、白喉抗毒素等。

2. 人免疫球蛋白制剂　包括丙种球蛋白和胎盘球蛋白。丙种球蛋白是从健康成人血浆中提取的，含IgG和IgM。胎盘球蛋白是从健康产妇胎盘血中提取的，主要为IgG。多数成人曾隐性或显性感染过多种病原微生物（如脊髓灰质炎病毒、麻疹病毒、甲型肝炎病毒等），因此血清中含有相应的特异性抗体，可用于脊髓灰质炎、麻疹、甲型肝炎等传染病的紧急预防，也可用于丙种球蛋白缺乏症的治疗。

3. 其他　包括单克隆抗体制剂、转移因子、细胞因子等。近年来，细胞因子制剂在临床上使用越来越多，主要有IFN-γ、IL-2等。此外，单克隆抗体制剂，如免疫毒素与肿瘤特异性抗体结合制成的生物导弹等，也正在开发和应用于人工被动免疫之中。

🔗 **知识链接** ....

疫苗制备的基本要求

1. 安全　疫苗常规用于健康人群，特别是儿童的免疫接种，应保证其安全性。灭活疫苗的制备应彻底灭活，并避免内毒素和无关蛋白的污染；减毒疫苗的菌种要求遗传性状稳定，无致癌性；疫苗应减少接种后的副作用。

2. 有效　疫苗应具有很强的免疫原性，接种后能引起保护性免疫，且免疫维持时间长，使群体的抗感染能力增强。

3. 实用　在保证免疫效果的前提下尽量简化接种程序，如口服疫苗、多价疫苗和联合疫苗。同时要求疫苗易于保存运输，价格低廉，才能达到接种人群的高覆盖率。

三、计划免疫

计划免疫是根据某些特定传染病的疫情监测和人群免疫状况分析，有计划地用疫苗进行免疫预防接种，预防相应传染病，最终达到控制乃至消灭相应传染病的目的而采取的重要措施。

我国儿童计划免疫的疫苗有卡介苗、脊髓灰质炎疫苗、百白破混合疫苗、麻疹疫苗、乙型肝炎疫苗。2007年国家扩大了计划免疫免费提供的疫苗种类，由原来的"五苗七病"增加到15种传染病，新增了甲型肝炎疫苗、流行性乙型脑炎疫苗、流脑多糖菌苗、风疹疫苗、腮腺炎疫苗、钩端螺旋体疫苗、肾综合征出血热灭活疫苗和炭疽疫苗等。免疫程序的制订是实施计划免疫的重要内容，目前我国实施的儿童免疫程序表见表11-4。

表11-4　国家免疫规划疫苗儿童免疫程序表（2021年版）

疫苗名称	第一次	第二次	第三次	加强	预防传染病
卡介苗	出生				结核病
乙肝疫苗	出生	1月龄	6月龄		乙型病毒性肝炎

疫苗名称	第一次	第二次	第三次	加强	预防传染病
脊灰减毒活疫苗			4月龄	4岁	脊髓灰质炎
脊灰灭活疫苗	2月龄	3月龄			
百白破疫苗	3月龄	4月龄	5月龄	18月龄	百日咳、白喉、
白破疫苗	6岁				破伤风
麻腮风疫苗	8月龄	18月龄			麻疹、风疹、流行性腮腺炎
乙脑减毒活疫苗	8月龄	2岁			
乙脑灭活疫苗	8月龄 （第1、2剂间隔7~10天）		2岁	6岁	流行性乙型脑炎
A群流脑多糖疫苗	6月龄	9月龄			
A+C流脑多糖疫苗	3岁	6岁			流行性脑脊髓膜炎
甲肝减毒活疫苗	18月龄				
甲肝灭活疫苗	18月龄	2岁			甲型病毒性肝炎

四、免疫治疗

免疫治疗是利用免疫学原理，针对疾病的发病机制，人为地干预和调整机体的免疫功能，以达到治疗疾病的目的所采取的措施。传统的免疫治疗方法按免疫增强或免疫抑制、主动和被动免疫治疗等分类，近年来随着生物技术的发展，多种抗体药物、重组细胞因子和免疫细胞成功应用于临床治疗，进一步拓宽了免疫治疗的方向。

（一）抗体

1. 多克隆抗体　用传统方法免疫动物而制备的免疫血清制剂，包括抗感染的免疫血清和抗淋巴细胞丙种球蛋白两类。

（1）抗感染的免疫血清：抗毒素血清主要用于治疗或紧急预防细菌外毒素所致的疾病，人免疫球蛋白制剂主要用于治疗丙种球蛋白缺乏症和预防麻疹、感染性肝炎等。

（2）抗淋巴细胞丙种球蛋白：主要用于抑制移植排斥反应，延长移植物存活时间，也可用于治疗某些自身免疫性疾病，如肾小球肾炎、系统性红斑狼疮及重症肌无力等。

2. 单克隆抗体　随着生物技术的发展，实现了对抗体的人源化改造，使治疗性单克隆抗体的制备和应用进入了新的阶段。目前美国FDA已批准了多个治疗性抗体，应用于肿瘤、自身免疫性疾病、感染性疾病和移植排斥反应的治疗。例如，抗CD20可用于治疗非霍奇金（Hodgkin）淋巴瘤，抗CD52用于治疗白血病、T细胞淋巴瘤，抗TNF可以用于治疗类风湿关节炎，抗CD3用于治疗肾移植后急性排斥反应。

（二）细胞因子

细胞因子具有广泛的生物学活性，可将细胞因子作为药物用于预防和治疗多种免疫性疾病，重组细胞因子已用于肿瘤、感染、造血障碍等疾病的治疗。例如，IFN-α对毛细胞白血病的疗效显著；IL-2和IL-11用于治疗恶性肿瘤；G-CSF和GM-CSF用于治疗各种粒细胞低下等。

（三）过继免疫治疗和造血干细胞移植

1. 过继免疫治疗　是将供者的淋巴细胞或淋巴因子等免疫效应物质转移给受者，以增强其细胞免疫功能。可分为特异性和非特异性两类，前者是将正常供者的致敏淋巴细胞输给受者，使其在受者体内增殖并产生免疫力；后者是取出自体淋巴细胞，经体外增殖、激活后回输到体内，常用于肿瘤的治疗。例如，临床已将淋巴因子激活的杀伤细胞（LAK）广泛用于肿瘤和慢性病毒感染的非特异性免疫治疗，细胞因子诱导的杀伤细胞（CIK）对白血病和某些实体肿瘤有较好的疗效。

2. 造血干细胞移植　是指取患者自身或人类白细胞抗原型别与患者相同的健康人干细胞输注给患者，输注的干细胞进入患者体内定居、分化、增殖，帮助患者恢复造血能力和产生免疫力。造血干细胞移植已成为肿瘤、造血系统疾病和自身免疫性疾病治疗的重要手段。移植所用的造血干细胞来源于HLA型别相同的供者骨髓、外周血或脐带血中的CD34$^+$干细胞。

（四）生物应答调节剂和免疫抑制剂

1. 生物应答调节剂　生物应答调节剂是指具有促进或调节免疫功能的制剂，一般对免疫功能正常者无影响，而对免疫功能异常者，特别是免疫功能低下者有促进或调节作用。生物应答调节剂已广泛应用于肿瘤、感染、自身免疫性疾病和免疫缺陷病的治疗。常用制剂有微生物制剂、化学合成药物、细胞因子和激素（表11-5）。

2. 免疫抑制剂　免疫抑制剂是一类能抑制机体免疫功能的制剂，主要用于治疗自身免疫病、抗移植排斥反应和超敏反应性疾病。常用制剂有微生物制剂、化学合成药物等（表11-5）。

表 11-5　常用生物应答调节剂和免疫抑制剂

类型	生物应答调节剂	免疫抑制剂
微生物制剂	卡介苗、短小棒状杆菌、胞壁酰二肽	环孢素 A、他克莫司
化学合成药物	左旋咪唑、西咪替丁	糖皮质激素、环磷酰胺、硫唑嘌呤
细胞因子	IFN-α、IFN-β、IFN-γ、IL-2	
激素	胸腺素、胸腺生成素	

🔗 知识链接

肿瘤疫苗

　　肿瘤疫苗（tumor vaccine）是近年研究的热点之一，其原理是将肿瘤抗原以多种形式（如肿瘤细胞、肿瘤相关蛋白质或多肽、表达肿瘤抗原的基因等）导入患者体内，克服肿瘤引起的免疫抑制状态，增强免疫原性，激活患者自身的免疫系统，诱导机体细胞免疫和体液免疫应答，从而达到控制或清除肿瘤的目的。2010年4月，美国FDA批准Sipuleucel-T用于治疗晚期前列腺癌，使其成为第一个自动免疫疗法药及第一个真正的治疗性癌症疫苗，为其他同类产品的研发提供了方向。

🔗 知识链接

脐带血干细胞库

　　脐带血，是胎儿娩出断脐后，残留在脐带和胎盘中的血液。近三十年来的医学研究发现，脐带血中含有非常丰富的造血干细胞，可以重建人体造血和免疫系统，可用于造血干细胞移植，治疗血液系统、免疫系统及遗传代谢性等疾病。因此，脐带血已成为造血干细胞的重要来源，已经被广泛地应用于临床，是宝贵的人类生物资源。

　　建立脐带血干细胞库可以把脐带血造血干细胞这一人类重要的生物资源储存起来，达到取之于大众，为大众服务的目的，同时也可以满足个人自体储存的特别需要，以备日后不时之需。北京市脐带血造血干细胞库（简称北京市脐血库）始建于1996年，是卫生部批准的中国第一家脐带血造血干细胞库。2013年1月，北京市脐血库通过美国AABB国际认证，成为国内首家通过该认证的脐带血库。目前，我国一共拥有七家具有资质的脐带血造血干细胞库，分别是：广东省脐带血造血干细胞库、浙江省脐带血造血干细胞库、北京市脐带血造血干细胞库、天津市脐带血造血干细胞库、上海市脐带血造血干细胞库、山东省脐带血造血干细胞库和四川省脐带血造血干细胞库。

第三节　免疫检测

免疫检测即用免疫学方法检测病原体、疾病相关因子或评估机体免疫功能状态。免疫检测主要包括抗原抗体的检测、免疫细胞及其功能检测。

一、抗原抗体的检测

（一）原理

在体外一定条件下（如温度、pH、离子浓度等），抗原与相应抗体可发生特异性结合，呈现凝集、沉淀等肉眼可见的反应现象。抗原与抗体结合具有高度特异性和可见性，因此既可用已知抗原检测未知抗体，也可用已知抗体检测未知抗原，辅助诊断疾病或进行实验研究。

（二）应用

1. 定性检测　可用已知的抗原检测未知的抗体，也可用已知的抗体检测未知的抗原。如用乙型肝炎病毒的抗体与患者血清反应来判断患者体内是否存在乙型肝炎病毒，从而诊断乙型肝炎。

2. 定量检测　根据特异性抗原抗体反应程度的不同可对某些物质进行定量检测。如用肥达反应检测患者体内的伤寒抗体含量。

（三）抗原抗体检测的意义

抗原抗体检测在疾病诊断中具有重要意义。检测机体内病原体或致病因子的抗原或抗体，用于疾病的诊断；通过抗原抗体反应检测体内某些物质的含量（如甲状腺素），也可诊断某些疾病。

（四）抗原抗体体外反应的常用类型

1. 凝集反应　颗粒性抗原与相应抗体在一定条件下（如温度、pH、离子浓度等）出现肉眼可见的凝集现象，称为凝集反应（agglutination reaction）。

常见的凝集反应有直接凝集反应、间接凝集反应、反向间接凝集反应、间接凝集抑制反应和协同凝集反应。

（1）直接凝集反应：颗粒性抗原与相应抗体直接结合出现的凝集反应。该反应既可用于定性检测，也可用于定量检测（图11-4）。

图11-4　直接凝集反应示意图

（2）间接凝集反应：某些可溶性抗原与相应抗体反应后并不能出现肉眼可见的现象，如将可溶性抗原吸附于某种与免疫无关的颗粒表面，使可溶性抗原转变为颗粒性抗原，然后再与相应抗体反应，可出现凝集现象，因此将该试验称为间接凝集反应（图11-5）。

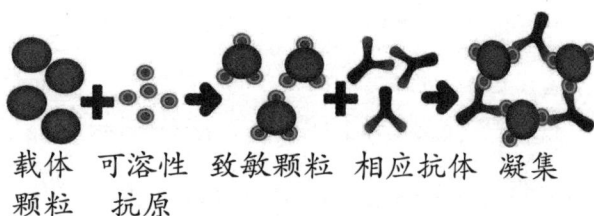

图11-5　间接凝集反应

2. 沉淀反应　可溶性抗原与相应抗体在一定条件下形成的肉眼可见的沉淀现象，称为沉淀反应（precipetaiton）。当可溶性抗原与抗体在凝胶中扩散并相遇时，在比例合适处可形成肉眼可见的白色沉淀。

单向免疫扩散：将一定量的已知抗体混合于琼脂凝胶中制成琼脂板，在琼脂板中打孔并将待测可溶性抗原加入孔中，抗原扩散后便可在孔周的一定位置形成白色沉淀环。抗原浓度越大，扩散范围越广，则形成的白色环越大，环的直径与抗原量成正相关（图11-6）。

双向琼脂扩散实验：将抗原和抗体分别加入琼脂板的对应孔中，两者自由向四周扩散，在相遇处形成白色沉淀线。若反应体系中含两种以上抗原-抗体系统，则小孔间可

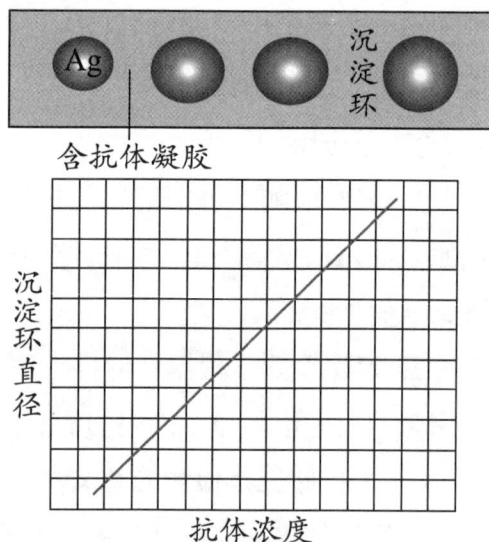

图11-6　单向免疫扩散试验

出现两条以上沉淀线。

3. 免疫标记技术　是用某些物质来标记抗原或抗体，进行的抗原抗体反应，通过反应后标记物出现的现象来判断反应结果。常用的标记物有酶、荧光素或放射性核素等，其中又以酶标记应用最广泛。免疫标记技术具有灵敏度高、快速、定性或定量甚至定位的优点。

（1）酶免疫测定：用酶来标记抗原或抗体进行的免疫反应，通过酶作用于底物后显色来判断结果，是目前应用最广泛的免疫检测技术。常用的方法有酶联免疫吸附试验（ELISA）、酶免疫组化法。前者可测定可溶性抗原或抗体，后者主要用于测定组织或细胞表面的抗原。

（2）荧光免疫测定：用荧光素标记抗体，再与待测抗原进行反应。反应后置荧光显微镜观察，抗原-抗体复合物发出荧光，借此对标本中的抗原做鉴定或定位。最常用的荧光素是异硫氰酸荧光素、藻红蛋白。

（3）放射免疫测定：是用放射性核素标记抗原抗体的检测技术。常用的放射性核素有^{125}I、^{131}I，该方法的灵敏度极高，可达皮克（pg）水平，常用于微量物质的检测，如胰岛素、甲状腺素等。

（4）免疫胶体金技术：该技术是以硝酸纤维薄膜为载体吸附抗原，用胶体金标记抗体的免疫标记技术，已广泛应用于尿液中的人绒毛膜促性腺激素的检测，作为妊娠的早期诊断。该技术操作简单快捷，显现结果快，非常适合家庭使用。

常用抗原抗体反应及其应用见表11-6。

表 11-6　常用抗原抗体反应及其应用

项目	方法	应用
凝集反应	直接凝集反应	细菌与血型鉴定
		抗体测定如肥达反应
	间接凝集反应	抗O试验、类风湿因子检测
沉淀反应	单项琼脂扩散试验	测定Ig、补体含量
	双向项琼脂扩散试验	IgG、IgM定性检测等
免疫标记技术	酶免疫测定	测定hCG、抗HIV等
	免疫胶体金技术	检测乙型肝炎表面抗原、人绒毛膜促性腺激素（hCG）等

二、免疫细胞功能的检测

检测免疫细胞的数量和功能，有助于了解机体的免疫状况，辅助诊断某些疾病、观察疗效及科研分析。主要检测T细胞、B细胞，也可对巨噬细胞、NK细胞的功能进行测定。

（一）T细胞检测

1. E玫瑰花环形成试验　人T细胞表面有绵羊红细胞受体（CD2），在体外条件下，T细胞能直接与绵羊红细胞结合，结合后形似花环。E玫瑰花环试验主要用于检测外周血中T细胞的数量，亦可间接反映机体的细胞免疫功能。正常人外周血E玫瑰花环形成率为60%~80%。

2. 淋巴细胞转化试验　原理是T细胞在体外培养时，接受促分裂原植物血凝素（PHA）等刺激后，使T细胞体积增大、分裂增殖。体积已增大但未分裂的T细胞即为淋巴母细胞（图11-7）。该试验的意义是通过淋巴细胞转化率可反映机体内可活化的T细胞数量，因此更能反映机体的细胞免疫水平。

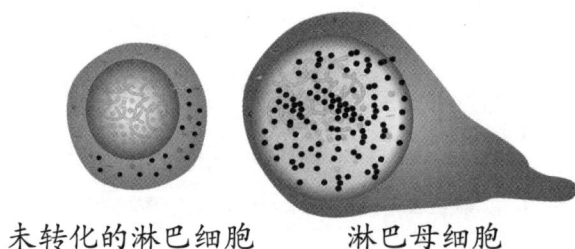

未转化的淋巴细胞　　　淋巴母细胞

图11-7　淋巴母细胞示意图

3. 皮肤试验　外来抗原刺激机体产生免疫应答后，再用相同的抗原作皮试可导致皮肤Ⅳ型超敏反应，于24~48小时在皮肤局部出现充血、渗出，甚至坏死。细胞免疫正常者出现阳性反应，细胞免疫低下者则呈弱阳性或阴性反应。此方法简便易行，常用于检测某些病原微生物感染（结核、麻风等）、免疫缺陷病，以及肿瘤患者的免疫功能测定。

（二）B细胞检测

1. B细胞数量检测　可通过检测B细胞受体来了解成熟B细胞的数量。即通过检SmIg（B细胞膜表面免疫球蛋白是B细胞膜表面的一种特征性的免疫球蛋白。将人单个核细胞用异硫氰酸荧光素标记的兔抗人免疫球蛋白作直接免疫荧光染色，显荧光的细胞为B细胞受体阳性细胞，正常人外周血B细胞受体阳性细胞一般为8%~12%。

2. B细胞功能测定　常用B细胞增殖试验和溶血空斑试验来检测抗体形成细胞的数量和功能。

（1）B细胞增殖试验：B细胞受促分裂原刺激后，进行分裂增殖，温育一定时间后，检查抗体形成细胞的数目。

（2）溶血空斑试验：是抗体形成细胞数量的测定。将吸附有已知抗原的绵羊红细胞、待测B细胞、补体及适量琼脂糖混匀，倒入平皿后温育1~3小时，肉眼观察并计数溶血空斑数量。每一溶血空斑代表一个抗体形成细胞，通过计算溶血空斑数目可知分泌特异性抗体的B细胞数目。

知识链接

毒品检测试纸

近年来，应用免疫胶体金技术制备出的多种毒品检测试纸已经应用于毒品检测相关部门，如缉毒、戒毒所、医院、卫生防疫部门等。该方法对所有液体标本均适用，具有快捷、准确、特异、方便的优点。

这里蕴含胶体金单克隆抗原、抗体免疫竞争作用原理。当标本中含有吗啡或其代谢产物的含量达到300ng/ml时，即与固着在渗透膜上的带显色微小颗粒的有限抗体结合，从而阻止其与测试区（T线区）的抗原相结合，T线区便不会出现沉淀色带。若标本中不含有毒品或其代谢物，T线区便会出现一条色带沉淀线。试纸上另一条色带（C线区）用于确定实验是否可靠。

章末小结

1. 超敏反应是指机体受抗原物质刺激后发生的一种以机体生理功能紊乱或组织损伤为主的特异性免疫应答。引起超敏反应的抗原称为变应原。因发生的机制不同可分为四型。

2. 超敏反应的本质属于异常或病理性免疫应答，具有特异性和记忆性。

3. 人工主动免疫输入物质为抗原，免疫力维持时间长，多用于传染病的预防。

4. 用于人工主动免疫的制剂称为疫苗，主要有减毒疫苗、灭活疫苗、类毒素和新型疫苗。

5. 人工被动免疫输入物质为抗体，免疫力维持时间短，多用于治疗或紧急预防。

6. 常用于人工被动免疫的制剂有抗毒素和人免疫球蛋白制剂等。

7. 免疫治疗是针对疾病的发病机制，应用生物制剂或药物来改变机体的免疫功能，以达到治疗疾病的目的。

8. 抗原抗体检测的原理是抗原与相应抗体可发生特异性结合,并出现凝集、沉淀等肉眼可见的反应现象。

9. 抗原与抗体结合具有高度特异性,既可用已知抗原检测未知抗体,也可用已知抗体检测未知抗原,辅助诊断疾病。

思考题

一、 单项选择题

1. 下列是人工主动免疫的特点的是(   )
   A. 免疫力维持时间长   B. 注入体内的是抗体   C. 用于疾病的紧急预防
   D. 免疫力出现快   E. 主要用于传染病的治疗

2. 人工被动免疫的特点是(   )
   A. 注入体内的是抗原   B. 免疫力可维持数年   C. 免疫力出现慢
   D. 接种后立即发挥作用   E. 用于传染病的预防

3. 人工主动免疫的生物制品是(   )
   A. 抗血清   B. 单克隆抗体   C. 卡介苗
   D. 丙种球蛋白   E. 抗毒素

4. 人工被动免疫的生物制品是(   )
   A. 卡介苗   B. 丙种球蛋白   C. DNA疫苗
   D. 破伤风类毒素   E. 脊髓灰质炎疫苗

5. 类毒素的特点是(   )
   A. 常用于人工被动免疫 B. 具有毒性   C. 由细菌内毒素脱毒而制成
   D. 是细菌的一种外毒素 E. 可诱导机体产生相应的抗毒素

6. 参与 I 型超敏反应的 Ig 是(   )
   A. IgM   B. IgE   C. IgG
   D. IgD   E. IgA

7. II 型超敏反应又称(   )超敏反应
   A. 速发型   B. 迟发型   C. 细胞溶解型
   D. 血管炎型   E. 免疫复合物型

8. 接触化妆品引起的皮炎多属于（　　　）

　　A. 细胞溶解型超敏反应　B. Ⅲ型超敏反应　　　　C. 速发型超敏反应

　　D. Ⅳ型超敏反应　　　　E. Ⅱ型超敏反应

9. 下列属于Ⅲ型超敏反应的疾病是（　　　）

　　A. 花粉症　　　　　　　B. 新生儿溶血症　　　　C. 青霉素引起的过敏性休克

　　D. 接触性皮炎　　　　　E. 肾小球肾炎

10. 不属于Ⅳ型超敏反应的是（　　　）

　　A. 移植排斥反应　　　　B. 传染性超敏反应　　　C. 接触性皮炎

　　D. 过敏性鼻炎　　　　　E. 结核菌素试验

二、　多项选择题

1. 下列属于人工主动免疫制剂的有（　　　　　）

　　A. 类毒素　　　　　　　B. 灭活疫苗　　　　　　C. 减毒疫苗

　　D. 抗毒素　　　　　　　E. 人免疫球蛋白

2. 常用抗原抗体反应有（　　　　　）

　　A. 淋巴细胞转化试验　　B. 直接凝集反应　　　　C. 间接凝集反应

　　D. 沉淀反应　　　　　　E. 免疫标记技术

3. 应用前必须进行皮肤过敏试验的是（　　　　　）

　　A. 头孢菌素　　　　　　B. 青霉素　　　　　　　C. 链霉素

　　D. 普鲁卡因　　　　　　E. 有机碘

4. 下列超敏反应类型中有抗体参与的是（　　　　　）

　　A. Ⅰ型和Ⅳ型　　　　　B. Ⅰ型　　　　　　　　C. Ⅱ型

　　D. Ⅲ型　　　　　　　　E. Ⅳ型

三、　简述题

1. 简述减毒疫苗与灭活疫苗的比较。

2. 什么是人工自动免疫与人工被动免疫？它们的区别是什么？

（徐苏炜）

第四篇

寄生虫学

第十二章

人体寄生虫学

学习目标

- 掌握 寄生、寄生虫、宿主、寄生虫的生活史、感染阶段的概念。
- 熟悉 常见人体寄生虫的致病作用，仓储害虫的防治方法。
- 了解 人体寄生虫的流行规律及防治原则。
- 培养 学生具有辨识常见寄生虫类别的能力及预防仓储害虫的意识，养成良好的健康饮食习惯。

情境导入

情境描述：

患儿，男，8岁。2天前因突发性哮喘就诊。其母亲代诉患儿近一周以来出现干咳，呼吸短促，夜间症状加重，伴皮肤瘙痒，偶有腹部不适。查体：体温36.2℃，两肺均可闻及哮鸣音，胸部X线见肺纹理增粗，上腹部触及一包块，质软、尚可活动，B超检查于上腹部探及团块回声。患儿6个月前曾有排虫史，粪检中发现大量的寄生虫卵。

学前导语：

该患者初步诊断是什么疾病？可能感染什么寄生虫？通过本章学习，可了解人体寄生虫常见类别、致病作用、流行与防治。

第一节　概述

寄生虫学是研究人体寄生虫和与医学有关的节肢动物的发生、发展规律，阐明寄生虫与人体及外界因素的相互关系的科学。其研究内容包括医学蠕虫、医学原虫和医学节肢动物三个部分。

一、寄生现象与寄生虫

在自然界生物的进化过程中，生物与生物之间形成了各种复杂的关系。两种生物共同生活，其中一方受益，另一方受害，受害者为受益者提供营养物质和居住场所，这种现象称为寄生现象。其中受益者称为寄生虫，受害者称为宿主。

（一）寄生虫

寄生虫是寄生物中的一类，指营寄生生活的受益的低等动物。寄生于人体的寄生虫称为人体寄生虫。

（二）宿主

被寄生虫寄生并受其损害的生物称为宿主。根据寄生虫不同发育阶段所寄生的宿主不同，可将宿主分为终宿主、中间宿主和保虫宿主。

1. 终宿主　寄生虫成虫或有性生殖阶段所寄生的宿主。

2. 中间宿主　寄生虫幼虫或无性生殖阶段所寄生的宿主。

3. 保虫宿主　某些寄生虫既可以寄生于人，还寄生于其他脊椎动物，在流行病学上将这些脊椎动物称为保虫宿主。

例如，肺吸虫成虫寄生于人、猫、犬等哺乳动物的肺脏，幼虫寄生于溪蟹、蝲蛄体内，人是肺吸虫的终宿主，溪蟹、蝲蛄是肺吸虫的中间宿主，猫、犬等哺乳动物是肺吸虫的保虫宿主。

（三）寄生虫生活史和感染阶段

寄生虫生活史是指寄生虫完成一代生长、发育和繁殖的全过程。在寄生虫的生活史中具有感染人体能力的发育阶段称为感染阶段。如日本血吸虫的感染阶段为尾蚴，蛔虫的感染阶段为感染期虫卵。

二、寄生虫和宿主的相互关系

（一）寄生虫对宿主的作用

1. 夺取营养　寄生虫在宿主体内摄取营养物质，导致宿主营养不良、免疫力降低，引起疾病。如寄生在肠道的蛔虫、钩虫等，引起宿主营养不良，并影响宿主的消化吸收功能。

2. 机械性损伤　寄生虫在宿主体内移行和定居均可造成宿主组织损伤、压迫或阻塞。如肠道大量蛔虫成虫在肠道扭曲成团引起肠梗阻；钩虫丝状蚴侵入皮肤时可引起钩蚴性皮炎；猪囊尾蚴压迫脑组织引起癫痫等。

3. 毒性作用和免疫损害　寄生虫的分泌物和代谢产物对宿主均有毒性作用，并可诱导机体产生免疫性病理损伤。例如，日本血吸虫卵内的毛蚴分泌物引起周围组织肉芽肿。

（二）宿主对寄生虫的免疫作用

宿主对寄生虫可产生不同程度的免疫防御反应，包括固有免疫和适应性免疫。

1. 固有免疫　正常机体可通过生理屏障抵御某些寄生虫的侵入，包括皮肤黏膜的屏障作用、吞噬细胞的吞噬作用和补体等对入侵的虫体可发挥杀灭作用，对各种寄生虫有一定程度的抵抗作用。

2. 适应性免疫　当特定的寄生虫抗原刺激宿主发生特异性细胞免疫和体液免疫，宿主会产生对该寄生虫的清除和杀伤免疫效应。包括消除性免疫和非消除性免疫两种类型。

（1）消除性免疫：指宿主感染寄生虫后所产生的适应性免疫，能清除体内寄生虫，并对再次感染具有抵抗力。在寄生虫感染中此种现象较为少见，如杜氏利什曼原虫感染引起的黑热病。

（2）非消除性免疫：指寄生虫感染后虽可诱导宿主对该寄生虫的再次感染产生一定的防御能力，但对体内已存在的寄生虫不能完全清除。大多数寄生虫感染的免疫属于非消除性免疫，表现为带虫免疫和伴随免疫。

三、寄生虫病的流行

（一）寄生虫病流行的基本环节

1. 传染源　是指被寄生虫寄生的人和动物，包括患者、带虫者和保虫宿主。

2. 传播途径　指寄生虫从传染源传播到易感宿主的过程。人体感染寄生虫的途径和方式主要有：经口感染、经皮肤感染、经节肢动物媒介感染、经接触感染、经胎盘感染等。

3. 易感人群　是指对寄生虫缺乏免疫力的人群。人群对寄生虫普遍易感。

（二）寄生虫病的流行特点

1. 地方性　由于气候条件、劳作方式、中间宿主、媒介（如节肢动物）、生活习俗，使许多寄生虫病的分布和流行呈现明显的地方性。

2. 季节性　由节肢动物作为传播媒介的寄生虫，只有在节肢动物活动的季节才能得以传播和流行，且传播和流行程度与节肢动物媒介的活动相消长。

3. 自然疫源性　在人类尚未开发的地区，某些寄生虫病可在脊椎动物之间传播，伴随人类对该地区的开发、利用，这些寄生虫病可通过一定途径传播给人，并在人与人之间传播，这一特点称为自然疫源性。

四、寄生虫病的防治措施

（一）控制或消灭传染源

传染源是寄生虫病传播流行的主要环节，普查普治带虫者和患者，查治或处理保虫宿主是控制或消灭传染源的重要措施。

（二）切断传播途径

加强粪便和水源的管理，搞好环境卫生和个人卫生，改变不良的饮食习惯，改进生产方法和生产条件，控制或杀灭节肢动物媒介和中间宿主。

（三）保护易感人群

加强健康教育，提高自我防护意识，必要时，对某些寄生虫病还可采用口服或皮肤涂抹药物预防，如疟原虫。

第二节　常见人体寄生虫

一、概述

（一）医学蠕虫

蠕虫是一类软体，借肌肉收缩做蠕形运动的多细胞无脊椎动物。寄生于人体的蠕虫称医学蠕虫，主要包括线虫、吸虫、绦虫等。①线虫属于线形动物门的线虫纲，种类繁多，分布广泛，虫体结构复杂，生活史简单，分卵、幼虫和成虫三个发育阶段，多数种类不需要中间宿主。寄生在人体的线虫有10余种，危害较大，常见的线虫包括似蚓蛔线虫、钩虫、蛲虫等。②吸虫属于扁形动物门吸虫纲，种类繁多，大小、形态各异，生活史较为复杂，大多数需要1~2个中间宿主。常见的寄生在人体的吸虫有10余种，我国主要有华支睾吸虫、肺吸虫、日本血吸虫等。③绦虫属于扁形动物门的绦虫纲，虫体大多分节，扁如带状，无消化道和体腔。生活史复杂，均营寄生生活，寄生于人体的绦虫有30余种，主要有猪带绦虫、牛带绦虫和细粒棘球绦虫等。

（二）医学原虫

原虫是具有完整生理功能的一类单细胞真核生物，寄生于人体、能引起人类疾病的原虫称医学原虫。原虫种类繁多，形态多样，呈叶状、球形或不规则形，结构由细胞膜、细胞质、细胞核组成。①细胞膜，由单位膜构成，参与虫体的摄食、运动、排泄、感觉、侵袭及逃避免疫等；②细胞质，由基质、细胞器和内含物组成；③细胞核，由核膜、核质、核仁和染色质组成。

多数原虫借助运动细胞器运动，通过吞噬、吞饮或体表渗透方法获取营养物质，以无性生殖、有性生殖或世代交替方式增殖。医学原虫有40余种，常见的主要有溶组织内阿米巴、疟原虫、阴道毛滴虫等。

二、似蚓蛔线虫

似蚓蛔线虫简称蛔虫，是人体最常见寄生虫之一，成虫寄生于小肠，引起蛔虫病。

（一）形态

1. 成虫　成虫外观形似蚯蚓，呈长圆柱状，活时略呈粉红色，死后呈灰白色。雌雄异体，雌虫长20~35cm，尾部尖直；雄虫长15~31cm，尾部向腹面卷曲。

2. 虫卵　从人体粪便标本中可检出受精卵与未受精卵两种（图12-1）。受精卵呈宽椭圆形，大小为（45~75）μm×（35~50）μm，在肠道被胆汁染成棕黄色，卵壳较厚，外附一层凹凸不平、排列均匀的蛋白质膜。卵内含有一个大而圆的卵细胞，与卵壳间形成新月形空隙。未受精卵呈长椭圆形，大小为（88~94）μm×（39~44）μm，卵壳与蛋白质膜较薄，卵内充满大小不等的折光性颗粒。

（二）生活史

蛔虫生活史简单，不需要中间宿主，属土源性蠕虫。成虫寄生于人体小肠中，以肠内半消化食物为食，包括在外界土壤发育和人体内发育两个阶段（图12-2）。

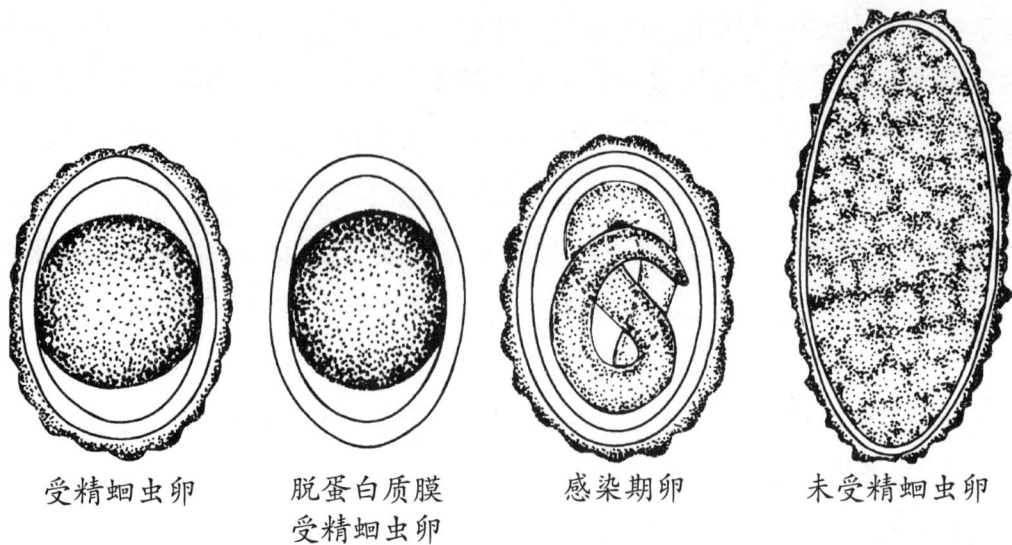

| 受精蛔虫卵 | 脱蛋白质膜
受精蛔虫卵 | 感染期卵 | 未受精蛔虫卵 |

图12-1 蛔虫虫卵

1. **在外界土壤发育** 雌雄交配后雌虫产卵，受精卵随宿主粪便排出体外，在潮湿、荫蔽、氧气充足、温度21~30℃的土壤中，约经3周发育成感染期虫卵。

2. **在人体内发育** 感染期虫卵被人误食在小肠内孵出幼虫，侵入肠壁黏膜静脉或淋巴管中，经肝、右心到达肺脏，穿破肺泡毛细血管进入肺泡，约经2周发育，蜕皮2次，沿支气管、气管上行至咽部，随吞咽动作进入消化道，再蜕皮1次经数周发育为成虫。每条雌虫每日排卵约24万个，成虫在人体内寿命一般为1年。

（三）致病性

1. **幼虫致病** 幼虫在人体内移行过程中，可导致机械性损伤和全身超敏反应，尤以肺损伤最严重，可引起蛔蚴性肺炎、哮喘和嗜酸性粒细胞增多症。

2. **成虫致病** 成虫寄生在人体小肠，掠夺营养和损伤肠黏膜影响消化吸收，导致宿主营养不良，儿童重度感染可出现发育障碍，患者表现为食欲不振、恶心、呕吐、腹泻、间歇性脐周围腹痛。少数患者可出现荨麻疹、夜间磨牙等症状。

蛔虫具有钻孔习性，若宿主机体不适或受到不当因素刺激时，可钻入开口于肠壁的各种管道，引起胆道蛔虫病、蛔虫性胰腺炎、阑尾炎等并发症，严重者可导致肠穿孔和蛔虫性肠梗阻。

（四）实验室检查

从粪便中检出虫体或者虫卵为病原学诊断依据。虫体根据形态鉴定可确诊，虫卵则采用直接涂片法、自然沉淀法和饱和盐水浮聚法进行检查，疑似蛔虫病但粪便中查不到虫卵者，可采用试验性驱虫进行诊断。

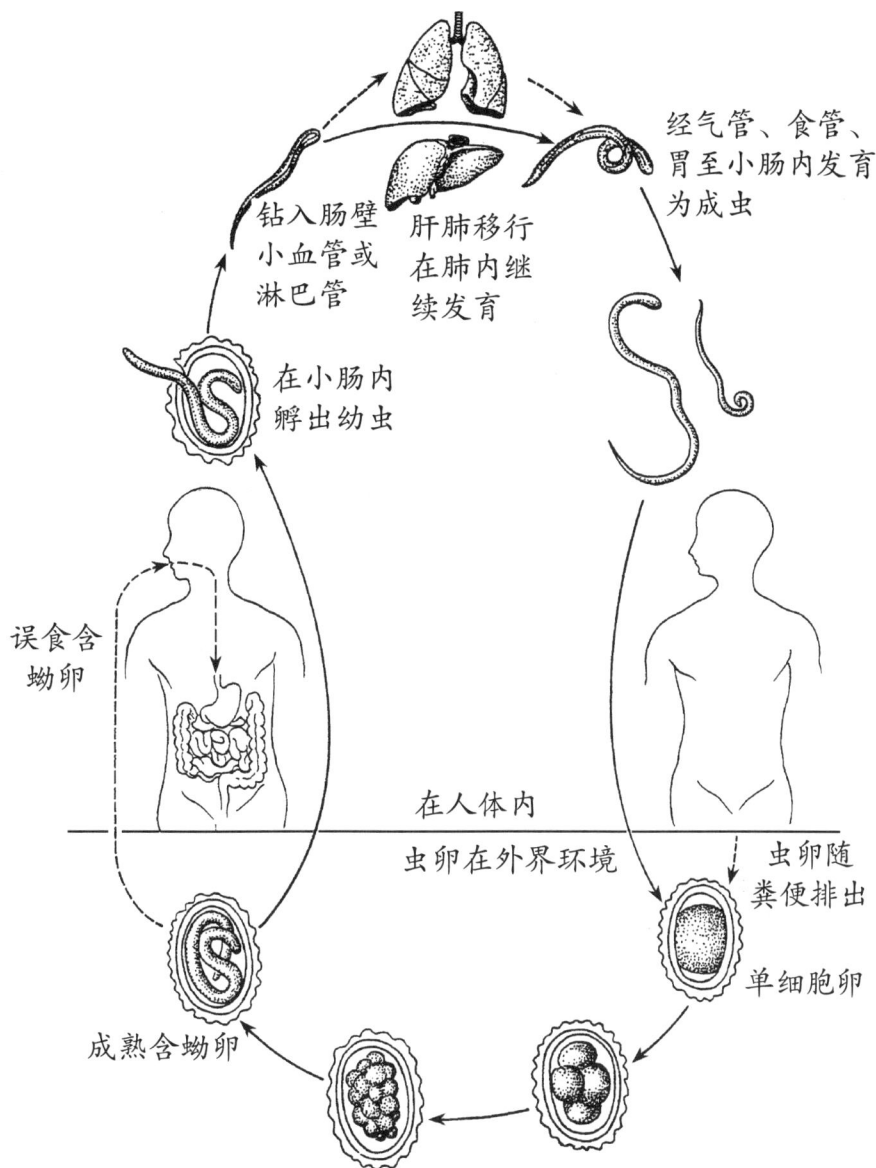

经气管、食管、
胃至小肠内发育
为成虫

钻入肠壁
小血管或
淋巴管

肝肺移行
在肺内继
续发育

在小肠内
孵出幼虫

误食含
蚴卵

在人体内

虫卵在外界环境

虫卵随
粪便排出

单细胞卵

成熟含蚴卵

图12-2　蛔虫生活史

（五）流行与防治

蛔虫呈世界性分布，尤其在温暖、潮湿、卫生条件差的地区，人群普遍易感。感染率农村高于城市，儿童高于成人。

蛔虫综合防治措施包括治疗患者和带虫者、加强卫生宣传教育、加强粪便管理等，常用的驱虫药物有阿苯达唑和甲苯咪唑。

三、其他常见人体寄生虫

引起疾病的其他几种常见人体寄生虫的种类和特性见表12-1、表12-2，其形态见图12-3、图12-4。

表12-1 几种常见医学蠕虫的种类和特性

类别 (名称)	线虫		吸虫		绦虫
	钩虫	蛲虫	华支睾吸虫	日本血吸虫	猪带绦虫
寄生部位	小肠上段	肠道回盲部	肝胆管	门静脉-肠系膜静脉系统	小肠（成虫）、宿主组织（幼虫）
感染阶段	丝状蚴	感染期虫卵	囊蚴	尾蚴	虫卵、囊尾蚴
感染方式	经皮肤	经口或吸入	经口（食入含活囊蚴的淡水鱼虾）	经皮肤（接触含尾蚴的疫水）	经口（包括自体内感染、自体外感染、异体感染）
中间宿主	—	—	淡水螺、淡水鱼虾	钉螺	人、猪
所致疾病	钩虫病（钩蚴性皮炎、消化道症状、贫血）	蛲虫病（肛门瘙痒、睡眠不安、消化道症状）	肝华支睾吸虫病（消化道症状、肝胆管病变）	日本血吸虫病（尾蚴性皮炎、虫卵肉芽肿、静脉内膜炎等）	猪带绦虫病（感染囊尾蚴）、囊虫病（感染虫卵）
主要治疗药物	甲苯咪唑、阿苯达唑、噻嘧啶	阿苯达唑、甲苯咪唑	吡喹酮	吡喹酮	吡喹酮、阿苯达唑、甲苯咪唑

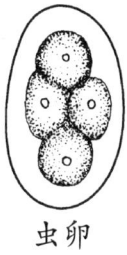

虫卵

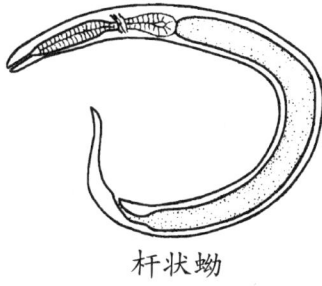

杆状蚴

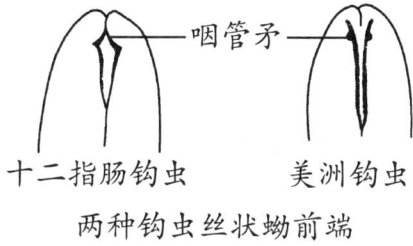

咽管矛

十二指肠钩虫　　　美洲钩虫

两种钩虫丝状蚴前端

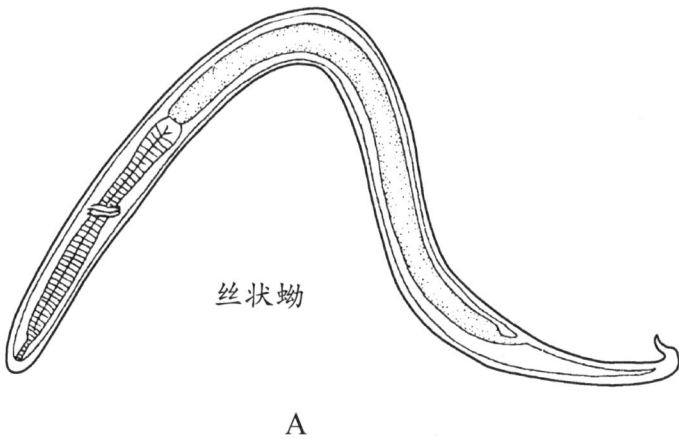

丝状蚴

A

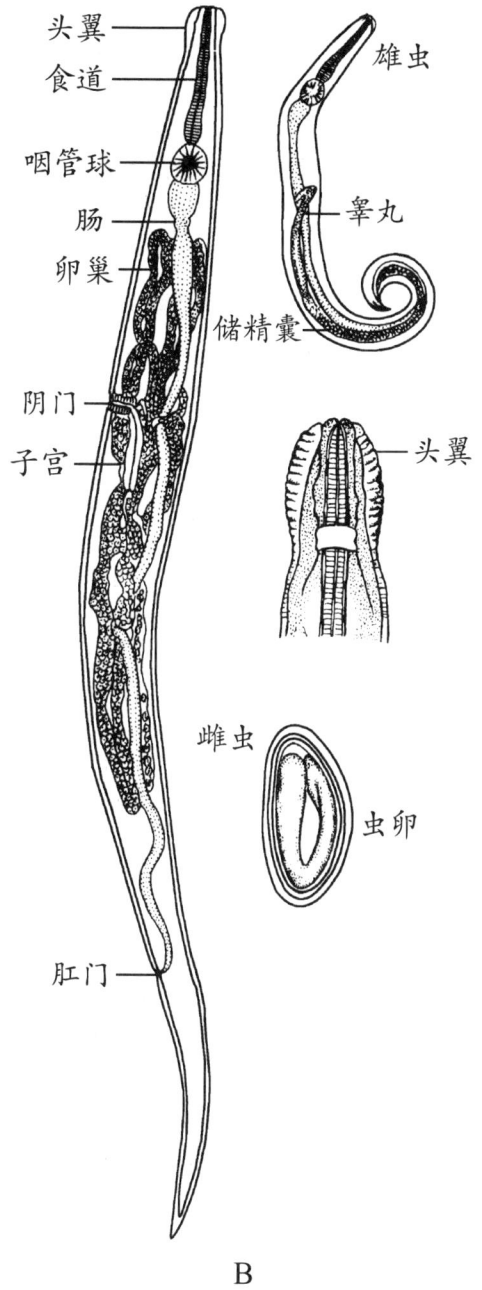

头翼

食道

咽管球

肠

卵巢

储精囊

阴门

子宫

雄虫

睾丸

头翼

雌虫

虫卵

肛门

B

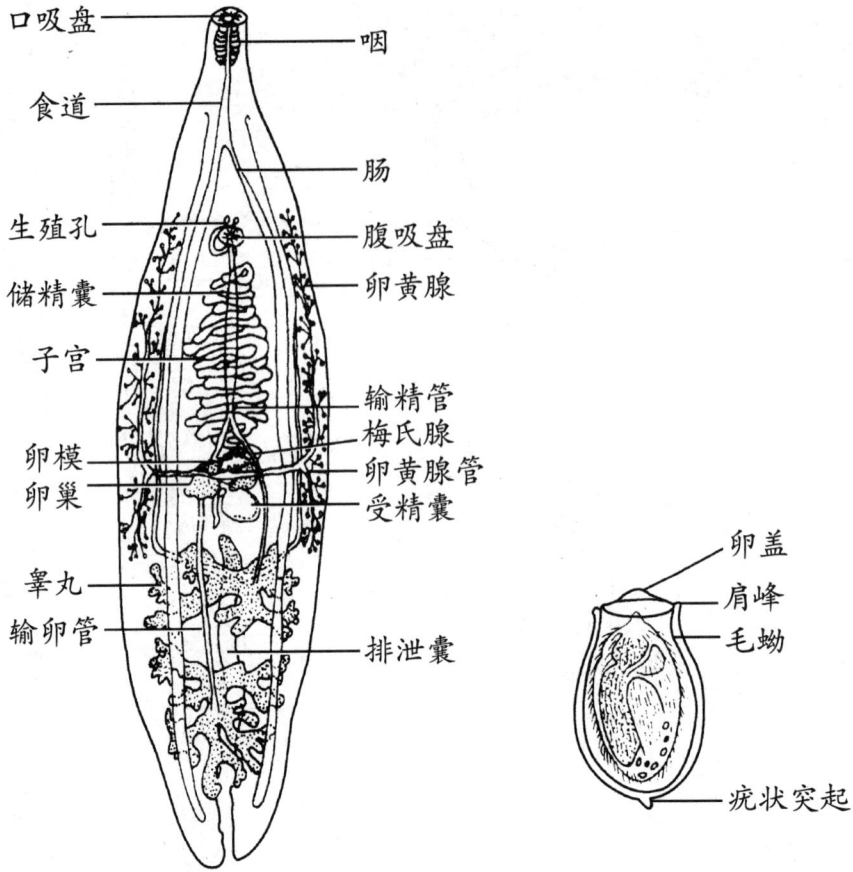

口吸盘 — 咽
食道
肠
生殖孔 — 腹吸盘
储精囊 — 卵黄腺
子宫
输精管
梅氏腺
卵模 — 卵黄腺管
卵巢 — 受精囊
睾丸
输卵管 — 排泄囊

卵盖
肩峰
毛蚴

疣状突起

C

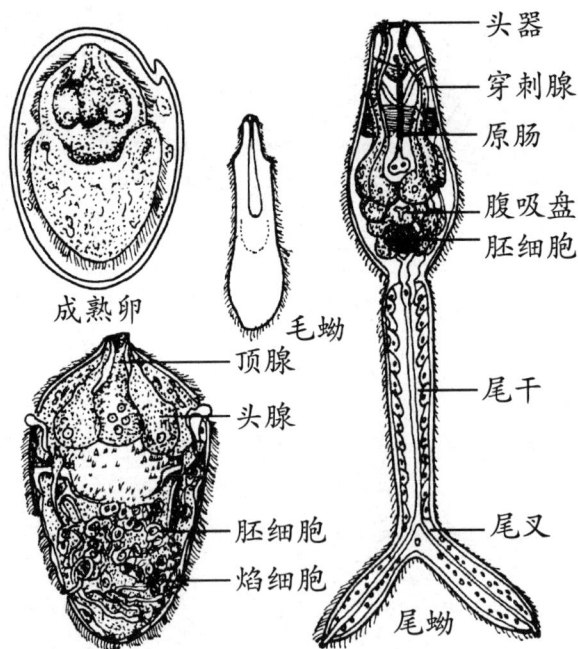

成熟卵

毛蚴
顶腺
头腺

胚细胞
焰细胞

头器
穿刺腺
原肠
腹吸盘
胚细胞

尾干

尾叉

尾蚴

D

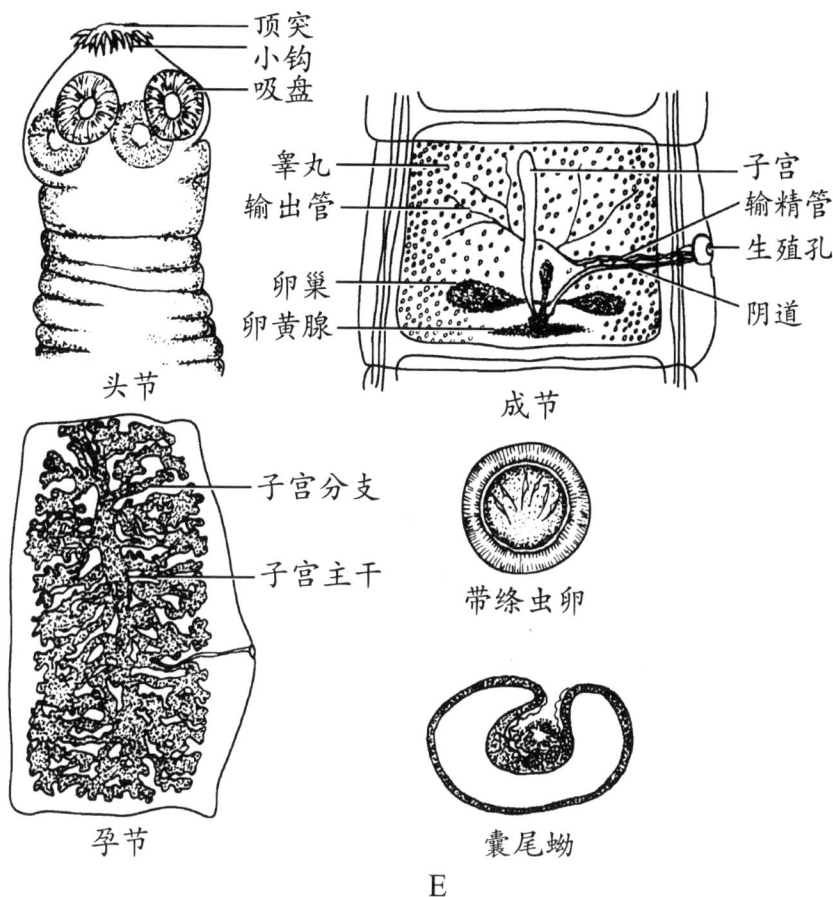

头节

顶突
小钩
吸盘

成节

睾丸
输出管
卵巢
卵黄腺

子宫
输精管
生殖孔
阴道

孕节

子宫分支
子宫主干

带绦虫卵

囊尾蚴

E

图12-3　几种常见医学蠕虫形态示意图

A. 钩虫卵和钩蚴；B. 蛲虫成虫及虫卵；C. 华支睾吸虫成虫及虫卵；

D. 日本血吸虫虫卵和幼虫；E. 猪带绦虫成虫、虫卵及幼虫

表 12-2　几种常见医学原虫的种类和特性

| 类别
（名称） | 孢子虫纲 | 叶足虫纲 | 鞭毛虫纲 |
	疟原虫	溶组织内阿米巴	阴道毛滴虫
寄生部位	肝细胞、红细胞	盲肠、结肠（主要）、肝、肺、脑	阴道、尿道、前列腺
感染阶段	子孢子	四核包囊	滋养体
感染方式	经雌按蚊叮咬，子孢子随唾液进入人体	经食入四核包囊污染的食物或饮水感染	直接或间接接触
所致疾病	疟疾、贫血、肝脾肿大	阿米巴痢疾、阿米巴肠炎、肠外阿米巴病（脏器脓肿）	滴虫性阴道炎、尿道炎、前列腺炎
主要治疗药物	氯喹、伯氨喹、青蒿素	甲硝唑	甲硝唑

A 组：小滋养体　大滋养体　裂殖体　小配子体　大配子体

B 组（阴道毛滴虫滋养体）标注：前鞭毛、后鞭毛、波动膜、基染色杆、毛基体、核、轴柱

C 组（溶组织内阿米巴）标注：核仁、核、核膜、核周染色质粒、核纤丝、内质、红细胞、外质、外质、内质、核、糖原块、拟染色体、核、糖原块、核、囊壁；单核包囊、双核包囊、成熟包囊（4核）

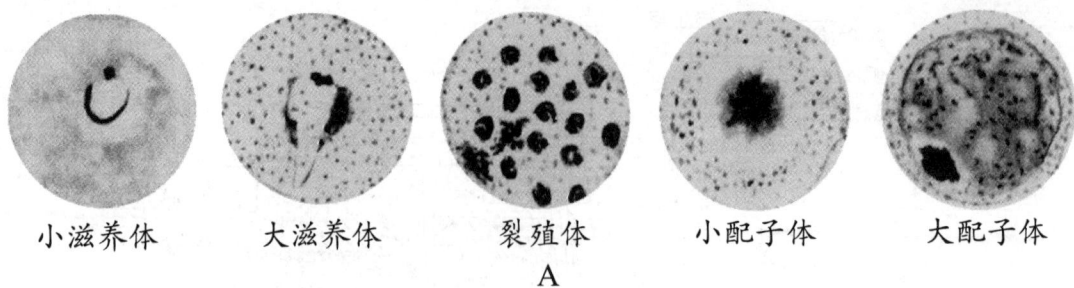

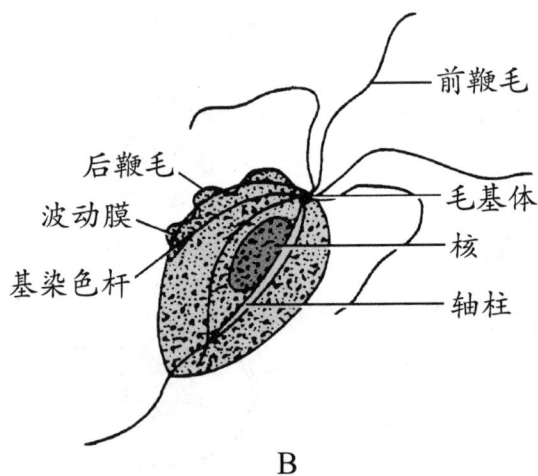

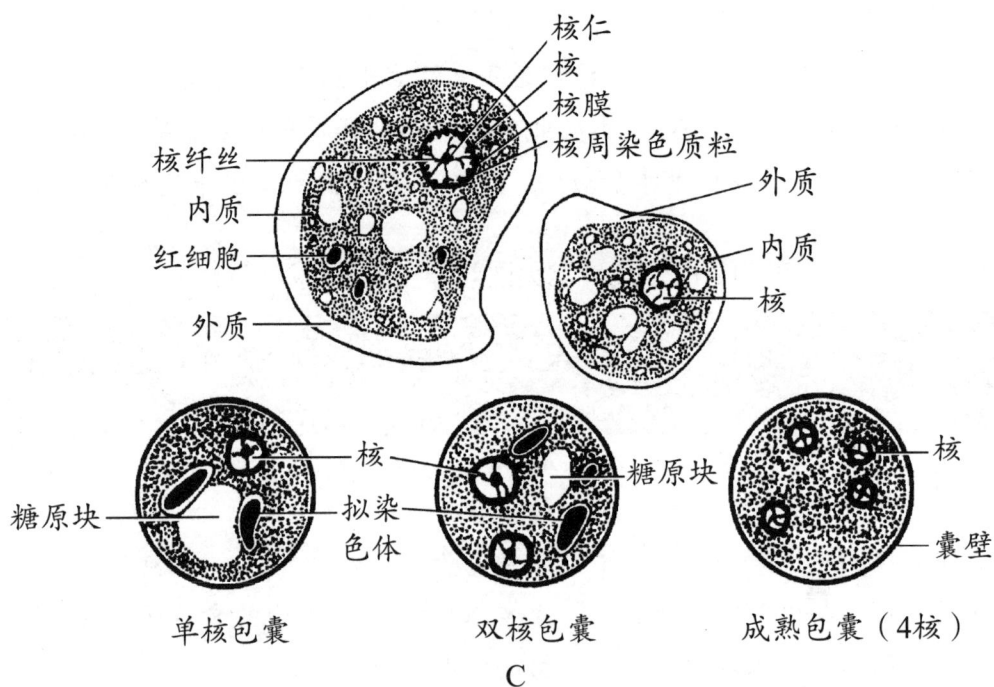

图12-4　几种常见医学原虫形态示意图

A. 间日疟原虫红细胞内各期形态；B. 阴道毛滴虫滋养体；

C. 溶组织内阿米巴

知识链接

屠呦呦与抗疟药——青蒿素

屠呦呦，中国中医科学院首席科学家，共和国勋章获得者。多年从事中药和中西药结合研究，突出贡献是创制新型抗疟药青蒿素和双氢青蒿素。屠呦呦和她的团队于1971年首先从黄花蒿中发现抗疟疾有效提取物，1972年成功提取新型结构的抗疟疾有效成分青蒿素。2011年9月，屠呦呦因发现青蒿素——一种用于治疗疟疾的药物，挽救了全球特别是发展中国家数百万人的生命，获得拉斯克奖和葛兰素史克中国研发中心"生命科学杰出成就奖"。

2015年10月她获得诺贝尔生理学或医学奖，获奖理由是发现的青蒿素可以有效降低疟疾患者的死亡率，她成为首获科学类诺贝尔奖的中国人。

第三节　节肢动物

节肢动物属无脊柱动物，是动物界中最大的一个门类。种类繁多，分布广泛，与人类关系密切。与医药学相关的节肢动物主要包括危害人类健康的医学节肢动物和危害中药材的仓储害虫。

医学节肢动物是指能够以直接或间接方式危害人体健康的节肢动物。直接危害有叮刺、吸血、骚扰（如蚊、蚤）、寄生（如疥螨）、毒害（如蜱）、致敏（如尘螨）等；间接危害是指节肢动物携带病原体传播疾病。

一、常见医学节肢动物

引起疾病及传播疾病的几种常见医学节肢动物的种类及特性见表12-3，其形态见图12-5。

表 12-3　几种常见医学节肢动物的种类和特性

项目	蚊	蚤	蜱	疥螨	蠕形螨
生活史	全变态	全变态	半变态	半变态	半变态
滋生地	稻田、池塘、沼泽等阴暗潮湿处	鼠洞、畜禽舍、屋角、床下	森林、灌木丛、草原、畜舍缝隙等处	皮肤	毛囊、皮脂腺等
危害	吸血、骚扰，传播丝虫病、疟疾、登革热、流行性乙型脑炎等	吸血、骚扰，传播鼠疫、地方性斑疹伤寒、绦虫病等	吸血、释放毒素，传播森林脑炎、克里米亚－刚果出血热、蜱传回归热等	疥疮	毛囊炎、痤疮、酒渣鼻等
防治	控制消除滋生地，防治成蚊（物理、化学），加强个人防护	控制消除滋生地，保持环境卫生，灭鼠，药物灭蚤，加强个人防护	加强个人防护，环境防治，药物杀蜱	药物治疗（硫软膏、甲硝唑），烫洗衣物、卧具，加强个人防护	药物治疗（硫软膏、甲硝唑），避免直接接触，不使用患者毛巾、枕巾等

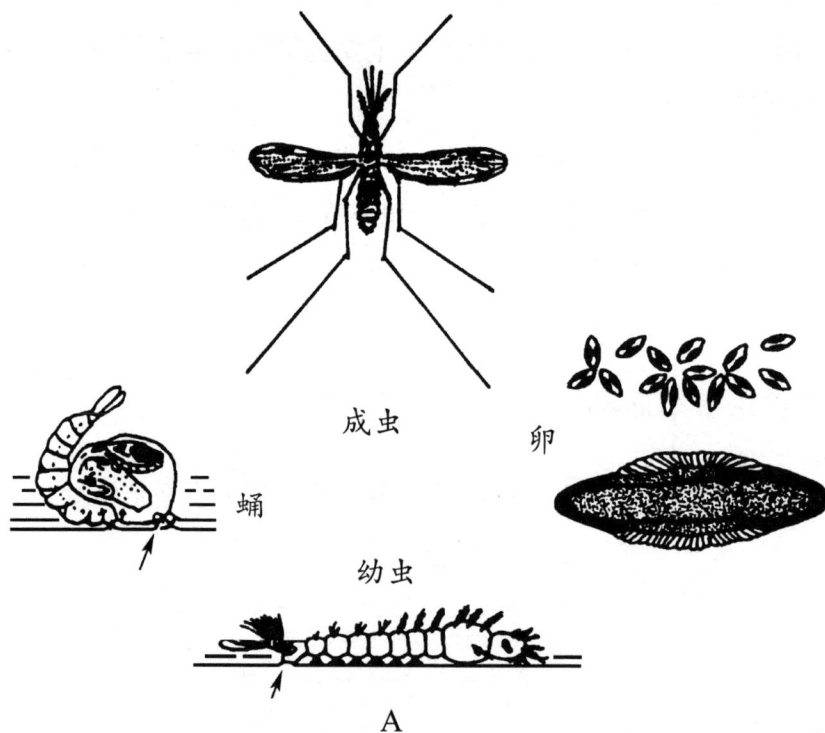

成虫

卵

蛹

幼虫

A

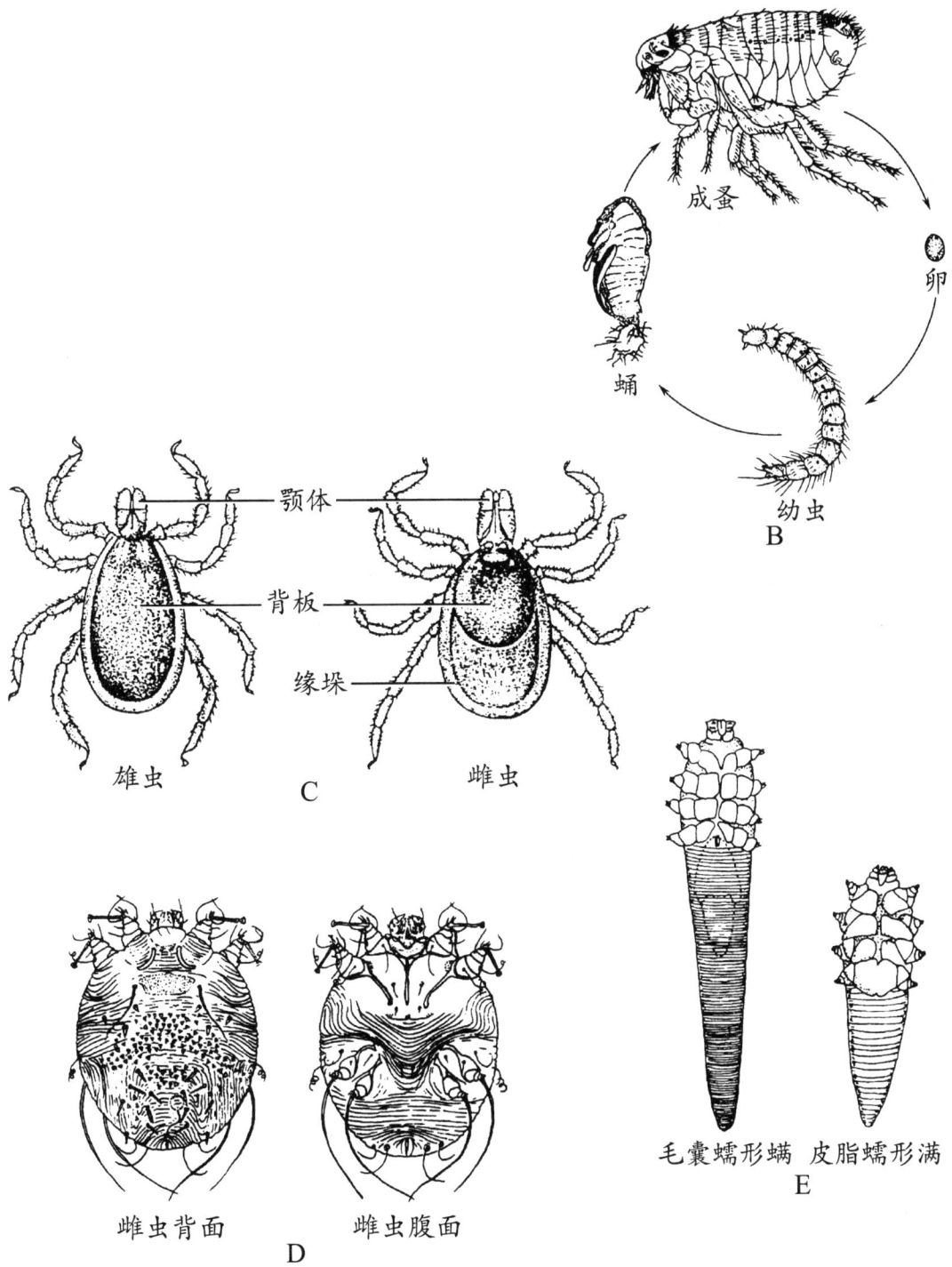

図12-5 几种常见医学节肢动物的形态示意图

A. 蚊；B. 蚤；C. 蜱；D. 疥螨；E. 毛囊蠕形螨、皮脂腺蠕形螨

二、仓储害虫

仓储害虫是指生活在仓库、加工厂等场所，危害各种动植物性的储藏物（如粮食、干果、中药材、文物等）、货仓、厂房建筑、包装器材、仓储与运输工具及设备的害虫。其种类多、分布广、食性杂、繁殖能力及适应环境能力强、活动场所广阔。

药材在贮藏过程中最常见的一种危害是虫蛀，多由仓储害虫引起。仓储害虫取食形成孔洞或残缺不全，使药材减量，甚至失去药用价值。害虫蛀入药材内部排泄粪便、分泌异物等造成污染，有的发生霉变对人体健康带来危害。因此，在药材贮藏过程中搞好仓储害虫防治是保证药材质量的重要环节。

（一）常见仓储害虫

1. 甲虫类

（1）咖啡豆象：成虫体长3~4.5mm，长椭圆形，暗褐色，善飞、能跳。幼虫隐藏于种子类和根茎类药材中越冬。易在白芷、川芎、槟榔、薏苡仁中发现。

（2）米象：成虫体长3~4mm，头部前伸如象鼻状，赤褐色或黑褐色。能飞翔，喜潮湿、温暖、黑暗处。在薏苡仁、莲子、大米、玉米中常见。

（3）大谷盗：成虫体长6.5~10mm，长椭圆形，扁平，黑色，有光泽。善爬行，虫性凶猛，易破碎完整药材，破坏包装用品。在胖大海、槟榔、核桃仁及一些坚硬的根类药材中多见。

（4）药谷盗：成虫体长2~3mm，椭圆形，暗赤黑色。喜在坚硬的药材中形成洞穴。主要危害陈皮、豆蔻、川芎、当归等芳香性药材。

2. 蛾类　印度谷螟：成虫体长6~9mm，翅展13~18mm，有灰褐色及赤褐色鳞片，以幼虫越冬。危害大枣、菊花等药材。

3. 螨类　粉螨：成虫体长0.12~0.5mm，椭圆形，白色或草黄色。喜潮湿、温暖处。喜蛀食果实、种子和中成药。

几种常见仓储害虫的形态示意图见图12-6。

（二）仓储害虫的来源与生长繁殖

仓储害虫的主要来源包括药材在采收、加工、搬运等过程中受到污染，库房及库房环境不洁，贮藏药材的用品本身生虫或被害虫污染，未生虫药材与已生虫药材贮藏在一起等。

仓储害虫生长繁殖需要适宜的条件，当氧气充足，温度为25~30℃，药材含水量超过15%，或空气相对湿度大于70%时，且药材富含淀粉、蛋白质、糖类以及挥发油等营养物质时，害虫极易生长，每年6—8月是虫害最为严重的时段，应特别注意防治。

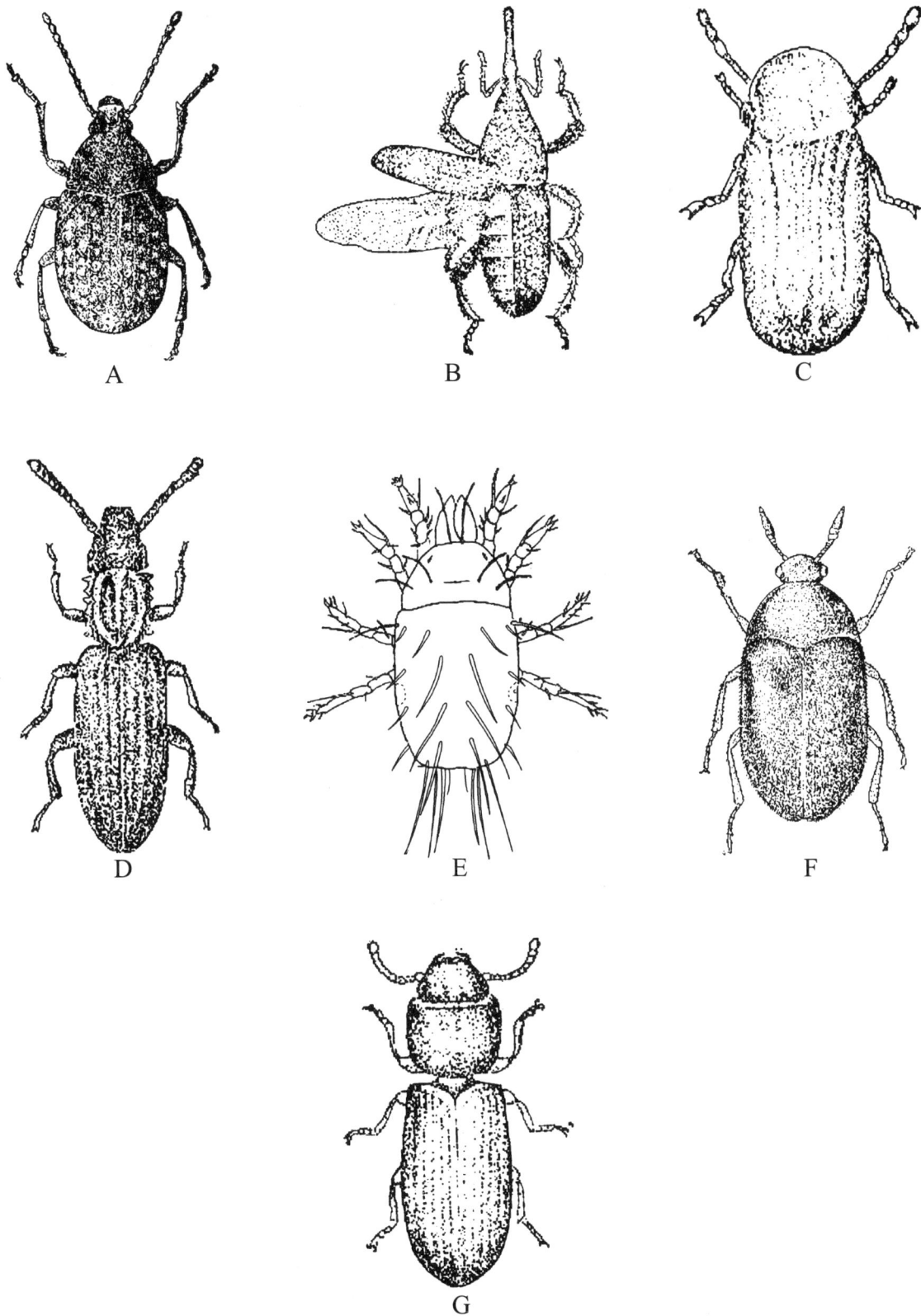

图12-6　几种常见仓储害虫的形态示意图

A. 咖啡豆象；B. 米象；C. 药谷盗；D. 锯谷盗；

E. 粉螨；F. 蠹；G. 天谷盗

（三）仓储害虫的防治

仓储害虫的防治必须采取综合性措施，保持仓库卫生及良好通风，降低湿度，保持药材干燥。日光暴晒、高温烘烤、低温冷藏等可有效防治仓储害虫，必要时可使用相对安全而高效的三氯硝基甲烷和磷化铝杀虫，用气调养护法、远红外线及电离辐射等方法也能防治害虫，还可利用仓储害虫的天敌如姬蜂、米象金小蜂等对其进行防治。在长期医药实践中，人们还积攒了一些贮藏防虫经验，如将陈皮与高良姜、泽泻与牡丹皮、薏苡仁与海带等同贮可防药材生虫。

● · · · · **章末小结** ·

1. 根据寄生虫不同发育阶段所寄生的宿主不同，可将宿主分为终宿主、中间宿主和保虫宿主。

2. 寄生虫病流行的基本环节：传染源、传播途径和易感人群。

3. 似蚓蛔线虫是人体最常见寄生虫之一，成虫寄生于小肠，引起蛔虫病，幼虫可引起蛔蚴性肺炎。

4. 引起疾病的常见人体寄生虫有医学蠕虫、医学原虫和医学节肢动物等。

5. 与医药学相关的节肢动物主要包括危害人类健康的医学节肢动物和危害中药材的仓储害虫。

6. 在药材贮藏过程中做好仓储害虫防治是保证药材质量的重要环节。仓储害虫的防治必须采取综合性措施，保持仓库卫生及良好通风，降低湿度，保持药材干燥。

● · · · · **思考题** ·

一、 单项选择题

1. 医学寄生虫的研究范畴包括（   ）

A. 线虫、吸虫、绦虫

B. 线虫、吸虫、原虫

C. 线虫、吸虫、蠕虫

D. 蠕虫、原虫、节肢动物

E. 吸虫、绦虫、节肢动物

2. 寄生虫的幼虫期或无性繁殖阶段寄生的宿主称（　　）

   A. 中间宿主　　　　　　B. 终宿主　　　　　　　C. 保虫宿主

   D. 转续宿主　　　　　　E. 传播媒介

3. 关于蛔虫受精卵的特点，下列正确的是（　　）

   A. 卵内充满折光性颗粒

   B. 卵壳较薄，没有蛋白质膜

   C. 卵内含多个卵细胞

   D. 呈长椭圆形

   E. 卵细胞与卵壳间形成新月形空隙

4. 蛔虫病最常见的并发症是（　　）

   A. 胆道蛔虫症　　　　　B. 贫血　　　　　　　　C. 阑尾炎

   D. 肠梗阻　　　　　　　E. 营养不良

5. 引起人体贫血的寄生虫主要是（　　）

   A. 蛔虫　　　　　　　　B. 蛲虫　　　　　　　　C. 日本血吸虫

   D. 华支睾吸虫　　　　　E. 钩虫

6. 绦虫感染人的方式主要是（　　）

   A. 经口感染　　　　　　B. 接触感染　　　　　　C. 经皮肤感染

   D. 经媒介昆虫感染　　　E. 经血液感染

7. 可寄生胆道内的寄生虫是（　　）

   A. 疟原虫　　　　　　　B. 华支睾吸虫　　　　　C. 绦虫

   D. 日本血吸虫　　　　　E. 以上都不是

8. 血吸虫病的防治原则正确的是（　　）

   A. 消灭钉螺　　　　　　B. 加强粪便管理　　　　C. 治疗患者

   D. 加强水源管理　　　　E. 以上都是

9. 猪带绦虫的感染阶段是（　　）

   A. 尾蚴　　　　　　　　B. 丝状蚴　　　　　　　C. 成虫

   D. 感染期虫卵　　　　　E. 囊尾蚴

10. 阴道毛滴虫的传播途径是（　　）

    A. 血液传播　　　　　　B. 经水传播　　　　　　C. 经食物传播

    D. 直接和间接传播　　　E. 昆虫叮咬

11. 传播疟疾的昆虫是（　　　）

    A. 蚊　　　　　　　　B. 蝇　　　　　　　　C. 蚤

    D. 虱　　　　　　　　E. 蜱

12. 用于治疗溶组织阿米巴的主要药物是（　　　）

    A. 青蒿素　　　　　　B. 甲硝唑　　　　　　C. 氯喹

    D. 伯氨喹　　　　　　E. 阿苯达唑

13. 医学节肢动物对人体最严重的危害是（　　　）

    A. 吸血　　　　　　　B. 毒素作用　　　　　C. 传播虫媒病

    D. 骚扰　　　　　　　E. 寄生

二、多项选择题

1. 寄生虫病综合防治措施包括（　　　　　）

    A. 消灭传染源　　　　B. 切断传播途径　　　C. 加强粪便管理

    D. 保护易感染者　　　E. 普及预防知识

2. 下列属于物理方法防治仓储害虫的是（　　　　　）

    A. 熏蒸　　　　　　　B. 日光暴晒　　　　　C. 高温烘烤

    D. 低温冷藏　　　　　E. 以虫杀虫

3. 蛔虫流行广泛、感染率高的原因，下列选项正确的是（　　　　　）

    A. 生活史简单，不需中间宿主

    B. 产卵量大，易污染环境

    C. 对外界环境抵抗力强

    D. 个人卫生习惯差

    E. 苍蝇机械携带虫卵

三、简述题

1. 简述寄生、宿主、中间宿主、感染阶段和寄生虫生活史的概念。

2. 简述蛔虫的生活史及致病性。

3. 试述仓储害虫对中药材的损害和防治措施。

（华　莉）

实 训

实训一　细菌的形态检查

【实训目的】

1. 掌握革兰氏染色法技术，为细菌鉴定与药物制剂微生物检验奠定基础。

2. 熟悉显微镜油镜的使用与维护方法。

3. 了解革兰氏染色原理。

4. 具有科学、严谨的工作态度和合作精神。

【实训内容】

一、实训用品

1. 标本　葡萄球菌、大肠埃希菌菌液或菌落，球菌、杆菌涂片染色标本。

2. 革兰氏染色设备　革兰氏染色液（套）、染色架、染色盘、冲洗瓶。

3. 器材　酒精灯、接种环、载玻片、打火机、生理盐水、吸水纸、光学显微镜、香柏油、镜头清洗液（二甲苯或无水酒精与乙醚的混合液）、擦镜纸。

二、实训方法

显微镜的结构：以L1000A型光学显微镜为例介绍普通光学显微镜的结构（图实训1-1）。

（一）机械部分

1. 镜座　显微镜的底座，用以支持整个镜体。

2. 镜臂　取放显微镜时手握部位。

3. 镜筒　连在镜臂的前上方，镜筒上端装有目镜，下端装有物镜转换器。

4. 物镜转换器（旋转器）　可自由转动，盘上有3~4个圆孔，是安装物镜部位，转动转换器，可以调换不同倍数的物镜，当听到碰叩声时，方可进行观察，此时物镜光轴恰好对准通光孔中心，光路接通。

5. 镜台　在镜筒下方，用以放置玻片标本。镜台的中央有一通光孔，镜台上装有标本夹，标本夹一侧有弹簧夹，用以夹持玻片标本，镜台下有标本移动器调节螺

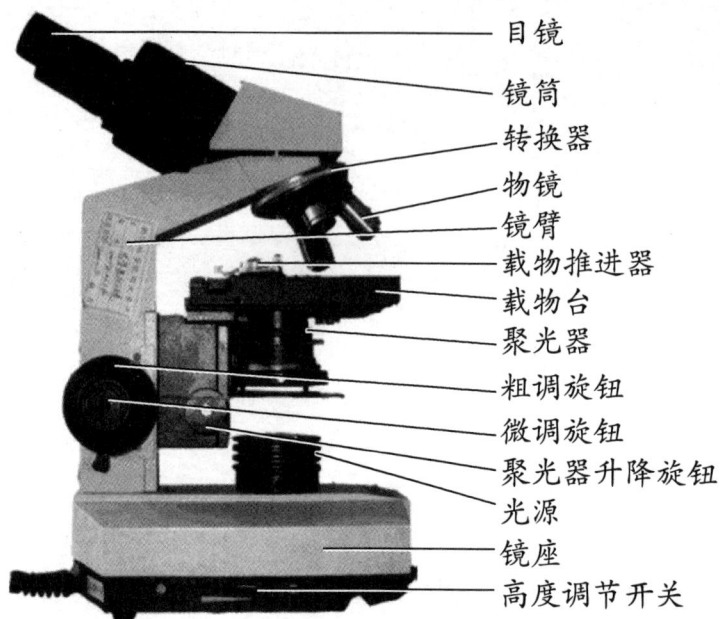

图实训1-1　L1000A型光学显微镜结构

目镜
镜筒
转换器
物镜
镜臂
载物推进器
载物台
聚光器
粗调旋钮
微调旋钮
聚光器升降旋钮
光源
镜座
高度调节开关

旋，可使玻片标本作左右、前后方向的移动。

6. 调节器　有大小两种螺旋，调节时使镜台作上下方向的移动。

（1）粗调节螺旋：大螺旋称粗调节螺旋，移动时可使镜台作快速和较大幅度的升降，所以能迅速调节物镜和标本之间的距离使物像呈现于视野中，通常在使用低倍镜时，先用粗调节螺旋迅速找到物像。

（2）细调节螺旋：小螺旋称细调节螺旋，移动时可使镜台缓慢地升降，多在运用高倍镜时使用，从而得到更清晰的物像，并借以观察标本的不同层次和不同深度的结构。

（二）光学部分

1. 目镜　装在镜筒的上端，通常备有2~3个，上面刻有5×、10×或15×符号以表示其放大倍数，一般装的是10×的目镜。

2. 物镜　装在镜筒下端的转换器上，一般有3~4个物镜，其中刻有10×符号的为低倍镜，刻有40×符号的为高倍镜，最长的刻有100×符号的为油镜。

显微镜的放大倍数=物镜的放大倍数×目镜的放大倍数，如物镜为10×，目镜为100×，其放大倍数就为10×100=1 000。

3. 光源　在镜座上方，打开光源开关，用亮度调节开关调节合适的亮度。有些显微镜使用反光镜采光。反光镜装在与光源相同的位置上，可向任意方向转动，它有平、凹两面，其作用是将自然光源光线反射到聚光器上，再经通光孔照明标本，凹面镜聚光作用强，适于光线较弱或用油镜观察的时候使用，平面镜聚光作用弱，适于光线较强时使用。

4. 聚光器　位于镜台下方的聚光器架上，由聚光镜和光圈组成，其作用是把光线集中到所要观察的标本上。在镜台下方有一调节螺旋，可升降聚光器，以调节视野中光亮度的强弱；光圈在聚光镜下方，由十几张金属薄片组成，其外侧伸出一柄，推动它可调节其开孔的大小，以调节光亮度的强弱。

三、实训步骤

（一）油镜的使用和维护

1. 油镜的使用步骤

（1）对光：将低倍镜对准中央聚光器，上升聚光器，开大光圈，调节光源亮度的调节旋钮调整到合适亮度。以灯光（自然光）为光源时使用反光镜的凹面。

（2）标本放置：将载玻片涂菌面朝上放于镜台上，用标本夹固定。

（3）视野选取：调节标本移动器调节螺旋将标本要观察范围移置物镜下，先在低倍镜下观察，将需要进一步放大的区域移到视野中央，调节到最清晰状态。

（4）油镜观察：一手调节物镜转换器将低倍镜调离视野，另一手在载玻片待检部位滴上一滴香柏油，然后旋转物镜转换器，从侧面观察，将油镜镜头转到垂直对于标本的位置，此时油镜镜头浸于香柏油中，用细调节螺旋调节至物像清晰。

（5）记录：观察标本时，两眼睁开，左眼看镜筒，右眼可配合绘图或记录。

2. 油镜的维护　观察完毕，先关掉电源，取下载玻片，用擦镜纸将油镜镜头的油轻轻拭去。若油干了，可蘸镜头清洗液擦拭，再用干净擦镜纸擦去遗留在油镜镜头上的镜头清洗液，然后把镜头转离聚光器，成"八"字或"品"字，以免与聚光器碰撞。竖起反光镜，下降镜台，收好电源线，罩上镜套，放回原位。显微镜要放在平稳干燥的地方，以免镜头发霉和损坏。

（二）革兰氏染色法

1. 制作细菌涂片标本　涂片-干燥-固定。

（1）涂片：在洁净的载玻片上滴上一滴生理盐水（不宜过多），用灭菌接种环挑取菌落于载玻片上的生理盐水涂布成$1cm^2$或蚕豆大小的半透明菌膜。如用菌液，可直接挑取1~2环菌液涂在玻片中央。接种环经火焰灭菌后方能放回原处。

（2）干燥：涂片制成后，在空气中使其迅速干燥，以免细菌皱缩变形。若需加快干燥速度，将涂布面朝上，置于火焰上方慢慢烘干，切勿紧贴火焰。

（3）固定：载玻片干燥后，火焰加热法固定，即中速通过火焰3次进行固定，以载玻片反面接触手背皮肤，热而不烫为宜。注意涂布面向上，其目的是杀死细菌，并使细菌较牢固黏附于载玻片，以免在染色时被染色液或水洗冲掉。

2. 染色　将制好的细菌涂片标本的涂菌面向上放置在染色架上，按下列步骤进行染色。

（1）初染：加结晶紫染色液1~2滴染1分钟，细流水冲洗，将载玻片上的积水甩去。

（2）媒染：加复方碘溶液1~2滴染1分钟，细流水冲洗，甩去积水。

（3）脱色：加95%乙醇数滴，不时摇动约30秒至无紫色逸出，细流水冲洗，甩去积水。

（4）复染：加稀释苯酚复红液1~2滴染1分钟，细流水冲洗，用吸水纸印干即成。

3. 镜检　先用低倍镜找到物像，并将物像调到视野中央，再于标本上滴一滴香柏油，置于油镜下进行观察。

【实训注意】

一、油镜使用与维护注意

1. 取显微镜时要一手握镜臂，一手托镜座，轻拿轻放。

2. 用擦镜纸拭擦镜头。

3. 使用油镜时切勿倾斜镜台，以免香柏油流出来。

4. 当油镜镜头离开载玻片上的香柏油时，是不能看清物像的。此时重新操作要按照从低倍镜到油镜顺序，勿用高倍镜观察，以免香柏油玷污高倍镜头。

二、革兰氏染色时的注意事项

1. 取菌落涂片时，菌量不宜过多，以免涂片过厚影响观察结果。

2. 菌液必须完全干燥才能固定。

3. 水洗时避免把菌膜冲掉。

4. 脱色是关键环节。若脱色不足，阴性菌被误染成阳性菌；若脱色过度，阳性菌被误染成阴性菌。

5. 染色完成后用吸水纸印干载玻片上的积水，不能擦拭。

6. 选用培养18~24小时菌龄的细菌为宜。

【实训检测】

1. 为什么要用油镜观察细菌形态？如何识别油镜镜头？

2. 使用油镜后如何维护显微镜？

3. 革兰氏染色的关键环节是哪一步？

【实训报告】

结果记录

经革兰氏染色，大肠埃希菌呈＿＿＿＿＿＿色，染色特性为＿＿＿＿＿＿性；葡萄球菌呈＿＿＿＿＿＿色，染色特性为＿＿＿＿＿＿性。

（任　奕）

实训二 细菌的人工培养

【实训目的】

1. 掌握细菌的接种工具的使用方法、平板划线接种法及无菌操作。

2. 熟悉培养基的制备过程及常用培养基的种类。

3. 了解细菌在培养基中生长现象特征。

4. 巩固无菌观念，培养严谨实验作风。

【实训内容】

一、实训用品

1. 培养基 血琼脂培养基、普通半固体培养基、普通肉汤培养基。

2. 菌种 金黄色葡萄球菌、大肠埃希菌、志贺菌、枯草芽孢杆菌、链球菌。

3. 器材 三角瓶、试管、培养皿、量筒、吸管、托盘天平、pH试纸、酒精灯、接种环、接种针、记号笔等。

二、实训方法

（一）培养基的制备过程及常用培养基的种类

1. 一般培养基的制备过程 准确称量培养基各成分→混合溶解→测定及矫正pH→分装、包装→灭菌→检定→保存。

2. 常用培养基的种类 根据不同细菌的营养要求及实验目的制成的培养基种类很多，按培养基的作用可分为：

（1）基础培养基：含有细菌需要的最基本营养成分，如普通肉汤培养基，普通半固体培养基，普通琼脂培养基。

（2）营养培养基：用于营养要求较高的细菌培养，如血琼脂培养基（在普通琼脂培养基中加入5%~10%脱纤维动物血），血清肉汤培养基（在普通肉汤培养基中加入血清）。

（3）选择培养基：可选择性抑制非致病菌的生长，有利于分离致病菌，如中国蓝琼脂培养基、沙门–志贺氏琼脂培养基。

（4）鉴别培养基：是供细菌生化反应试验用的，以鉴定细菌，如糖发酵管、双糖铁琼脂培养基。

（二）细菌的接种法

1. 平板划线接种法 主要用于细菌分离培养，获得纯菌。方法：①右手以持笔式握接种环，在火焰上灭菌后，挑取金黄色葡萄球菌和大肠埃希菌混合液一环；②左手持血琼脂培养基，以左手拇指和食指将培养基盖顶起启开，右手将取了菌液的接种环伸入培养基，与平板培养基（简称平板）面约成45°，进行分区（3~4区）划线（图实训2-1），盖好培养基，将接种环灭菌，在培养基底部贴上标签。

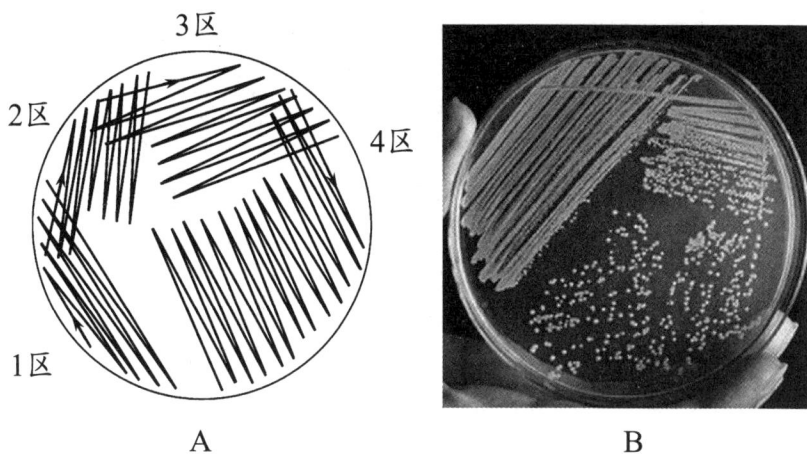

图实训2-1　平板分区划线法（四区法）

A. 分区划线示意图；B. 结果观察

2. 液体培养基接种法　液体培养基主要用于增菌培养。用无菌手法，以接种环挑取待接种的细菌菌落少许，左手将肉汤稍倾斜，试管口通过火焰灭菌，右手小指与手掌挟拔试管塞，夹于指掌间（勿乱放，下同），将接种环伸入肉汤管内，并在接近试管底的液面与试管壁交界处轻轻研磨，将细菌涂在试管壁，管口灭菌，塞上试管塞，垂直试管，轻轻摇动，将接种环灭菌，在培养基上贴上标签。

3. 半固体培养基接种法　半固体培养基主要用于观察细菌的动力、厌氧菌的分离和菌种鉴定等。用无菌手法，以接种针挑取单个大肠埃希菌或志贺菌菌落少许；左手持半固体培养基试管，试管口通过火焰灭菌，右手小指和手掌挟拔试管塞，将挑有细菌的接种针伸入试管内，垂直刺入半固体培养基约2/3，之后沿穿刺线退出接种针，管口灭菌，塞上试管塞，将接种针灭菌，在培养基上贴上标签（图实训2-2）。

4. 培养　将以上接种好的培养基放置在37℃培养箱中培养18~24小时后，观察结果。

三、实训方法与步骤

1. 细菌接种在普通肉汤培养基中并观察结果　无菌操作，将金黄色葡萄球菌、链球菌、枯草芽孢杆菌分别接种入普通肉汤培养基中，37℃培养箱中培养

图实训2-2　半固体培养基接种法（穿刺接种法）示意图

18~24小时后，观察结果。可见枯草芽孢杆菌在液面形成菌膜，链球菌则在试管底呈沉淀生长，金黄色葡萄球菌呈均匀混浊生长（图实训2-3）。

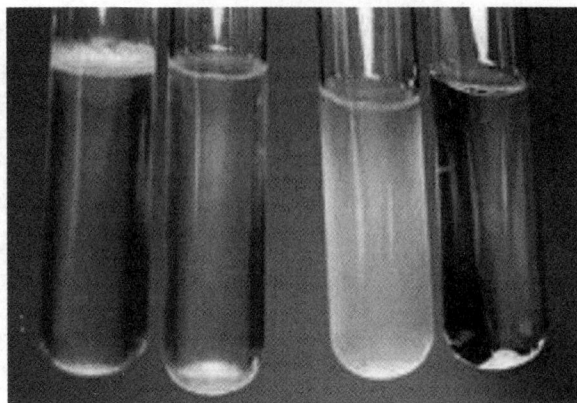

1号　　2号　　3号　　4号

1号.枯草芽孢杆菌；2号.链球菌；

3号.金黄色葡萄球菌；4号.阴性对照（无菌）。

图实训2-3　细菌在普通肉汤培养基中的生长现象

2. 细菌接种在血琼脂培养基并观察结果　无菌操作，将金黄色葡萄球菌和大肠埃希菌混合液用平板分区划线法接种在血琼脂培养基，37℃培养箱中培养18~24小时后，观察结果。血琼脂培养基生长出菌落和菌苔，观察菌落的大小、形态、透明度、颜色、表面湿润度与边缘是否整齐，菌落周围有无溶血环等。

3. 细菌接种在普通半固体培养基并观察结果（动力试验）　无菌操作，将大肠埃希菌和志贺菌分别用接种针穿刺接种于普通半固体培养基中，置37℃培养箱中培养18~24小时后，观察结果（图实训2-4）。

左：沿穿刺线向周围扩散生长，穿刺线模糊，培养基混浊，动力试验阳性。

右：沿穿刺线生长，穿刺线清晰，周围培养基仍为透明，动力试验阴性。

【实训注意】

1. 细菌接种时必须严格执行无菌操作。

2. 灭菌的接种环（针）须冷却后方可挑取细菌，以免烫死细菌，使用后的接种环（针）须行反向烧灼灭菌，以免形成气溶胶而污染环境。

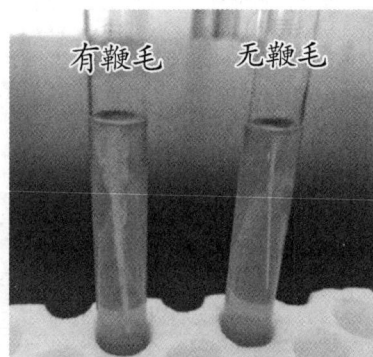

有鞭毛　　无鞭毛

阳性　　阴性

图实训2-4　动力试验结果观察

3. 带菌的接种环（针）进出试管时，动作要快速准确，不要碰及试管口和内壁。试管塞不离手。

4. 平板划线时，培养皿在火焰附近，其盖打开角度不超45°，更不能将皿盖置于操作台上，以免被污染。

5. 接种环与培养基表面的夹角应为30°～45°，运用腕力，切忌划破培养基，而影响结果观察。

6. 平板划线时，第4区是单菌落的主要分布区，故其划线面积应最大。为防止第4区内划线与第1、2、3区线条相接触，应使第4区线条与第1区线条相平行，这样区与区间线条夹角最好保持120°左右。

7. 半固体接种时，接种针与培养基表面垂直下行，不要左右抖动，不能刺到管底。

8. 接种完后，务必要将接种环（针）灭菌，才能放回原处。

9. 培养皿倒置于适温的培养箱内培养，以免培养过程皿盖冷凝水滴下，造成污染并冲散已分离的菌落。

【实训检测】

1. 简述平板划线接种法的步骤。

2. 细菌在培养基中生长现象的观察对你所学专业有什么意义？

【实训报告】

1. 细菌在血琼脂培养基上可观察到菌落的_____、_____、_____、_____、_____、_____、_____等。不同的细菌有不同的菌落形态，故可用以鉴别细菌。

2. 记录细菌在普通肉汤培养基中生长现象于实训表2-1。

实训表 2-1　细菌在普通肉汤培养基中生长现象

菌种	生长现象
金黄色葡萄球菌	
链球菌	
枯草芽孢杆菌	

3. 记录细菌在普通半固体培养基中生长现象于实训表2-2。

実训表 2-2　细菌在普通半固体培养基中生长现象

菌种	生长特点	动力试验结果（阴性/阳性）	有无鞭毛
志贺菌			
大肠埃希菌			

（李锦霞）

实训三　其他微生物的形态观察

【实训目的】

1. 掌握显微镜油镜的使用与维护。

2. 熟悉常见其他原核细胞型微生物、真菌的形态结构及形态观察方法。

3. 了解常见放线菌、肺炎支原体、真菌的菌落特征。

4. 培养学生实事求是、认真负责的工作态度。

【实训内容】

一、实训用品

1. 玻片标本　放线菌印片标本；梅毒螺旋体镀银染色标本、立克次体染色标本、白念珠菌革兰氏染色标本、皮肤丝状菌的乳酸酚棉蓝染色标本。

2. 培养物　淀粉琼脂培养基放线菌培养物；白念珠菌和皮肤丝状菌在沙氏葡萄糖琼脂培养基上的培养物。

3. 试剂　香柏油、镜头清洗液（二甲苯或无水乙醇与乙醚的混合液）。

4. 器材　显微镜、擦镜纸等。

二、实训方法与步骤

1. 镜下观察　在油镜下观察其他原核细胞型微生物标本，注意辨认形态、大小、排列方式和染色特性及特殊结构；放线菌的孢子丝、孢子的形态；白念珠菌革兰氏染色玻片标本，注意菌体的形态、大小，是否有假菌丝及厚垣孢子。

2. 菌落观察

（1）放线菌菌落：观察放线菌在淀粉琼脂培养基上的大小、形态，菌落表面特征（皱褶或平滑）、颜色，有无可溶性色素产生。

（2）白念珠菌菌落：酵母菌在沙氏葡萄糖琼脂培养基上多呈油滴状或蜡滴状，边缘整齐，表面光滑、湿润，有酵母味，颜色有乳白色或奶油色。

（3）皮肤丝状菌菌落：皮肤丝状菌在沙氏葡萄糖琼脂培养基上培养2~5天，可见菌落呈绒毛状、絮状、蜘蛛网状等。很多丝状菌的孢子能产生色素，致使菌落表面、背面甚至培养基呈现不同的颜色，如黄色、绿色、青色、黑色、橙色等。

【实训注意】

1. 使用显微镜必须按先用低倍镜，再用高倍镜或油镜观察的顺序操作。

2. 转换镜头时，一定要从侧面注视镜头，以免压碎载玻片和损坏镜头。

3. 油镜用毕后，应立即用擦镜纸及镜头清洗液清洁油镜镜头。

【实训检测】

1. 其他原核细胞型微生物的形态结构有何不同？

2. 试比较放线菌与真菌菌落的主要差异。

【实训报告】

1. 绘制和标注在油镜下的几种其他原核细胞型微生物形态结构图。

2. 记录实验结果于实训表3-1。

实训表3-1　放线菌和真菌菌体形态结构特征比较

微生物种类	菌丝形态特征	孢子形态特征	菌落形态特征
放线菌			
白念珠菌			
皮肤丝状菌			

（华　莉）

实训四　微生物的分布与控制

【实训目的】

1. 掌握微生物在空气、咽喉及物体表面的分布实验、煮沸杀菌实验、紫外线杀菌实验、皮肤消毒实验的操作技能。

2. 熟悉高压蒸汽灭菌器的使用方法及注意事项。

3. 了解药物敏感试验（纸片法），能够进行结果判读，理解其意义。

4. 树立无菌观念，具备生物安全意识，防止微生物的污染。

【实训内容】

一、实训用品

1. 培养基　普通琼脂培养基、血琼脂培养基、普通肉汤培养基。

2. 器材　高压蒸汽灭菌器、超净工作台、水浴箱、培养箱。

3. 其他　大肠埃希菌、枯草芽孢杆菌、灭菌纸片、无菌镊子、碘伏棉球、75%酒精棉球、无菌棉签、抗生素药敏纸片、接种环、酒精灯、记号笔、卡尺等。

二、实训方法与步骤

（一）微生物的分布

1. 空气中微生物的分布　取下普通琼脂培养基的皿盖倒扣于实验台面，培养基面向上暴露于空气中（可选择不同环境放置），10分钟后盖好皿盖，置于37℃培养箱中培养18~24小时，观察培养基中菌落的数目及特征。

2. 咽喉部微生物的分布　取血琼脂培养基，用无菌棉签蘸取无菌生理盐水，取不同人体咽喉部的标本，用连续划线法涂布于血琼脂培养基上，涂布完毕，盖好皿盖，置于37℃培养箱中培养18~24小时，观察结果。

3. 物体表面微生物的分布　用无菌棉签蘸取无菌生理盐水，并在管内挤去多余水分，分别选择实验台面、玻璃窗表面、手机表面等不同部位涂抹后，再依次用连续划线法涂布于普通琼脂培养基，涂布完毕，盖好皿盖，置于37℃培养箱中培养18~24小时，观察结果。

（二）微生物的控制

1. 煮沸杀菌实验　将大肠埃希菌、枯草芽孢杆菌分别接种于普通肉汤培养基试管（每种细菌接种两管）。分别取每种细菌接种物一管，置于沸水浴处理5~10分钟，冷却至室温。将所有试管置于37℃培养箱中培养18~24小时，观察结果。

2. 紫外线杀菌实验

（1）将大肠埃希菌培养物，连续划线接种于普通琼脂培养基。

（2）用无菌镊子将灭菌纸片（面积约为培养基的三分之一）贴于已接种细菌的普通琼脂培养基表面。

（3）将贴好纸片的培养基开盖置于超净工作台中，距紫外线灯20~30cm，打开紫外线灯照射30分钟。

（4）用无菌镊子除去纸片并放入消毒缸内，盖好皿盖，置于37℃培养箱培养18~24小时，观察结果。

3. 皮肤消毒实验

（1）将普通琼脂培养基用记号笔在底部以中心为起点平均划分5个区，并标记1、2、3、4、5区。5区作为空白对照。

（2）用未消毒的不同手指分别在1、2区普通琼脂培养基表面轻轻来回涂抹。

（3）用碘伏棉球和75%酒精棉球分别对两手指进行消毒，待干后，分别在3、4区普通琼脂培养基表面轻轻来回涂抹。

（4）盖好皿盖，置于37℃培养箱培养18~24小时，观察结果。

4. 高压蒸汽灭菌法　使用时需先在高压蒸汽灭菌器外层筒内加入一定量蒸馏水，放入待灭菌物品后，盖好盖子并将螺栓拧紧。加热，待压力升至34.47kPa时，打开排气阀，排除器内冷空气，再关闭排气阀。待蒸汽压力达到所需压力（一般为103.4kPa），维持该压力至所需时间（一般为15~20分钟），即可达到灭菌目的。灭菌完毕，停止加热，缓慢排气，待其压力和温度下降后开盖取物。

使用高压蒸汽灭菌器时应注意：灭菌时须加足量蒸馏水；待灭菌物品勿放置过挤；冷空气必须排尽；切不可突然打开排气阀排气减压，以免因压力骤然下降而使器内液体外冲。

（三）药物敏感试验（纸片法）

1. 细菌接种　用无菌棉签取大肠埃希菌稀释菌液，在试管内壁旋转挤去多余菌液，均匀涂布于普通琼脂培养基三次，每次培养基旋转60°，最后沿培养基内缘涂抹一周，盖好皿盖，置于室温干燥3~5分钟。

2. 贴药敏纸片　用无菌镊子将药敏纸片贴于普通琼脂培养基表面（药敏纸片有字面朝上）。药敏纸片距培养基边缘不小于15mm，每张药敏纸片间距不小于24mm，且贴牢后不可移动。

3. 培养与观察　盖好皿盖，置于37℃培养箱培养18~24小时，观察结果。药敏纸片周围出现直径不等的抑菌环（图实训4-1）。用游标卡尺或毫米尺测量抑菌环直径（在培养基背面测量），对照实训表4-1判读结果，按敏感（S）、中介（I）及耐药（R）3个等级报告结果。

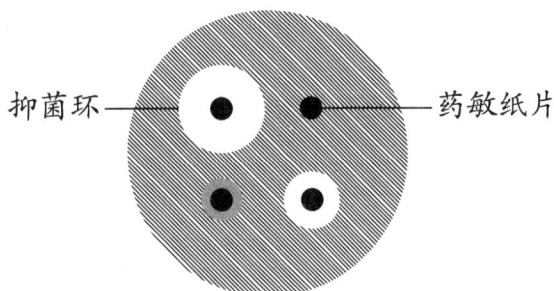

图实训4-1　抑菌环

实训表 4-1　药物敏感性参照表

抗菌药物	抑菌环直径 /mm		
	敏感（S）	中介（I）	耐药（R）
青霉素（10U）	≥17	14~16	≤13
庆大霉素（10μg）	≥15	13~14	≤12
链霉素（10μg）	≥15	12~14	≤11
磺胺（250μg 或 300μg）	≥17	13~16	≤12
红霉素（15μg）	≥23	14~22	≤13

【实训注意】

1. 用无菌棉签蘸取无菌生理盐水后轻轻擦拭咽喉部黏膜，再用该棉签涂布于血琼脂培养基上。

2. 紫外线杀菌实验中，要避免紫外线直射皮肤和眼睛。

3. 药物敏感试验中，贴药敏纸片时注意间距。

【实训检测】

1. 影响环境中微生物分布的因素有哪些？

2. 如何看待微生物与药物之间的关系？

【实训报告】

记录实验结果于实训表4-2至实训表4-8。

实训表 4-2　空气中微生物的分布

地点	
菌落数	

实训表 4-3　咽喉部微生物的分布

学生编号	
溶血环（数量）	

实训表 4-4　物体表面微生物的分布

地点	
菌落数	

实训表 4-5　煮沸杀菌实验

项目	大肠埃希菌		枯草芽孢杆菌	
	煮沸处理	未处理	煮沸处理	未处理
细菌生长情况				

实训表 4-6　紫外线杀菌实验

项目	暴露处	覆盖处
细菌生长情况		

实训表 4-7　皮肤消毒实验

区域	1	2	3	4	5
菌落数					

实训表 4-8　药物敏感试验

抗生素	青霉素	庆大霉素	链霉素	磺胺	红霉素
抑菌环直径/mm					
敏感度					

（于慧颖）

实训五　免疫学实验

【实训目的】

1. 熟练掌握动物Ⅰ型超敏反应试验原理。
2. 熟悉常用免疫防治的生物制剂。
3. 了解常见变应原。

【实训内容】

一、实训用品

常见各种变应原，常用免疫防治的生物制剂，豚鼠，鸡蛋，注射器等。

二、实训原理

超敏反应是机体对某些抗原初次应答后，再次接受相同抗原刺激时，发生的一种以机体生理功能紊乱或组织细胞损伤为主的特异性免疫应答。

先给豚鼠注射小量异种蛋白，经过一定的潜伏期，动物处于致敏状态。当第二次用较大剂量相同抗原注射豚鼠时，抗原激发豚鼠体内的肥大细胞或嗜碱性粒细胞，致使这些细胞释放多种生物活性介质，豚鼠迅速产生严重的Ⅰ型超敏反应及过敏性休克或死亡。

三、实训方法与步骤

（一）常见变应原认知（示教）

根据进入途径不同，常见引起Ⅰ型超敏反应的变应原见实训表5-1。

实训表 5-1　常见引起Ⅰ型超敏反应的变应原

途径	变应原	展示
呼吸道	花粉、尘螨、真菌菌丝、动物皮毛	鲜花、发霉食物、兔毛制品
消化道	蛋、奶、鱼、虾、蟹贝等	鸡蛋、牛奶、虾
皮肤	药物、油漆、寄生虫等	药物、油漆

（二）常用免疫防治的生物制剂

1. 人工自动免疫常用生物制品　卡介苗、脊髓灰质炎疫苗、乙型肝炎疫苗、百白破混合疫苗、麻疹疫苗、脑膜炎奈瑟菌疫苗、流行性乙型脑炎疫苗、狂犬病疫苗、腮腺炎疫苗、甲型肝炎疫苗、百日咳菌苗、流感疫苗、白喉类毒素、破伤风类毒素。

2. 人工被动免疫常用生物制品　破伤风抗毒素、白喉抗毒素、抗狂犬病血清、肉毒抗毒素血清、丙种球蛋白、胎盘球蛋白。

3. 免疫治疗常用生物制品　干扰素、IL-2、转移因子。

4. 免疫诊断常用生物制品　伤寒菌O诊断菌液，甲型、乙型、丙型副伤寒诊断菌液，沙门菌属诊断血清，志贺菌属诊断血清。

（三）豚鼠Ⅰ型超敏反应（示教）

1. 致敏注射　取健康豚鼠2只（其中1只备用），每只腹腔或皮下注射1∶10稀释的鸡蛋清溶液0.5ml，使之致敏，并用染料涂体，做好标记。

2. 发敏注射　取致敏注射2~3周后的豚鼠1只，心内注射1∶2稀释的鸡蛋清溶液1ml；另取未致敏的豚鼠1只，同样心内注射1∶2稀释的鸡蛋清溶液1ml，作为对照。

3. 结果观察　致敏豚鼠经发敏注射后数分钟至10分钟内，出现不安、搔鼻、喷嚏、竖毛、呼吸困难、抽搐、大小便失禁及痉挛性跳跃等症状，严重者于数分钟内死亡，解剖可见肺气肿。对照豚鼠因系初次注射，故不出现上述反应。

【实训注意】

1. 注意区别人工自动免疫、人工被动免疫常用生物制品的不同。

2. 仔细观察豚鼠Ⅰ型超敏反应的症状。

3. 心内注射时，首先固定好动物，然后于心跳最明显之处进针，感觉有搏动、注射器内有回血时再注射变应原。

4. 由于动物个体反应性不同，有的反应较轻，可幸免死亡。如果再注射血清也不出现反应，此称为脱敏状态。但脱敏状态是暂时的，大约2周后又处于致敏状态。

【实训检测】

1. 除了展示的变应原，你还知道有哪些？有何后果？

2. 试述豚鼠过敏性休克的症状，分析病因。

【实训报告】

记录实验结果于实训表5-2。

实训表5-2　常用免疫防治的生物制剂

人工免疫制剂	种类（任意填写常用免疫制剂3~5个）
人工自动免疫常用生物制品	
人工被动免疫常用生物制品	

（徐苏炜）

实训六　常见人体寄生虫形态认知

【实训目的】

1. 掌握常见人体寄生虫成虫的形态特征。

2. 熟悉常见人体寄生虫的虫卵及幼虫形态结构特点，能熟练并正确运用显微镜进行观察。

3. 了解吸虫的中间宿主，以及医学节肢动物及仓储害虫形态。

【实训内容】

一、实训用品

1. 常见寄生虫各期发育阶段及其中间宿主的大体标本、玻片标本。

2. 常见医学节肢动物及仓储害虫标本。

3. 香柏油、镜头清洗液、擦镜纸、显微镜等。

二、实训方法与步骤

1. 肉眼观察

（1）线虫：蛔虫、钩虫、蛲虫大体标本，注意其形状、大小、颜色、雌虫与雄虫的区别。

（2）吸虫：华支睾吸虫、日本血吸虫及其中间宿主大体标本，观察虫体的外形、大小、口吸盘、腹吸盘、消化器官、子宫、卵巢、睾丸的形状及位置。

（3）常见节肢动物大体标本：注意各节肢动物的形状、大小、体色，以及头、胸、腹各部形态结构特征。

2. 镜下观察

（1）观察蛔虫卵、钩虫卵、蛲虫卵、华支睾吸虫卵、日本血吸虫卵、绦虫卵玻片标本，注意其虫卵的形状、大小、颜色，卵壳的厚度、内含物，以及内含物与卵壳之间的空隙等特点。

（2）观察溶组织阿米巴原虫滋养体及包囊玻片标本，注意虫体的形状、大小、伪足、内质中有无红细胞以及核的结构，观察包囊的形状、大小、核的数目和结构、拟染色体及糖原泡的有无及形状。

（3）观察阴道毛滴虫玻片标本，注意虫体的形状、大小、细胞核、鞭毛、轴柱、波动膜等主要结构。

（4）观察间日疟原虫薄血膜玻片标本，辨认虫体各期的形状、大小、结构和受染红细胞的变化。

3. 中间宿主形态观察　常见寄生虫宿主的形态观察：观察豆螺、沼螺、涵螺、钉螺和淡水鱼虾等。

【实训注意】

1. 镜下观察寄生虫虫卵与寄生虫结构的玻片标本时，显微镜光线不宜太强。

2. 转换镜头时，一定要从侧面注视镜头，以免压碎载玻片和损坏镜头。

3. 油镜用毕后，应立即用擦镜纸及镜头清洗液清洁油镜镜头。

【实训检测】

1. 请结合实际谈谈如何预防寄生虫感染。

2. 列表比较常见人体寄生虫的寄生部位、感染阶段、感染方式和所致疾病。

【实训报告】

1. 绘制常见寄生虫虫卵，蛔虫卵、钩虫卵、蛲虫卵、华支睾吸虫卵、日本血吸虫卵、绦虫卵形态的形态结构图。

2. 实训结果记录于实训表6-1。

实训表 6-1　常见寄生虫虫卵形态比较

寄生虫虫卵	形态特征
蛔虫卵	
钩虫卵	
蛲虫卵	
华支睾吸虫卵	
日本血吸虫卵	
绦虫卵	
阿米巴包囊	

（华　莉）

参考文献

[1]   李凡，徐志凯.医学微生物学.9版.北京：人民卫生出版社，2018.

[2]   刘荣臻，曹元应.病原生物及免疫学.4版.北京：人民卫生出版社，2019.

[3]   李明远，徐志凯.医学微生物学.3版.北京：人民卫生出版社，2015.

[4]   徐志凯，郭晓奎.医学微生物学.2版.北京：人民卫生出版社，2021.

[5]   许正敏.病原生物与免疫学.2版.北京：人民卫生出版社，2011.

[6]   肖纯凌，赵富玺.病原生物学和免疫学.7版.北京：人民卫生出版社，2014.

[7]   钟禹霖，胡国平.病原生物与免疫学基础.北京：人民卫生出版社，2015.

[8]   熊群英，张晓红.微生物基础.北京：人民卫生出版社，2015.

[9]   张中社，祝玲.药品微生物检测技术.西安：第四军医大学出版社，2011.

[10]   国家药典委员会.中华人民共和国药典：2020年版.北京：中国医药科技出版社，2020.

[11]   刘文辉，田维珍.免疫学与病原生物学.4版.北京：人民卫生出版社，2018.

[12]   潘虹.病原生物与免疫学基础.2版.北京：人民卫生出版社，2020.

[13]   凌庆枝，魏仲香.微生物与免疫学.2版.北京：人民卫生出版社，2018.

[14]   曹德明，吴秀珍.病原生物与免疫学.2版.北京：人民卫生出版社，2020.

[15]   吕瑞芳，病原生物与免疫学基础.2版.北京：人民卫生出版社，2008.

[16]   李菁，刘建红.病原生物、免疫与病理学基础.北京：人民卫生出版社，2018.

[17]   曹雪涛.医学免疫学.7版.北京：人民卫生出版社，2018.

思考题参考答案

第一章　微生物与微生物学

一、单项选择题

1. A　2. B　3. C　4. E

二、多项选择题

1. BCE　2. ABCE

三、简述题（略）

第二章　细菌

一、单项选择题

1. C　2. C　3. B　4. E　5. C　6. C　7. C　8. B　9. A　10. D　11. A

12. D　13. A　14. C　15. E

二、多项选择题

1. ABCDE　2. ABCDE　3. ABCDE

三、简述题（略）

第三章　放线菌

一、单项选择题

1. C　2. D　3. D　4. D　5. B

二、多项选择题

1. ABCDE　2. ABCD

三、简述题（略）

第四章　其他原核细胞型微生物

一、单项选择题

1. E　2. C　3. B　4. D　5. B　6. E　7. D

二、多项选择题

1. ABC　2. ABCDE　3. ABCDE　4. ACD　5. BCDE　6. ABDE　7. ACD　8. DE

9. ABCE

三、简述题（略）

第五章　真菌

一、单项选择题

1. A　2. A　3. D　4. B　5. B

二、多项选择题

1. ABCD　2. AD　3. ABCD　4. BCDE　5. ABCD

三、简述题（略）

第六章　病毒

一、单项选择题

1. D　2. E　3. D　4. C　5. B　6. C　7. E　8. E　9. D　10. E　11. C

12. E　13. B　14. E　15. E　16. D　17. C　18. E　19. E　20. D

二、多项选择题

1. AC　2. ABCDE　3. ABD　4. ABE　5. BE　6. ABCE　7. ACE　8. ABCD

9. BCDE　10. ABCD

三、简述题（略）

第七章　药品的微生物污染与控制

一、单项选择题

1. A　2. E　3. D　4. B　5. A　6. C　7. C　8. D　9. E　10. B

二、多项选择题

1. CDE　2. ABCDE　3. ABCDE　4. ABDE　5. ABCDE

三、简述题（略）

第八章　微生物药物

一、单项选择题

1. B　2. C　3. B

二、多项选择题

1. ACDE   2. ABDE

三、简述题（略）

第九章 药品的微生物检查

一、单项选择题

1. A   2. E   3. B

二、多项选择题

1. AD   2. BD

三、简述题（略）

第十章 免疫学基础

一、单项选择题

1. C   2. E   3. E   4. D   5. A   6. E   7. B   8. A   9. E   10. D   11. B
12. E   13. B   14. B   15. D   16. C   17. E   18. A   19. D   20. D   21. D   22. D
23. A   24. C   25. E   26. E   27. C   28. E   29. A   30. B   31. C

二、多项选择题

1. ABCD   2. AE   3. ABCDE   4. ABCD

三、简述题（略）

第十一章 临床免疫与免疫学应用

一、单项选择题

1. A   2. D   3. C   4. B   5. E   6. B   7. C   8. D   9. E   10. D

二、多项选择题

1. ABCE   2. BCDE   3. ABCDE   4. BCD

三、简述题（略）

第十二章 人体寄生虫

一、单项选择题

1. D   2. A   3. E   4. A   5. E   6. A   7. B   8. E   9. E   10. D   11. A
12. B   13. C

二、多项选择题

1. ABCDE   2. ABCDE   3. ABCDE

三、简述题（略）

微生物基础课程标准

（供药剂、制药技术应用专业用）

一、课程任务

微生物基础是中等卫生职业教育药品类专业课程体系的核心课程之一，主要以实用医学基础、基础化学等课程为基础，围绕微生物学概论、微生物与药物、医学免疫学、寄生虫学等四个部分开展教学。主要课程任务是掌握与药品生产相关的微生物基础知识，熟悉微生物学和免疫学的基本理论和基本操作方法，了解常见微生物对药品质量的影响，为学习药物学、临床医学概要、药物制剂技术、药品储存与养护技术、药品检验技术等专业课程奠定基础。

二、课程目标

（一）知识目标

1. 掌握微生物概念、典型微生物的生化特性、微生物学和免疫学的基本理论和基础知识。

2. 熟悉常见微生物的种类、形态，药品污染中微生物的来源、途径及对药品质量的影响。

3. 了解药品生产的微生物环境要求。

（二）技能目标

1. 熟练掌握细菌形态检查法和油镜的使用与维护技术，使学生能正确认识常见的微生物种类，初步具备对微生物的形态、药品受微生物污染的现象观察、综合分析能力。

2. 初步学会无菌操作、消毒灭菌、细菌分离培养等技术，使学生具备微生物学的基本操作技能和药品管理中微生物控制技术，为药物制剂、质量管理、药品储存与养护，以及药品检验等专业课打下基础。

（三）职业素养和态度目标

1. 树立生物安全意识和环境保护意识，养成无菌操作的良好习惯。

2. 培养学生科学、严谨、踏实、协作的工作作风，辩证求实及主动学习的态度。

3. 具有良好的职业道德，形成良好的心理品质和健全的人格。

三、教学时间分配

（一）药剂专业教学时间分配

教学内容		学时数		
		理论	实践	合计
第一篇 微生物学概论	第一章 微生物与微生物学	1		1
	第二章 细菌	6	4	10
	第三章 放线菌	2		2
	第四章 其他原核细胞型微生物	1		1
	第五章 真菌	1		1
	第六章 病毒	4		4
第二篇 微生物与药物	第七章 药品的微生物污染与控制	2	2	4
	第八章 微生物药物	2		2
	第九章 药品的微生物检查	2		2
第三篇 医学免疫学	第十章 免疫学基础	4		4
	第十一章 临床免疫与免疫学应用	2	1	3
第四篇 寄生虫学	第十二章 人体寄生虫	1	1	2
合计		28	8	36

（二）制药技术应用专业教学时间分配

教学内容		学时数		
		理论	实践	合计
第一篇 微生物学概述	第一章 微生物与微生物学	1		1
	第二章 细菌	11	4	15
	第三章 放线菌	2		2
	第四章 其他原核细胞型微生物	2	1	3
	第五章 真菌	2	1	3
	第六章 病毒	6		6

续表

教学内容		学时数		
		理论	实践	合计
第二篇 微生物与药物	第七章　药品的微生物污染与控制	4	2	6
	第八章　微生物药物	2		2
	第九章　药品的微生物检查	2		2
第三篇 医学免疫学	第十章　免疫学基础	8		8
	第十一章　临床免疫与免疫学应用	2	1	3
第四篇 寄生虫学	第十二章　人体寄生虫学	2	1	3
合计		44	10	54

四、教学内容和要求（根据制药技术应用专业学时分配）

单元	教学内容	教学要求	教学活动（参考）	学时（参考）	
				理论	实践
第一章 微生物与微 生物学	第一节　微生物概述		理论讲授 多媒体演示 案例分析 讨论 同步检测	0.5	
	一、微生物的概念	掌握			
	二、微生物的分类	掌握			
	三、微生物与人类的关系	熟悉			
	第二节　微生物学			0.5	
	一、微生物学和医学微生物学的概念	了解			
	二、医学微生物学的发展简史	了解			
	三、微生物学与药学的关系	了解			

单元	教学内容	教学要求	教学活动（参考）	学时（参考）	
				理论	实践
第二章 细菌	第一节　细菌的形态与结构		理论讲授 多媒体演示 情境教学 案例分析 讨论 同步检测	2	
	一、细菌的大小与形态	熟悉			
	二、细菌的结构	掌握			
	三、细菌的形态学检查法	了解			
	第二节　细菌的生理			2	
	一、细菌的生长繁殖	掌握			
	二、细菌的新陈代谢	熟悉			
	三、细菌的人工培养	了解			
	第三节　细菌的遗传变异			1	
	一、细菌的变异现象	熟悉			
	二、细菌遗传变异的物质基础	熟悉			
	三、细菌遗传变异的机制	了解			
	四、细菌遗传变异的实际意义	熟悉			
	第四节　细菌的致病性			2	
	一、细菌的致病因素	掌握			
	二、细菌的感染	熟悉			
	三、医院感染	了解			
	第五节　常见致病性细菌			4	
	一、葡萄球菌	掌握			
	二、链球菌	掌握			
	三、铜绿假单胞菌	熟悉			
	四、大肠埃希菌	熟悉			
	五、沙门菌	熟悉			
	六、破伤风梭菌	熟悉			
	七、结核分枝杆菌	掌握			

单元	教学内容	教学要求	教学活动（参考）	学时（参考）理论	学时（参考）实践
第二章 细菌	八、其他常见病原性细菌	了解			
	实训一　细菌的形态检查	熟练掌握	技能实践		2
	实训二　细菌的人工培养	熟练掌握	技能实践		2
第三章 放线菌	第一节　放线菌的生物学性状		理论讲授 多媒体演示 案例分析 讨论 同步检测	1	
	一、放线菌的形态与结构	了解			
	二、放线菌的培养特性	了解			
	第二节　放线菌的主要用途与危害			1	
	一、产生抗生素的放线菌	熟悉			
	二、致病性放线菌	熟悉			
第四章 其他原核细胞型微生物	第一节　螺旋体		理论讲授 多媒体演示 情境教学 案例分析 讨论 同步检测	0.5	
	一、梅毒螺旋体	熟悉			
	二、钩端螺旋体	熟悉			
	第二节　支原体			0.5	
	一、生物学性状	熟悉			
	二、致病性与免疫性	熟悉			
	三、防治原则	了解			
	第三节　衣原体			0.5	
	一、生物学性状	熟悉			
	二、致病性与免疫性	熟悉			
	三、防治原则	了解			
	第四节　立克次体			0.5	
	一、生物学性状	熟悉			
	二、致病性与免疫性	熟悉			
	三、防治原则	了解			

单元	教学内容	教学要求	教学活动（参考）	学时（参考）	
				理论	实践
第五章 真菌	第一节 真菌的生物学性状		理论讲授	1	
	一、真菌的形态结构	了解	多媒体演示		
	二、真菌的培养与繁殖	了解	情境教学		
	三、真菌的抵抗力	熟悉	案例分析		
	第二节 几种常见的真菌		讨论		
	一、药物相关性真菌	掌握	同步检测	1	
	二、致病性真菌	熟悉	标本观察		
	实训三 其他微生物的形态观察	熟练掌握			2
第六章 病毒	第一节 病毒的生物学性状		理论讲授	1	
	一、病毒的大小与形态	掌握	多媒体演示		
	二、病毒的结构	掌握	情境教学		
	三、病毒的增殖	熟悉	案例分析		
	四、病毒的抵抗力	了解	讨论		
	五、病毒的遗传与变异	了解	同步检测		
	第二节 病毒的感染与抗病毒免疫	了解		0.5	
	一、病毒的感染				
	二、抗病毒免疫				
	第三节 病毒感染的检查与防治原则	了解		0.5	
	一、病毒感染的检查				
	二、病毒感染的防治原则				
	第四节 常见致病性病毒			4	
	一、流行性感冒病毒	掌握			
	二、冠状病毒	熟悉			
	三、肝炎病毒	掌握			
	四、人类免疫缺陷病毒	掌握			
	五、其他常见病毒	了解			

单元	教学内容	教学要求	教学活动（参考）	学时（参考）	
				理论	实践
第七章 药品的微生物污染与控制	第一节 药品中微生物的污染		理论讲授 多媒体演示 情境教学 案例分析 讨论 同步检测	2	
	一、微生物的分布	熟悉			
	二、药品中微生物污染的来源	熟悉			
	三、微生物污染对药品的影响	熟悉			
	第二节 药品中微生物的控制			2	
	一、基本概念	掌握			
	二、物理控制法	熟悉			
	三、化学控制法	熟悉			
	四、控制微生物污染药品的措施	了解			
	实训四 微生物的分布与控制	熟练掌握	技能实践		2
第八章 微生物药物	第一节 抗生素	掌握	理论讲授 多媒体演示 案例分析 讨论 同步检测	1	
	一、抗生素的概念				
	二、抗生素的分类				
	三、医用抗生素的基本要求				
	第二节 其他微生物药物	了解		1	
	一、维生素				
	二、氨基酸				
	三、核酸类药物				
	四、微生态制剂				
	五、酶和酶制剂				
第九章 药品的微生物检查	第一节 无菌检查	掌握	理论讲授 多媒体演示 案例分析 讨论 同步检测	1	
	一、无菌检查的基本原则				
	二、无菌检查法				
	第二节 微生物限度检查	熟悉		1	
	一、微生物限度检查的概念				

单元	教学内容	教学要求	教学活动（参考）	学时（参考）	
				理论	实践
第九章 药品的微生物检查	二、微生物限度检查的基本原则				
	三、微生物限度检查方法				
	四、微生物限度检查标准				
第十章 免疫学基础	第一节 免疫学概述	掌握	理论讲授 多媒体演示 案例分析 讨论 同步检测	1	
	一、免疫的概念				
	二、免疫的功能				
	第二节 免疫系统的组成	掌握		1	
	一、免疫器官				
	二、免疫细胞				
	三、免疫分子				
	第三节 抗原			2	
	一、抗原的概念与特性	掌握			
	二、抗原的分类	掌握			
	三、抗原的特异性	掌握			
	四、影响抗原免疫原性的因素	熟悉			
	五、医学上重要的抗原	熟悉			
	六、佐剂	了解			
	第四节 免疫球蛋白			2	
	一、免疫球蛋白的基本结构	熟悉			
	二、免疫球蛋白的水解片段	了解			
	三、各类免疫球蛋白的主要特性	掌握			
	四、人工抗体的制备	了解			
	第五节 免疫应答			2	
	一、固有免疫应答	了解			
	二、适应性免疫应答	熟悉			

单元	教学内容	教学要求	教学活动（参考）	学时（参考） 理论	学时（参考） 实践
第十一章 临床免疫与 免疫学应用	第一节 超敏反应		理论讲授	1	
	一、Ⅰ型超敏反应	熟悉	多媒体演示		
	二、Ⅱ型超敏反应	熟悉	情境教学		
	三、Ⅲ型超敏反应	熟悉	案例分析		
	四、Ⅳ型超敏反应	熟悉	讨论		
	第二节 免疫学防治	掌握	同步检测	0.5	
	一、人工免疫				
	二、生物制剂				
	三、计划免疫				
	四、免疫治疗				
	第三节 免疫检测	了解		0.5	
	一、抗原抗体的检测				
	二、免疫细胞功能的检测				
	实训五 免疫学实验	熟练掌握	技能实践		1
第十二章 人体寄生虫	第一节 概述	了解	理论讲授	1	
	一、寄生现象与寄生虫		多媒体演示		
	二、寄生虫与宿主的相互关系		案例分析		
	三、寄生虫病的流行		讨论		
	四、寄生虫病的防治措施		同步检测		
	第二节 常见人体寄生虫	了解		1	
	一、概述				
	二、似蚓蛔线虫				
	三、其他常见人体寄生虫				
	第三节 节肢动物	了解			
	一、常见医学节肢动物				
	二、仓储害虫				
	实训六 常见人体寄生虫形态认知	熟练掌握	标本观察		1

五、课程标准说明

（一）教学安排

本课程标准主要供中等卫生职业教育药学类药剂、制药技术应用等专业教学使用。药剂专业的总学时为36学时，其中理论教学28学时，实践教学8学时，学分为2学分；制药技术应用专业的总学时为54学时，其中理论教学44学时，实践教学10学时，学分为3学分。

（二）教学要求

本课程对理论部分教学要求分为掌握、熟悉、了解3个层次。掌握是指学生对所学的基本知识、基本理论有较深刻的认识，能综合分析和灵活运用所学的知识解决实际问题；熟悉是指学生能够领会概念、原理的基本含义和会应用所学的技能；了解是指对基本知识、基本理论能有一定的认识，能够记忆和理解所学的知识要点；对实践技能部分的要求为熟练掌握，指能独立、规范地完成各项实践技能操作和标本观察。

（三）教学建议

1. 本课程坚持"三基五性三特定"的基本原则，坚持立德树人，突出"课程思政"，注重理论与实践相结合，凸显"理实一体化"职业教育特色。根据培养目标、教学内容和学生的学习特点以及职业资格考核要求，提倡项目教学、案例教学、分组讨论、情境教学等方法，利用校内外实训基地，将学生的自主学习、合作学习和教师引导等教学组织形式有机结合。

2. 教学过程中，可通过同步测验、观察记录、技能考核和理论考试等多种形式对学生的职业素养、专业知识和技能进行综合考评。应体现评价主体的多元化，评价过程的多元化，评价方式的多元化。评价内容不仅关注学生对知识的理解和技能的掌握，更要关注知识在工作实践中运用与解决实际问题的能力水平，重视良好职业素质的形成。

53检